饮清水，宜恒温

三伏天，有凉棚

又风扇

又淋浴

1

常运动，体质好

勤消毒，牛健康

春秋季，两修蹄

蹄不好，需药浴

2

自由散栏

自动挠痒刷

牛床

3

分群管理

全混合日粮 (TMR)，
营养均匀

自由采食，肥瘦适当

农户科学养奶牛

主 编

王加启

编著者

王林枫　李大刚　吕中旺

郭永宁　朱树群　王加启

金盾出版社

内 容 提 要

　　本书由中国农业科学院畜牧研究所的专家编著。内容包括:奶牛的品种特征和选配,奶牛舍的设计和建造,奶牛的常用饲料与加工调制,奶牛的营养需要与日粮设计,奶牛的饲养管理,挤奶技术和原料奶的初步处理,奶牛的卫生防疫和常见病的防治,奶牛场(户)的经营管理,奶牛养殖与环境保护。本书为配合农业部实施农业科技入户示范工程编著,文字通俗简练,内容系统全面,科学实用。可供农村养奶牛者、牛场管理人员和基层农业技术人员阅读。

图书在版编目(CIP)数据

　　农户科学养奶牛/王加启主编;王林枫等编著.—北京:金盾出版社,2006.9
　　ISBN 978-7-5082-3859-3

　　Ⅰ.农…　Ⅱ.①王…②王…　Ⅲ.乳牛-饲养管理　Ⅳ.S823.9

　　中国版本图书馆 CIP 数据核字(2005)第 131704 号

金盾出版社出版、总发行
北京太平路 5 号(地铁万寿路站往南)
邮政编码:100036　电话:68214039　83219215
传真:68276683　网址:www.jdcbs.cn
彩色印刷:北京百花彩印有限公司
黑白印刷:北京金星剑印刷有限公司
装订:桃园装订有限公司
各地新华书店经销
开本:787×1092 1/32　印张:11.125　彩页:4　字数:245 千字
2009 年 2 月第 1 版第 4 次印刷
印数:27001—37000 册　定价:16.00 元
(凡购买金盾出版社的图书,如有缺页、
倒页、脱页者,本社发行部负责调换)

前　言

自 1998 年以来,我国的奶业迅猛发展,从 1998 年至 2005 年的 7 年间,我国奶牛的存栏量由 426.5 万头发展到 1 330 万头,年平均递增率为 20.9%;奶类总产量由 662.9 万吨增长到 2 845 万吨,年平均递增率 27.5%;人均奶的占有量由 5.1 千克提高到 21.7 千克,增长了 3.2 倍。尽管我国奶业生产取得了较大幅度的增长,但是这种增长更大程度上取决于奶牛数量的增加,而奶牛的平均单产却没有明显提高,仍在较低水平上徘徊。目前,我国奶牛的平均单产只有 3 600 千克左右,仅相当于发达国家平均单产的 1/3～1/4。也就是说,我们养 3～4 头奶牛才能赶得上发达国家的 1 头奶牛的产量。这种状况不仅严重影响了养殖奶牛的生产效益,而且浪费资源。造成这种状况的原因是多方面的,有品种方面的,有饲料方面的,有饲养管理方面的,有服务体系建设方面的,等等,归根结底是奶业生产科技含量低引起的。要解决好这个问题,必须提高我国奶牛养殖者的文化素质和技术水平。

2005 年,由农业部发起并组织实施的农业科技入户示范工程,是推广普及现代农业实用技术,提高农民生产技术水平,促进现代农业科技成果向生产实际转化,提高农业生产效益的有益之举。奶牛科技入户示范工程项目是八大农业科技入户示范工程项目之一,为配合奶牛科技入户示范工程的开展,农业部奶牛科技入户专家组特意编写了适合农村奶牛养殖户阅读的《农户科学养奶牛》一书。本书取材广泛,包括奶牛选购、良种繁育、牛场筹建、饲料配制、饲养管理、牛奶安全生产、疾病防治、经营管理、环境保护等。大部分内容来自农村奶牛养殖的实践经验,贴近农村奶牛生产实际,同时吸纳了当前国内外奶业生产的先进技术和规范化养殖的技术要点,新颖独到。在成文过程中运用通俗易懂的语言,结合大量的图片资料,图文并茂,使内容具体化、形象化,力求简练、实用,使农民看得懂、学得会、用得上,对我国农村奶牛养殖有较好的指导作用。

　　由于笔者水平有限,加之时间仓促,错误和不足之处在所难免,敬请广大读者批评指正。

编 著 者

2006.6.30

目　录

第一章 奶牛的品种特征和选配

一、概 述

自 20 世纪 90 年代后期,随着我国农业产业结构的调整和乳品加工业的发展,我国奶业迅速发展。至 2005 年,奶牛的存栏数由 1998 年的 426.5 万头发展到 1 330 万头,年平均递增率 20.9%;奶类总产量由 1998 年的 662.9 万吨增长到 2 845 万吨,年平均递增率 27.5%;全国人均奶类占有量达到 21.7 千克,比 1998 年增长 16.6 千克,年平均递增率 26.8%;牛奶由城市居民的供应品发展成为普通百姓的日常消费品,奶业已成为我国国民经济中快速增长的行业之一。随着数量的增加和规模的扩大,奶牛养殖逐渐由城郊转移到农村,成为我国奶牛养殖的主力。据 2005 年统计,我国农村奶牛存栏的数量占全国奶牛总量的 73%以上,养殖奶牛由副业发展为振兴农村经济的主导产业。

但是由于我国奶牛养殖的时间短,农村奶牛养殖受传统习惯的影响,还存在许多问题。最突出的问题就是奶牛整体的生产技术水平低,牛奶产量上不去,平均单产在 3 600～4 000 千克,仅相当于欧美等发达国家单产的 1/4～1/3,经济效益低下。究其原因一是农村养殖奶牛时间短,农民对奶牛的认识还不够,尤其是对荷斯坦牛的品种特性不了解,缺乏奶牛选种选育的知识,杂交乱配,导致奶牛良种率降低。据调查,我国农村大多数奶牛是荷斯坦牛的 1～2 代杂交后代,良种率仅有 18%。二是奶牛日粮结构不合理,饲料结构单一。

粗饲料以玉米秸秆为主，品质差，营养价值低，精料以能量饲料（玉米）为主，蛋白质饲料和其他营养成分严重不足，不能满足奶牛的营养需要；精、粗比例不当，对于产奶高峰期牛，精饲料比例过高，达到 50％～60％，非产奶高峰期牛精料比例偏低，甚至不喂精料，奶牛的生产性能不能得到正常发挥，代谢疾病发生率高。三是饲养管理技术落后。农村奶牛养殖大多采用传统的庭院养殖模式，奶牛散养在千家万户的房前屋后，既不利于集约化管理，又不利于人畜环境卫生和提高产奶量。

要解决这些问题，首先，应该提高我国奶牛养殖的科技水平，加强品种改良，提高良种覆盖率，稳定数量，提高质量，走质量效益型道路。其次，要把奶牛养殖和农作物种植结合起来，保证奶牛的饲料资源。合理规划种植农田，保证奶牛既有充足的能量饲料，又保证奶牛有足够的蛋白质饲料，实现种养的良性循环，农作物秸秆及副产品作为奶牛的饲料，奶牛粪肥用作农业种植的有机肥，合理高效地利用农业资源。再次，实行规范化管理，从奶牛舍的设计、建造到奶牛的日常管理，从饲料的加工配制到正确饲喂，都按照规范的程序进行，提高奶牛的单产和生产效益。

二、荷斯坦牛的品种特征

我国的奶牛，90％以上为荷斯坦牛及其杂交后代，此外还有少量的娟姗牛、西门塔尔牛、三河牛、草原红牛、新疆褐牛；在我国南方，还有部分奶水牛。在荷斯坦牛中，真正的良种不到 1/3，而且主要分布在大城市近郊，2/3 以上的为荷斯坦牛的杂交改良后代，分散在农村。针对这个现状，要提高我国奶牛的质量性状，就必须进行正确的选种选配，有目的地进行杂交改良,提高奶牛的生产性能。为此,我们必须首先了解荷斯坦牛的品种特征。

我们所说的"荷斯坦牛"通常是"中国荷斯坦牛"的简称,原称中国黑白花奶牛,经过多年的引种、杂交、改良和不断选育,1992年正式定名为"中国荷斯坦牛"。中国荷斯坦牛的体型外貌多为乳用体型,黑白相间,花片分明,额部有白斑,腹底部、四肢膝关节以下及尾端呈白色等。

中国荷斯坦牛因在培育过程中,各地引进的荷斯坦公牛和本地母牛的类型不一,以及饲养条件的差异,其体型分大、中、小3个类型。

大型的主要是从美国、加拿大引进的荷斯坦公牛与本地母牛长期杂交和横交培育而成。特点是体型高大,成年母牛体高可达136厘米以上,体重600千克以上,公牛分别为155厘米以上和1 100千克左右(图1-1)。

图1-1　中国荷斯坦牛的体型外貌特征

中型的主要是从日本、德国等地引进的中等体型的荷斯坦公牛与本地母牛杂交和横交而培育成的,成年母牛体高在133厘米以上。

小型的主要从荷兰等欧洲国家引进的兼用型荷斯坦公牛与本地母牛杂交,或引用北美荷斯坦公牛与本地小型母牛杂交培育而成。成年母牛体高在130厘米左右。

自20世纪70年代初以来,由于冷冻精液和人工授精技术的广泛推广,各省、市、自治区的优秀公牛精液相互交换,以及饲养管理条件的不断改善,以上3种类型的奶牛,其差异也在逐步缩小。中国荷斯坦牛的产奶性能良好,各泌乳期的平均产奶量见表1-1。

表1-1　中国荷斯坦牛各泌乳期平均产奶量

泌乳期	统计头数	303天平均产奶量(千克)
第一期	21570	5197
第二期	9806	5917
第三期	6804	6177
第四期	2747	6331
第五期以上	2480	6548

荷斯坦牛占我国奶牛总量的95%以上。在条件好、育种水平较高的地区,一些奶牛的年平均产奶量已超过10 000千克,但饲养管理较差的地方,奶牛的产奶量仅3 000千克,乳脂率一般在3.2%～3.4%,偏低。

我国地域辽阔,各地的饲料种类、气候条件和饲养管理水平差异很大。因此,中国荷斯坦牛在各地的表现也不相同,从总体反应是对高温气候条件的适应性较差。据报道,在黑龙江省,当气温上升到28℃时,其产奶量明显下降,但当气温降到0℃以下时,其产奶量没有明显的变化。在武汉地区,6～9月份高温季节,产奶量明显下降,且影响繁殖率,7～9月份是发情受胎最低的月份。在广州地区,每年7～8月份的产奶量比3～4月份的产奶量低22.7%。因此,在夏季高温季节,要注意给牛遮阳降温和牛舍及运动场的通风。

近年来,我国部分地区从新西兰、澳大利亚等地进口的荷斯坦牛,也是当地牛与荷斯坦牛杂交选育而成的培育品种。

三、优质高产奶牛的外貌特征

对奶牛的外貌进行评定,首先要了解奶牛外貌的基本特点,熟悉牛体的各部位名称及其特征(图1-2)。

总的来说,优秀奶牛的外貌特点是体型清秀,呈明显的细致紧凑型,棱角突出,体大肉少,皮下脂肪沉积不多,皮薄骨细,血管显露,胸腹宽深,中躯较长,后躯和乳房十分发达,被毛细短有光泽,从侧望、前望、上望均呈"楔形"。四肢肢势端正,关节明显,长短适中,肢蹄结实。后裆宽,股部肌肉不丰满,大腿薄,乳镜宽而大。乳房外观呈"浴盆状",乳房大、深且底部平坦,不低于飞节。前乳房向腹下延伸,附着良好,后乳房充分向股间的后上方延伸,附着点高,乳房宽,左右乳区间有明显的纵沟。4个乳区发育匀称,乳头分布均匀,形状呈圆柱状,长8~12厘米,直径3~5厘米,容量在20毫升以上,乳头括约肌正常。乳房皮薄,毛细、短、稀,皮下脂肪不发达,在产奶旺期能看见皮下乳静脉及侧悬韧带筋腱的隆起。挤奶前乳房饱满,体积大,富有弹性,挤乳后乳房体积缩小,手感柔软,而且在乳房后部形成许多皱褶。乳静脉粗大、明显、弯曲且分支多,交叉成网状,乳井大。

四、选购优良奶牛的方法

对于农村养殖户来说,购买奶牛是一大关键。购买奶牛的好坏,直接影响以后的生产效益。要尽可能从附近熟悉的农户中购买,购买前需对奶牛的情况进行详细了解,如来源、品种、年龄、胎次、杂交代次、健康状况、必要时做疫病检查。

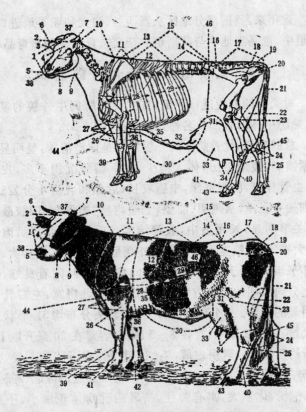

图1-2　荷斯坦奶牛牛体各部位名称

（仿王福兆图）

1.头　2.额　3.眼　4.脸　5.鼻梁　6.耳　7.角　8.下颌　9.喉
10.颈　11.肩(鬐甲)　12.第一背椎区　13.背　14.腰　15.背腰
16.腰角　17.荐　18.髋关节　19.尾根　20.坐骨结节　21.尾
22.乳镜　23.膝关节　24.第一跗关节区　25.尾帚　26.前臂区　27.胸部
28.胸椎区　29.脊椎区　30.腹线　31.腹股沟　32.乳静脉　33.乳房
34.乳头　35.乳井　36.胸围　37.枕骨　38.鼻镜　39.管骨　40.胫骨
41.第一趾关节　42.系部　43.蹄　44.垂皮　45.跗关节　46.饥饿窝

如果购买外地贩运的奶牛,则要尽可能多地了解奶牛的相关信息。此外,还要了解产地有无疫情,购入地与卖出地的气候环境和饲草料资源状况的差异;有条件的,应尽可能从大型正规的奶牛场购买奶牛,因为这种场的奶牛都是根据育种方案科学培育而成,也便于查看奶牛的各种信息、生产记录和系谱档案资料。

(一)选择合适的品种

当前我国奶牛品种,主要有荷斯坦牛、娟姗牛以及一些乳肉兼用型奶牛。我国饲养奶牛品种中 95%以上是中国荷斯坦牛。荷斯坦牛是目前世界上产奶量最高的奶牛品种,一般年均产奶量可达 5 000～7 000 千克,高产奶牛可达 8 000～9 000 千克,发达国家个体产奶量达 10 000～13 000 千克,最高记录达 30 833 千克。荷斯坦牛是最理想的奶牛品种。在新疆、内蒙古及南方地区则根据当地条件,还可选购适应性较强的其他品种,如新疆褐牛、中国西门塔尔牛、科尔沁牛和三河牛。

(二)观察奶牛的外貌特征

奶牛的外貌特征,注意以下几个方面。

1. 头颈 头清秀、狭长,鼻镜宽广,口大,鼻孔圆,两眼明亮,灵活温驯。耳薄毛细,血管明显,额宽阔。颈细,长而平直,两侧有较多细微皱纹。

2. 躯干 要求体格健壮,结构匀称,皮薄而富有弹性,体躯长宽深,背腰平直,尻部长平宽,胸部发育良好,腹大而不下垂,身躯从上面、侧面、后面 3 个位置观察呈 3 个"三角形"。即:从前望,顺两侧肩部向下引 2 条直线,这 2 条直线越往下越宽,呈一三角形;从侧面看,后躯深,前躯浅,背线和腹线向前伸延相交呈一三角形;从上边向下看,前躯窄,后躯宽,两体侧线在前方相交也呈一三角形。身长背平,胸部深而宽,肋间宽,长且开张。背长、宽,背腰平直,腹大而不下垂,尻部长、宽、平、方,并附有适量肥肉,略显丰满,长度为体长的1/3,两腰角距离宽,尾垂直,帚细长。

3. 乳房　乳房呈方圆形,乳房基部应前伸后延,附着良好,柔软而有弹性,4个乳区发育匀称,前伸后展,侧着前线过腰角前缘的垂线,底部呈水平状,底线略高于飞节,乳腺发育充分。乳头呈柱形,间距均匀,大小适中,乳头口松紧适度,无副奶头。乳静脉粗大,明显,弯曲,分枝多,乳井大而深。乳镜宽大。

4. 四肢　四肢结实、端正,四肢站立姿势正直,无内外弧形,大腿间宽阔,各大关节结实,轮廓明显,筋腱发育好,系部有力,蹄缝紧合,蹄底呈圆形,无裂缝。

(三)了解胎次和年龄

年龄与胎次对产奶量的影响很大。5胎前,随着胎次的增加,产奶量增加,初胎牛和2胎牛比3胎以上的母牛产奶量低15%～20%;3～5胎母牛产奶量逐胎上升,6～7胎以后产奶量则逐胎下降。而乳脂率和乳蛋白率则随着奶牛年龄与胎次的增长,呈下降趋势。所以,在购买奶牛以前一定要了解奶牛的年龄与胎次,尽可能买5胎以前的牛,取得较高的产奶量,对于6胎以后的牛即使产奶量高也不能长久,最好不要购买。

如果无法查证奶牛的年龄,还可以通过看牙齿来判定奶牛大致的年龄。方法是:1.5～2岁乳牙脱落长出永久钳齿,

2.5～3 岁长出内中间齿,3.5～4 岁长出外中间齿,4.5～5 岁长出隔齿,6 岁钳齿呈长方形,7 岁呈三角形,8 岁左右为四边形或不等边形,10 岁左右逐渐变为圆形。

(四)查看各种记录

有条件的要查看奶牛的各种信息、生产记录和系谱档案资料。主要内容包括:奶牛品种,牛号,出生日期,出生体重,成年体尺,体重,外貌评分、等级以及疾病防疫、检疫、繁殖、健康情况等记录。如果是经产母牛,要查看以往各胎次的产奶量、乳脂率,要挑选产奶量在 6 000 千克以上、乳脂率在 3.5%以上的奶牛。查看奶牛的产奶量还要看奶牛的生产记录,尤其是高峰期的记录,要选择高峰期出现晚、持续时间长、高峰期后产奶量下降慢的奶牛。高产奶牛一般在分娩后 50～70天出现高峰期(低产牛为产后 20～30 天),高峰期持续在 100天以上。高峰期过后,高产牛产奶量下降趋势比低产牛缓慢(泌乳末期,低产牛一般自动停止产奶,而高产牛则继续产奶)。如果可能的话,还要查看父母代和祖父母代的生产记录。

总之,购买奶牛前,一定要了解奶牛的详细情况,才能买到健康、高产的奶牛。

(五)运输和隔离观察

1. 做好安全运输工作 奶牛运输要准备好车辆,车辆大小要适中,装牛前要进行清扫和消毒,车厢前部要有防风设施。装牛之前车上垫土或细炉灰与土的混合物,防止牛滑倒,冬季车厢底部要有垫料。根据牛的体格大小和生理阶段进行分隔,如育成牛和青年牛装在车后部,妊娠牛和犊牛装在中间或前部。奶牛要分排站立,排与排之间要头对头,或尾对尾,排与排之间要有隔栏或隔板,减少奶牛之间的相互冲撞,每头成年奶牛约占 1.4 平方米的面积,不要太挤。运输途中不允许牛只卧地休息,防止被其他牛踩踏致伤。长途运输要备足草料和饮水,运输距离在 6 小时之内可以到达的,不必带草,但要带水。每行走 3～4 小时停下休息,让奶牛吃草饮水,泌乳牛 8～12 小时要挤奶。冬季运输选在午后,夏季运输在早晚进行,防止冷热因素应激对牛的刺激。运输车速保持每小时 40 千米以下,避免急刹车、急转弯、突然变速引起牛因挤撞、应激造成流产。

2. 进行隔离观察和饲草料过渡　新购回的牛只应在牛场下风向的舍内隔离圈养,或放在树林内隔离观察,进行饲草料过渡。如果以前是放牧饲养的牛,还要进行驱虫。隔离观察和饲草料过渡约需 1 周的时间,其间进行检疫和防疫注射工作。每天适量饲喂青粗饲料,充足供水,如果没有任何异常的情况可以进入正常牛舍内饲养。以后逐渐加精料,直至饲喂到正常量为止。

五、奶牛的选配

对于我国大多数农村奶牛养奶牛户来说,面临的不仅是选购良种奶牛问题,还有如何进行改良的问题。奶牛一旦购回后,在了解现有奶牛生产性状、遗传品质的基础上,如何对现有奶牛进行正确的选配,是农村养奶牛户面临的重要问题。

奶牛选配是通过繁殖的手段,有目的地对奶牛进行配种,保持良好的品质,弥补不好的或有缺陷的品质,使生产出的奶牛后代在各方面取得较大的改进。选配能创造变异,又能稳定地遗传给后代,培育出理想的奶牛。一个奶牛场或奶牛养殖户总希望自己的牛群一代比一代产奶量高,如果养的是本地品种牛,也总希望自己的牛群既能很好地适应本地的环境和气候条件,又能得到不断改良。因此,了解自家奶牛存在什么样的优缺点,选择什么样的优良品质的种公牛精液来进行配种改良,这是养奶牛户必须首先弄清楚的问题。其次是通过正规的渠道选择好的种公牛精液来为母牛群配种,才能使后代的品质有所改善。

奶牛世代间隔长,改良速度慢,后代的生产性能要经过 3 年时间才能表现出来,一生的产犊数比较少,一般母奶牛繁殖 3～5 胎后代就被淘汰。同时,奶牛是大家畜,经济价值高,培育成本大,选优淘劣不像其他家畜那样容易,这就要求选配工作有较高的预见性和准确性。为此,必须要采用科学的办法,才能达到好的改良效果。

(一)奶牛的选配方法

1. 了解母牛的基本情况 首先了解现有牛的遗传品质和生产特性,是纯种还是杂交品种,如果是杂交种,是第几代杂交种,其母亲的生产性能和父亲的特征如何。该奶牛与其母亲相比体型外貌、生产性能有何改善,产奶量、乳脂率、乳蛋白率高低,现在存在哪些缺点等信息。根据该头奶牛的生产性能和改良效果,确定今后的培育方向。有系谱和生产档案的,要根据系谱和生产档案记录进行判定。总之,在给奶牛配种前,有关信息了解得越多越好。

2. 了解种公牛的基本情况 目前,冻精生产单位较多,质量参差不齐,选择种公牛时要对冻精进行全面了解。首先要了解种公牛冻精的来源。看冻精是否来自正规生产单位,有无生产单位合格证书和生产许可证书。如果供精者拿不出或不愿意拿出种公牛的相关资料和必要的证明文件（如农业部颁发的证书），则说明冻精来源有问题。要选择有资质、管理严格、信誉好的供种单位生产的冻精。其次，是了解种公牛的优劣等级。优秀的种公牛一般都经过育种权威部门的鉴定和管理部门的统一编号（在冻精细管上印有种公牛的编号）。再次是了解种公牛的系谱和后裔测定结果。系谱是指供公牛的祖上各代的品质外貌和生产性能记录；后裔测定是根据种公牛女儿的生产性能记录进行综合评估而得出的种公牛用用价值的指数。系谱和后裔测定的成绩是说明一头种公牛种用价值高低的理论依据。所以，选择冻精时要首先考虑种公牛的质量，其次才是价格。

3. 制定配种方案 在了解了母牛和种公牛的详细资料以后，就可以根据自家母牛的特点有针对性地制定最佳选配组合，以取得最好的改良结果。如果奶农不知如何进行选配时，可以咨询供种单位或当地家畜改良站，根据他们的意见确定奶牛的最佳配种组合，以期获得好的后代。

例如，某头奶牛是荷斯坦牛（H_1）和当地奶牛（L_1）的二代杂交种（F_2），产奶量 3 500 千克（偏低），乳脂率 3.7%（正常），乳蛋白含量 3.1%（正常），体型接近荷斯坦牛，适应性强，健康状况良好。那么，该头奶牛首先应该在产奶量方面进行改良提高，与配公牛（H_2）就应该选择后裔测定女儿产奶量在 10 000 千克以上的种公牛的冻精进行配种。

又如，某母牛的产奶量为 6 500 千克（一般），乳脂率 3.2%（偏低），乳蛋白含量 3%（正常）。那么，该头奶牛首先应该在乳脂率方面进行改良提高，产奶量还可以继续提高，与配公牛（H_2）就应该选择后裔测定女儿产奶量在 8 000 千克以上，乳脂率在 3.8%以上的种公牛冻精进行配种。

再如,某母牛的产奶量为 8 000 千克(高产),乳脂率 3.2%(偏低),乳蛋白含量 2.8%(偏低)。那么,该头奶牛首先应该在乳脂率和乳蛋白方面进行改良提高,产奶量进行巩固提高,与配公牛(H_2)就应该选择后裔测定女儿产奶量在 10 000 千克以上、乳脂率在 3.8%以上、乳蛋白在 3%以上的种公牛冻精进行配种。

因此,要针对每一头牛制定配种计划,对有缺陷的性状进行改良,一般的性状进行提高,优良的性状进行巩固,以使奶牛后代的生产性能得到全面改进。

(二)奶牛选配的注意事项

1. 避免近亲交配 近亲交配产生的后代容易发生一些遗传疾患,使奶牛体型外貌差、生长迟缓、生产性能降低。因此,奶牛场在制定选种选配计划时,要避免近亲交配。每次要记录与配公牛的编号,女儿与其母亲或祖母不能用同一头奶牛的冻精配种;如果不知与其母亲或祖母配种的种公牛,则不选用前 3 年曾推荐使用过的种公牛冻精,而选用近 2 年才推荐使用的种公牛冻精。

2. 全面兼顾,避免单一 产奶量一般是人们关注的性状,而对乳脂率、乳蛋白含量则不太重视。选配时,不要只重视产奶量的提高,而忽略对乳脂率、乳蛋白含量的改良提高,要全面兼顾产奶量、乳脂率、乳蛋白各方面的提高。

3. 保证冻精的质量 选配效果的好坏与种公牛冻精的质量有很大关系。因此,需对每一头奶牛的冻精质量进行抽样检查,检查指标包括活力、密度、顶体完整率、畸形率和微生物指标是否符合国标(活力>0.35,直线运动精子密度1 000 万个,顶体完整率>40%,畸形精子率低于 20%,无病原微生物及其他传染性疾病等）。采购冻精时，不要一次采购量过大，对存放 2 年以上的冻精要抽检，以免影响配种效果。

第二章 奶牛舍的设计和建造

一、设计原则

修建牛舍的目的是为了给牛创造适宜的生活环境,便于清洁卫生,保障奶牛的健康和生产的正常进行,同时投入较少的资金、饲料、能源和劳力,生产更多的牛奶,取得较高的经济效益。为此,设计奶牛舍应掌握以下原则。

(一)为奶牛创造适宜的环境

一个适宜的环境可以充分发挥牛的生产潜力,提高饲料利用率。一般来说,奶牛的生产力40%取决于品种,30%～40%取决于饲料,20%～30%取决于环境。例如,过高或过低的环境温度可使奶牛的生产力下降10%～30%。如果没有舒适的环境,奶牛的健康将受到威胁,奶产品没有安全保证;奶牛将增加额外的消耗,饲料中的营养不能最大限度地转化为奶产品,降低奶牛的饲料利用和转化效率;奶牛淘汰率的比例也要增大。因此,修建牛舍时,必须考虑奶牛的生理条件,各种环境条件要符合奶牛的生理要求。影响奶牛的主要环境因素包括:牛场的布局、牛舍的结构、温度、湿度、光照、通风等。

(二)要符合生产技术和生产流程的要求

奶牛生产技术包括奶牛的饲养管理和牛奶的生产管理。奶牛的饲养管理包括草料贮运、饲料加工、奶牛饲喂、饮水、运动、清粪、配种繁殖、犊牛护理、疫病防治等,牛奶的生产管理包括挤奶、贮存、运输等。修建牛舍必须与本场生产程序相结合。否则,将给生产造成不便,影响奶牛的经济效益。

(三)有利于卫生防疫和安全生产

通过修建规范牛舍,为奶牛创造适宜环境,将会防止或减少疫病发生。此外,修建牛舍时还应特别注意卫生要求,以利于兽医防疫制度的执行。要根据防疫要求合理进行场地规划和建筑物布局,确定牛舍的朝向和间距,设置消毒设施,合理安置污物处理设施等。

(四)经济合理

在满足以上要求的前提下,还要做到经济合理,技术可行。牛舍修建还应尽量降低工程造价和设备投资,以降低生产成本,加快资金周转。因此,牛舍修建时,要尽量利用自然条件(如自然通风,自然光照等),尽量就地取材,采用当地建筑施工习惯,适当减少附属用房面积。

二、环境选择

奶牛场或奶牛养殖小区应建在地势平坦干燥、背风向阳,排水良好,场地水源充足、未被污染和没有发生过任何传染病的地方。

(一)地　势

高燥、背风向阳、地下水位 2 米以下,具有缓坡坡度(1％～3％,最大 25％)的北高南低、总体平坦地方。切不可建在低洼或低风口处,以免汛期积水,造成排水困难及冬季防寒困难。

(二)地　形

开阔整齐,方形最为理想,避免狭长和多边形。一般10～15头牛要占地667平方米(1亩)。

(三)水　源

要有充足的合乎卫生要求的水源,取用方便,保证生产、生活及人畜饮水。水质良好,不含毒物,确保人畜安全和健康。

(四)土　质

土质以沙壤土最理想,沙土较适宜,黏土最不适。沙壤土土质松软,雨水、尿液不易积聚,有利于牛舍及运动场的清洁与卫生干燥,有利于防止蹄病及其他疾病的发生。

(五)气　象

要综合考虑当地的气象因素,如最高温度、最低温度、湿度、年降水量、主风向、风力等,以选择有利地势。

(六)交　通

牛场应建在离公路500～1 500米的地方,交通便利,便于运输饲料和送交原料奶,距离乳品加工厂最好应在50千米以内。

(七)社会联系

应便于防疫,距村庄居民点500米以外下风处。远离其他畜禽养殖场,周围 1 500 米以内应无化工厂、畜产品加工厂、屠宰厂、医院、兽医院等。交通、供电方便,周围饲料资源尤其是粗饲料资源丰富,且尽量避免周围有同等规模的饲养场,避免原料竞争。

为了保证奶产品质量,养牛专业村一般采用建筑小区的形式。小区有公司形式的,也有合作社形式的,以上建场原则同样适用于小区。小区范围以配套建设的奶牛技术服务站为中心,辐射半径原则上不超过 5 千米。发挥核心奶牛场的辐射作用,带动周边农户规模养殖,推广机械化挤奶,实现相对集中连片发展。

三、奶牛场规划布局

奶牛场规划布局是指根据奶牛的生产特性和本地的地形状况,设计出适合奶牛生产的建筑结构布局,使奶牛场生产顺利进行。因此,在进行建造之前必须对奶牛场进行合理的设计和规划布局。

奶牛场规划应本着因地制宜、科学饲养、环保高效的要求,统筹安排,合理布局。考虑今后发展,应留有余地,利于环保。场地建筑物的配置应做到紧凑整齐,提高土地利用率,节约用地,不占或少占耕地,节约供电线路、供水管道,有利于整个生产过程和便于防疫灭病,并注意防火安全。奶牛场的规划包括规模化奶牛养殖场的规划和奶牛小区的规划。

(一)规模化奶牛场规划布局

规模化奶牛场是指养殖规模在 50 头以上的大型养殖户。有各种功能设施,可以独立的生产,一般包括 4～5 个功能区,即生活区、管理区、生产区、粪尿污水处理区、病畜管理区(图

2-1)。具体布局遵循以下原则。

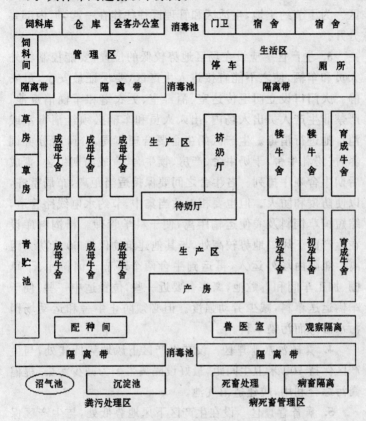

图 2-1 奶牛场平面布局图

1. 生活区 指奶牛场饲养人员住宿和文化娱乐区。应在牛场上风头和地势较高地段,并与生产区保持 100 米以上距离,以保证生活区良好的卫生环境。

2. 管理区 包括与经营管理、产品加工销售有关的建筑物。管理区要和生产区严格分开,保证 50 米以上距离,外来人员只能在管理区活动,场外运输车辆、牲畜严禁进入生产区。为了节约土地,生活区和管理区往往连在一起,但内部要分开。

3. **生产区** 应设在场区地势较低的位置,要能控制场外人员和车辆,使之不能直接进入生产区,要保证最安全,最安静。大门口设立门卫传达室、消毒室、更衣室和车辆消毒池,严禁非生产人员出入场内,出入人员和车辆必须经消毒室或消毒池进行消毒。生产区奶牛舍要合理布局,分阶段分群饲养,按泌乳牛舍、干奶牛舍、产房、犊牛舍、育成前期牛舍、育成后期牛舍顺序排列。各牛舍之间要保持适当距离,布局整齐,以便防疫和防火。但也要相对适当集中,节约水电线路管道,缩短饲草饲料及粪便运输距离,便于科学管理。粗饲料库设在生产区下风口地势较高处,与其他建筑物保持 60 米防火距离。兼顾由场外运入,再运到牛舍两个环节。饲料库、干草棚、加工车间和青贮池,离牛舍要近一些,位置适中一些,便于车辆运送草料,减少劳动强度。但必须防止牛舍和运动场因污水渗入而污染草料。

4. **粪尿污水处理区** 设在生产区下风地势低洼处,与生产区保持 100 米卫生间距,最好设隔离带。为减少污染,提倡粪污综合利用,应建造沼气池。

5. **病畜管理区** 设在生产区下风地势低处,与生产区保持 100 米卫生间距。设隔离带,设单独通道,便于消毒和污物处理等。尸坑和焚尸炉距生产区 300 米距离。

现代化奶牛场以牛为中心,采用散栏饲养模式,将奶牛的饲喂、休息、挤奶分设于不同的专门区域进行。奶牛的管理工序垂直(少有交叉),各项工作由专人负责,饲喂人员专门负责奶牛的饲喂,挤奶人员专门负责奶牛的挤奶,清粪人员专门负责清除粪污。其优点是省工、省时，便于实行高度的机械化，提高劳动生产率。缺点是饲养管理群体化，难于做到个别照顾。奶牛场的整体布局应是实现两个三分开：即人（住宅）、牛（活动）、奶（存放）三分开；奶牛的饲喂区、休息区、挤奶区三分开。尽量减少脏、净道路交叉污染。

（二）奶牛小区规划布局

因为农户奶牛养殖大多是家庭养殖，奶牛头数少而分散，各家生产条件千差万别，卫生条件差，大多采用手工挤奶，牛奶质量不能保证。为便于管理，可将一个村或若干户的奶牛集中起来饲养，建成奶牛养殖小区。在小区里各家奶牛仍由自家饲养，但采取统一的管理模式和机械化挤奶，可以保证牛奶质量。奶牛养殖小区是介于散养和规模化养殖之间的饲养模式。虽然奶牛养殖小区可以进行统一管理，但各家奶牛仍分开饲养，规模小，仍不便于进行分群饲养，饲料结构和养殖技术参差不齐，奶牛健康状况、牛奶品质及经济效益仍不及规模化奶牛养殖场。因此，奶牛养殖小区是散养户和规模化奶牛养殖场之间的过渡形式。

目前，我国奶牛养殖小区主要有以下3种形式：一是政府扶持，企业出资，建设奶牛小区，招募奶农进入小区饲养；二是个人投资，招商引牛；三是奶农联合，成立合作社而建成的奶牛养殖小区。因为小区的形式不同，小区生产的规范化程度和组织化程度也有很大差别。无论何种形式的小区，统一挤奶、统一收购已成为小区管理的主要特点。为了小区的规范化管理和奶牛养殖业的可持续发展，有必要对奶牛小区的布局，进行统一规划和统一设计。视奶牛小区类型的不同，一般包括5个功能区，即管理区、居住区、生产区、粪尿污水处理区和病畜管理区。与奶牛场不同的是奶牛小区的生产区由若干个养殖单元组成,每个养殖单元相当于一个小的生产区,每个养殖单元包括1个饲草饲料库,1个或2个奶牛圈(舍),1个饲喂、运动兼用的活动场,场内设置水槽,奶牛混群或进行简单地分群(图2-2)。

1. 管理居住区 指小区工作人员及户主居住、经营管理的区域。为了节约土地,一般把管理区和居住区连在一起,分生活区和管理区两部分。管理居住区由门卫、会客室、办公室、宿舍、配电房、仓库、饲料库和饲料加工间等组成。管理居住区应设在小区的上风头和地势较高地段,外来人员只能在管理区活动。小区大门口设立门卫传达室、车辆消毒池和其他必备消毒设施,来往人员和车辆必须严格消毒,小区以外牲畜不能进入牛场,小区不允许养猪、狗、鸡等其他动物。

2. 生产区 生产区应在小区的较下风位置,和管理区要有20米以上的隔离带。生产区大门要设置消毒室、更衣室和车辆消毒池,小区外人员和车辆,不能直接进入生产区,要经过严格的消毒后方可进入生产区,生产区要保证安全、安静。生产区由养殖单元、草料间、青贮池、挤奶厅、配种室和兽医室组成。每个养殖单元由2个或多个子单元、草房、活动场地等组成,每个子单元包括牛舍和运动场,根据奶牛群大小进行简单地分群(犊牛、临产牛、泌乳牛)。养殖单元之间要保持适当距离,布局整齐,以便防疫和防火。但也要适当集中,节约水电线路管道,缩短饲草饲料及粪便运输距离,便于科学管理。生产区两边为污道,中间为净道。运输精饲料、牛奶,挤奶等走净道,运输草、青贮和出牛粪走污道,避免交叉污染。草房与牛舍其他建筑物保持20米的防火距离。

青贮池要建在小区中间的位置,离牛舍要近一些,便于车

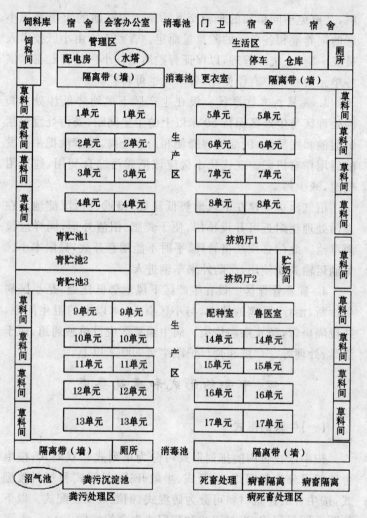

饲料库	宿 舍	会客办公室	消毒池	门 卫	宿 舍	宿 舍	
饲料间		管理区			生活区		厕所
	配电房	水塔			停车	仓库	
	隔离带（墙）		消毒池	更衣室	隔离带（墙）		
草料间	1单元	1单元	生	5单元	5单元		草料间
草料间	2单元	2单元	产	6单元	6单元		草料间
草料间	3单元	3单元	区	7单元	7单元		草料间
草料间	4单元	4单元		8单元	8单元		草料间
	青贮池1			挤奶厅1		贮奶间	
	青贮池2						草料间
	青贮池3			挤奶厅2			
草料间	9单元	9单元	生	配种室	兽医室		草料间
草料间	10单元	10单元	产	14单元	14单元		草料间
草料间	11单元	11单元	区	15单元	15单元		草料间
草料间	12单元	12单元		16单元	16单元		草料间
草料间	13单元	13单元		17单元	17单元		草料间
	隔离带（墙）		厕所	消毒池	隔离带（墙）		
	沼气池	粪污沉淀池		死畜处理	病畜隔离	病畜隔离	
		粪污处理区			病死畜处理区		

图 2-2 奶牛养殖小区平面布局示意图

辆运送，减少劳动强度。两侧都要建造青贮池，既能就近取料,又避免不同单元的车辆交叉污染。青贮池的大小要视小区的饲养量和各单元的贮草量而定。青贮玉米由小区技术人员统一制作、统一管理,以保证青贮质量。小区的青贮玉米供各单元的养牛户有偿使用,各单元也可自贮。

3. 粪尿污水处理区 设在生产区下风地势低洼处。粪污处理区与生产区保持 50 米以上的卫生间距,粪污处理包括沉淀池和发酵池,沉淀池将粪便和污水分离,发酵池把牛粪发酵后用作有机肥。现代化小区应该把粪污综合利用,建造沼气池,减少污染。

沼气池也应建在下风地势低洼处,接近粪污沉淀池。在粪污处理池附近可开设小门,便于粪肥、沼渣外运,同样应设消毒池。此门必须严格管理,平时不能随意开放,只限本小区车辆运输粪便使用,严防外来车辆进入。

4. 病畜管理区 设在生产区下风地势低洼处,是小区病牛诊断、治疗、隔离的地方,与小区有 50 米以上的卫生间距,并设隔离带,防止疾病传染。病牛隔离区应设单独通道,便于消毒、处理等。尸坑和焚尸炉距牛舍 300 米以上。

四、牛舍的形式和建筑要求

(一)牛舍的形式

按牛床在舍内的排列形式可分为单列式和双列式;按牛舍墙壁可分为敞棚式、敞开式、半敞开式、封闭式和塑料暖棚式,按牛舍的建筑材料可分为砖混式、钢混式及装配式。以下简要介绍封闭式、半封闭式和装配式牛舍的结构。

1. 封闭式牛舍 封闭式牛舍是指四周均有墙壁的牛舍,这种牛舍适合我国北方寒冷地区,利于冬季防寒保暖。根据当地主风向决定牛舍朝向,一般坐北向南,前后有窗,南面窗户大,利于采光采暖,北面窗户小便于保暖。根据主风向和牛舍的长度决定开门的方向及位置,一般在南面中间开门,门前设运动场。按照牛舍的跨度和牛床的排列又分单列式或双列式。

(1)单列式　只有一排牛床。一般多为单列开敞式牛舍,由东、北、西三面围墙组成,南面敞开,舍内设饲料槽和走廊,在北面墙上设有小窗。多利用牛舍南面的空地为运动场。牛舍宽度为 5 米,长度按饲养头数来决定,一般成年牛的长度可按每头 1.1～1.2 米计算。槽前通道为 1.2 米左右,饲槽 0.7米,牛床 1.8 米,粪尿沟 0.3 米,床后通道 1 米。这类牛舍跨度小,易于建造,通风和采光良好,造价低廉。但舍内温度不易控制,常随舍外的气温变化而变化,湿度亦然。虽夏热冬凉,但冬季还是可以减轻寒风的袭击,适于冬季不太冷的地区。这类牛舍适于饲养 10 头左右奶牛的小型农户。

(2)双列式　一般 20 头以上者多采用双列式。牛舍分成左右 2 个单元,跨度 12 米左右,长根据养牛数量而定。牛舍可盖 1 层,也可盖 2 层,上层做贮干草或垫草用,能满足自然通风的要求。在双列式中,根据母牛站立方向的不同,又可分为尾对尾式和头对头式 2 种。尾对尾式中间为清粪道,两边各有 1 条饲料通道。头对头式中间为送料道,两边各有 1 条清粪通道。以对尾式应用较广。因为对尾式牛头向窗,通风采光好,挤奶及清粪也方便。此种牛舍造价稍高,但保暖、防寒性好,适于我国长城以北地区(图 2-3,图 2-4)。

2. 半开放式牛舍　半开放式牛舍三面有墙,向阳一面敞开,有顶棚,在敞开一侧设有围栏。这类牛舍的敞开部分在冬季可以遮拦,形成封闭状态。从而达到夏季利于通风,冬季能

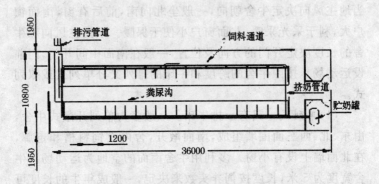

图 2-3 双列对尾式牛舍平面图 （单位：毫米）

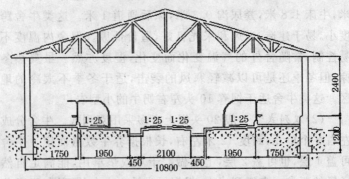

图 2-4 双列对尾式牛舍剖面图 （单位：毫米）

够保暖，使舍内小气候得到改善。这类相对封闭式牛舍，造价低，节省劳动力，适用于我国长城以南地区。

塑料暖棚牛舍属于半开放牛舍的一种，是近年来北方寒冷地区推出的一种较保温的半开放式牛舍。就是冬季将半开放式或开放式牛舍，用塑料薄膜封闭敞开部分，利用太阳能和牛体散发的热量，使舍温升高。同时，塑料薄膜也避免了热量散失。

建造塑膜暖棚牛舍要注意以下几个问题：一是选择合适的朝向，塑膜暖棚牛舍需坐北朝南；二是选择合适的塑料薄膜，应选择对太阳光透过率较高，而对地面长波辐射透过率较低的聚乙烯等塑膜，其厚度以 80～100 微米为宜；三是要合理设置通风换气口，棚舍的进气口设在棚舍顶部的背风面，上设防风帽、排气口的面积以 20 厘米×20 厘米为宜，进气口的面积是排气口面积的一半，每隔 3 米远设置一个排气口；四是加强管理，适时通风调温，防止中午气温偏高，有害气体浓度过大。

3. 装配式牛舍 这种牛舍以工厂化制作的建筑钢材和镀锌板为材料，根据要求，现场装配。牛舍屋顶及多数墙壁用钢架支撑，屋梁为角铁焊接，只有少数墙壁用砖石混凝土或钢筋混凝土，屋顶瓦为镀锌板；食槽和水槽为"U"字形不锈钢制作，高低可随奶牛的体高随意调节；隔栏和围栏为钢管。

装配式牛舍室内设置与普通牛舍基本相同，其适用性、科学性主要体现在屋架、屋顶和墙体及可调节饲喂设备上。屋架梁是由角钢预制，待柱墩建好后装上即可。架梁上边是由角钢与圆钢焊制的檩条。屋顶自下往上是由 3 毫米厚的镀锌铁皮、4 厘米厚的聚苯乙烯泡沫板和 5 毫米厚的镀锌铁皮瓦构成，屋顶材料由螺丝贯串固定在檩条上，屋脊上设有可调节的风帽。

墙体四周 60 厘米以下为砖混结构（围栏散养牛舍可不建墙体）。每根梁柱下面有水泥柱墩，其他部分为水泥沙浆面。墙体 60 厘米以上部分分为 3 种结构：两屋山墙及饲养员住室、草料间两边墙体为"泰克墙"，它的基本骨架是由角钢焊制，角钢中间用 4 厘米厚泡沫板填充，骨架外面扣有金属彩板，骨架里面固定一层钢网，网上水泥沙浆抹面；饲养员住室、草料间与牛舍隔墙为普通砖墙外抹水泥沙浆；牛舍前后两面60厘米以上墙体部分安装活动卷帘。卷帘分内外两层，外层为双帘子布中间夹腈纶棉制作的棉帘，里边一层为单层帘子布制作的单帘，两层卷帘中间安装有钢网，双层卷帘外有防风绳固定（图2-5）。

图 2-5　装配式牛舍的结构

装配式牛舍一般设计技术先进，采用国产优质材料制作，具有多方面的优点。

第一，适用性强。牛舍前后两面墙体由活动卷帘代替，夏季可将卷帘拉起，使封闭式牛舍变成棚式牛舍，保温、隔热效果好。屋顶部安装有可调节风帽，采用自然通风，冬季卷帘放下时通风调节帽内蝶形叶片使舍内氨气排出，达到通风换气效果好。

第二，耐用。牛舍屋架、屋顶及墙体根据力学原理精心设计，选用优质防锈材料制作，既轻便又耐用，一般使用寿命在

20年以上(卷帘除外)。

第三,美观。牛舍外墙采用金属彩板(红色,蓝色)扣制,外观整洁大方,十分漂亮。

第四,造价低。按建筑面积计算,每平方米造价仅为砖混结构、木屋结构牛舍的80%左右。

第五,建造快。其结构简单,工厂化预制,现场安装,建造省时。一栋标准牛舍一般在15~20天即可建成。

(二)牛舍的建筑要求

牛舍建筑,要根据各地全年的气温变化和牛的品种、用途、性别、年龄而确定。建牛舍要因陋就简,就地取材,经济实用,还要符合兽医卫生要求,做到科学合理。有条件的可盖质量好的、经久耐用的牛舍。

第一,牛舍以坐北朝南或朝东南好。房顶有一定厚度,隔热保温性能好。

第二,牛舍地面应保温,防滑,不透水。

第三,牛舍内应干燥,夏季可防暑,冬季能保温。要求墙壁、天棚等结构的导热性小,耐热,防潮。

第四,牛舍通风透光性能要好,以使太阳光线直接射入和散射光线射入,并且空气新鲜。

第五,要求供水充足,污水、粪尿易于排出舍外,保持舍内清洁卫生。

第六,合理安置家畜和饲养人员的住房,以便于正常工作。

依照不同经济用途修建不同类型的牛舍,也应根据条件建辅助性房舍,如饲料库、饲料调制室、青饲料贮藏室、青贮设备和牛奶存放室等;还应依据奶牛的饲养头数建兽医室、隔离室及人工授精室。

五、牛舍基本结构及建筑要求

(一)地 基

要求有足够的强度和稳定性,必须坚固,以防下沉和不均匀下陷,使建筑物发生裂缝和倾斜。用石块或砖砌地基深80～100厘米。地基与墙壁之间最好要有油毡绝缘防潮层。

(二)墙 壁

砖墙厚50厘米,从地面算起应抹100厘米高的墙裙。如用土坯墙、土打墙等,从地面算起应砌100厘米高的石墙基础。牛舍墙壁要求坚固结实、抗震、防水、防火,并具良好的保温与隔热特性,要便于清洗和消毒。一般多采用砖墙并用石灰粉刷。土墙造价低,投资少,但不耐久。

(三)屋 顶

主要作用是防雨水和风沙侵入,隔绝阳光辐射,顶棚距地面为350～380厘米。要求质轻、坚固耐用、防水、防火、隔热保温,并能抵抗雨雪、强风等外力因素的影响。北方寒冷地区,顶棚应用导热性低和保温的材料。南方则要求防暑、防雨并通风良好。

屋顶常见的形式有以下几种:单坡式只有1个坡向,跨度小,有利于采光,适于单列式牛舍。双坡式有2个坡向,跨度大,保温性能好,适于双列式牛舍。钟楼式或半钟楼式,是在双坡式屋顶上开单侧或双侧天窗,以利于通风和采光(图2-6)。

单坡式　　　　　　双坡式　　　　　　半钟楼式

图 2-6　牛舍屋顶结构类型示意图

(四)屋　檐

屋檐距地面为 280～320 厘米。屋檐和顶棚太高,不利于保温;过低则影响舍内光照和通风。可视各地最高温度和最低温度而定。

(五)地　面

牛舍地面要求致密坚实,不硬不滑,温暖有弹性,便于清洗消毒。地面质量的好坏,关系着舍内的卫生状况。地面主要用来设置牛床、中央通道、饲料通道、饲槽、颈枷和粪尿沟等。大多数采用水泥地面,其优点是坚实,易清洗消毒,导热性强,夏季有利散热,缺点是缺乏弹性,冬季保温性差。

(六)　门

牛舍的大门应坚实牢固,不用门槛,最好设置推拉门,门高 2 米,宽 2.2～2.4 米。坐南朝北的牛舍东西门对着中央通道,百头成年牛舍通到运动场的门不少于 2～3 个,牛舍门应向外开或靠墙壁推拉,以便于牛只进出、饲料运送、清除粪便等。门上不应有尖锐突出物,靠地面不应设台阶和门槛。

(七)窗

主要用来通风换气和采光。一般南窗应较多、较大(100厘米×120厘米),北窗则宜少、较小(80厘米×100厘米)。窗户越大越有利于采光,但冬季在严寒地区应注意增加保温措施,安装双层玻璃或挂暖帘。窗户面积与舍内地面面积之比,成年牛舍为1∶12,小牛舍为1∶10～14。窗台距地面高度为120～140厘米,便于人开关窗户,夏季打开窗户通风时,风可吹到牛体,并可使舍内下层空气流通,有利于保持地面干燥。窗扇最好装成推拉式,既有利于调节通风量,又可防止夜间大风吹坏窗扇。

(八)牛 床

奶牛喜卧于略有坡度的地上,牛床从后至前应有2%～4%的坡度。对于2.2～2.4米的牛床,后沿和前端的高度分别应为8.8厘米和9.6厘米(图2-7)。

牛床应有9～13厘米厚的垫料,沙土、锯末或碎秸秆均为理想的垫料,草垫子很好,但应置于最上层。垫料或垫子要保持干净和干燥,不但使奶牛舒适,而且可防止乳房炎,提高牛奶质量。

拴系式牛床规格如表2-1所示。

按照牛床的材质,可把牛床分为以下几种类型。

1. 水泥及石质牛床 其导热性好,比较硬,造价高,但清洗和消毒方便。多数牛场采用。

2. 沥青牛床 保温好并有弹性,不渗水,易消毒,但遇水容易变滑,修建时应掺入煤渣或粗沙。

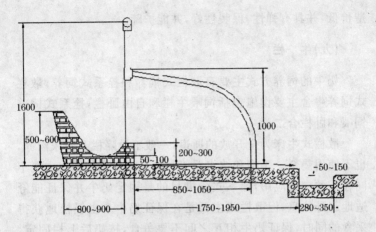

图 2-7 拴系式牛床结构 （单位 毫米）

表 2-1 拴系式牛床规格 （单位：米）

体重（千克）	颈枷拴系式牛床		链条拴系式牛床	
	宽	长	宽	长
365	1.02	1.42	1.22	1.57
455	1.12	1.52	1.30	1.68
545	1.22	1.63	1.37	1.78
635	1.32	1.73	1.45	1.88
680	1.37	1.78	1.50	1.93

　　3. 砖牛床　用砖立砌，用石灰或水泥抹缝。保温性好，硬度较高。

　　4. 木质牛床　导热性差，容易保暖，有弹性且易清扫，但容易腐烂，不易消毒，造价也高。严寒地区采用。

　　5. 土质牛床　将土铲平，夯实，上面铺一层沙石或碎砖块，然后再铺一层三合土，夯实即可。这种牛床能就地取材，造价低,并具有弹性,保暖性好,并能护蹄。

(九)牛　栏

奶牛的饲养方式主要有散栏式饲养和拴系式饲养,散栏式饲养牛舍主要设施包括饲喂牛栏和自由卧栏,拴系式饲养饲喂和卧栏合二为一。

散栏式牛床为全开放的通道,一般不设隔栏及粪尿沟等,也不使用垫料。牛槽和饮水器等与拴系式牛床相同。主要不同在于颈枷的应用,拴系式颈枷目的是固定奶牛并保证能舒适地起卧休息,但散栏式主要是在保证奶牛自由轻松地获得采食的同时,保证奶牛相互之间不要争食,挤奶后上栏固定,还可以保证使奶牛乳头有足够时间晾干,减少乳房炎发生。所以,散栏式牛舍通常采用直杆式颈枷,一般有统一联动式和各自自锁式,前者整栏颈枷可以同时锁定打开,减少劳动量,后者针对个体可以人为或自动锁定,控制灵活。饲槽长度每头牛平均为70~75厘米,每个颈枷相应设计70~75厘米宽。国外有些牧场牛舍中自由颈枷的数量仅占牛总数的90%,这是考虑到全天自由饲喂后奶牛不可能同时上槽采食,减少颈枷数量可以缩短饲喂牛槽长度,进而缩短整个牛舍建筑长度,降低成本。但这种方法也有争议,因为挤奶时奶牛一般不补饲,挤奶后奶牛食欲旺盛,颈枷数量少,会造成部分奶牛不能及时采食到日粮,造成采食量降低,从而影响产量,这种现象尤其对于较小的群体更为严重。如果条件允许,按牛舍实际奶牛头数的100%设置颈枷数更好。

1. 自由卧栏　在散放饲养时,奶牛采食完饲料及挤完牛奶后,在运动场自由活动。如果运动场仅有凉棚而没有自由卧栏,这对于我国南方炎热夏季的降温和北方寒冷的冬季保暖都非常不利,奶牛会经常卧到被粪尿污染的地方,牛体卫生状况差,乳房炎发病率高。所以,在饲喂通道之外,应投入一部分资金建设用于奶牛休息的卧栏。实践证明,这种投入能够取得很好的效果,奶牛在舒适清洁的自由卧栏平均卧着休息 10~14 个小时,牛体卫生状况明显改善,防暑防寒效果良好,运动场粪便的处理工作也变得方便了许多,奶牛健康状况和产量有不同程度的提高。

自由散栏式牛舍及牛栏结构见图 2-8。

图 2-8　自由散栏式牛舍及牛栏结构

自由卧栏的隔栏结构主要有悬臂式和带支腿式两种(图2-9)。悬臂式隔栏不需要在牛床浇注支腿,隔栏直接固定在前立柱上,若前方为墙壁,则直接固定在前墙壁上。但悬臂式隔栏需要被很好地固定,而且使用中维修频率高于带支腿的隔栏。带支腿的隔栏在施工时便在牛床上浇注支腿,而支腿被粪尿腐蚀也在所难免,不容易移动和重复利用。

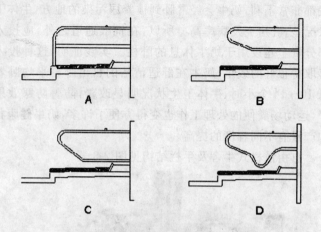

图 2-9　不同形状的自由卧栏隔栏

A.带支腿式隔栏　B.悬臂式隔栏(隔栏上下杠间距小,奶牛起卧是头部朝正前方移动,牛床相应较长)　C.悬臂式隔栏(隔栏上下杠间距大,奶牛起卧时头部朝两侧移动,牛床较 B 类短)　D.悬臂式隔栏(奶牛移动同 B 式,卧床空间利用更合理)

从材质来说,隔栏有木质、半金属半木质和全金属,因为金属材质悬臂式隔栏容易安装、拆卸和维修,目前被广泛使用。隔栏的形状多种多样,其中图 2-9-C 和图 2-9-D 两种应用效果较好。两牛床之间(隔栏正下方)可设置较后隔板稍低的矮墙,可以使奶牛每次都卧到相对固定的位置,避免在隔栏下左右移动,导致奶牛站起困难或造成损伤。注意隔栏上下横杆之间的距离,较宽的距离(75~85 厘米)可以保证奶牛起卧时,牛头从侧面前伸,这较适用于面向墙壁等牛床前端空间有限的卧栏。较窄的距离(30~40 厘米)则可以强制奶牛起卧时头部向正前方伸出,防止相互影响,但牛床前端要留好奶牛起卧前伸空间。

卧栏规格的选择是对奶牛舒适度和清洁度折衷的结果。

卧栏必须为奶牛提供比较宽敞的起卧空间。国外做了大量关于卧栏规格的研究,但所推荐的规格变化较大,表2-2中给出了卧栏设计的规格和体重变化范围,作为设计者参考。实际设计过程中,还要根据牛场奶牛现状和管理方式灵活掌握。牛床足够的长度可以保证奶牛在站立时头部前伸有足够空间,如果采用对头式卧栏,中间仅以栏杆隔开,奶牛有一定头部前伸空间,牛床可以适当缩小20~30厘米。

表2-2 奶牛自由卧栏推荐规格

体重(千克)	宽度(米)*	长度(米)**	高度(米)***
<136	0.6	1.1	0.0
136~181	0.7	1.2	0.8
181~272	0.8	1.5	0.9
272~363	0.9	1.7	0.9
363~454	1.0	1.8	1.0
454~499	1.1	2.0	1.0
499~544	1.1	2.1	1.0
544~680	1.2	2.1	1.1
>680	1.2	2.3	1.1

* 两边隔栏(或立柱)之间的距离
** 从后隔墙到最前方隔墙之间的整个牛床的长度
*** 从牛床底部到隔栏最顶端的长度

2. 拴系式牛栏 拴系式牛栏是目前较常采用的方式之一(图2-10)。根据拴系方式不同分为链条拴系(图2-11A)和颈枷拴系(图2-11B)两种。后者在拴系和释放奶牛的时候都比较方便,牛床可相应短一些,因此造价和维护成本低。但被固定的奶牛在站立和卧倒时不舒适。前者优缺点正好相反。

(十)通 道

牛舍通道分饲料通道和中央通道。对尾式饲养的双列式

图 2-10 链条拴系式牛舍

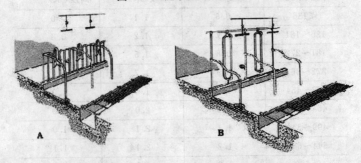

图 2-11 拴系式牛栏的基本结构

A. 链条式 B. 颈枷式

牛舍,中间通道宽 130～150 厘米,两侧饲料通道宽 80～90 厘米。

(十一)饲 槽

饲槽设在牛床的前面,有固定式和活动式两种。以固定式的水泥饲槽最适用,其上宽 60～80 厘米,底宽 35 厘米,底呈弧形。槽内缘高 35 厘米(靠牛床一侧),外缘高 60～80 厘米。

(十二)通 气 孔

有的牛舍建有通气孔,通气孔一般设在屋顶,大小因牛舍类型不同而异。单列式牛舍的通气孔为 70 厘米×70 厘米,双列式为 90 厘米×90 厘米。北方牛舍通气孔总面积为牛舍面积的 0.15% 左右。通气孔上面设有活门,可以自由启闭。通气孔高于屋脊 0.5 米或在房的顶部。

(十三)粪尿沟和污水池

单列式牛舍粪尿沟在牛舍的一侧,双列式牛舍,为了保证舍内的清洁和清扫方便,粪尿沟一般设在牛舍中间。粪尿沟应不透水,表面应光滑。粪尿沟宽 28～30 厘米,深 15 厘米,倾斜度 0.5%～1%。粪尿沟应通到舍外污水池。污水池应距牛舍 6～8 米,其容积以牛舍大小和牛的头数多少而定,一般可按每头成年牛 0.3 立方米、每头犊牛 0.1 立方米计算,以能贮满 1 个月的粪尿为准,每月清除 1 次。为了保持清洁,舍内的粪便必须每天清除,粪尿沟要定时冲洗,保持畅通。如果是人工清粪,粪便需运到距牛舍 50 米远的粪池中。

(十四)清污设施

奶牛舍清污设施分为机械清除和水冲清除。

1. 机械清除 当粪便与垫料混合或粪尿分离,呈半干状态时,常采用此法。清粪机械包括人力小推车、地上轨道车、单轨吊罐、牵引刮板、电动或机动铲车等。

采用机械清粪时,为使粪与尿液及生产污水分离,通常在牛舍中设置污水排出系统,污水(液形物)经排水系统流入粪水池贮存,而固形物则借助人或机械直接用运载工具运至堆放场。这种排水系统一般由排尿沟、降口、地下排出管及粪水池组成。为便于尿水顺利流走,牛舍的地面应稍向排尿沟倾斜(图 2-12)。

图 2-12　机械清粪

(1)排尿沟　排尿沟用于接受畜舍地面流来的粪尿及污水,一般设在畜栏的后端,紧靠除粪道。排尿沟必须不透水,且能保证尿水顺利排走。排尿沟的形式一般为方形或半圆形,奶牛舍宜用方形排尿沟,也可用双重尿沟。排尿沟向降口处要有 1%～1.5% 的坡度,但在降口处的深度不可过大,一般要求牛舍不大于 15 厘米。

(2)降口　通称水漏,是排尿沟与地下排出管的衔接部分。为了防止粪草落入堵塞,上面应有铁箅子,铁箅子应与尿沟同高。在降口下部,地下排出管口以下,应形成一个深入地下的伸延部,这个伸延部谓之沉淀井,用以使粪水中的固形物沉淀,防止管道堵塞。在降口中可设水封,用以阻止粪水池中的臭气经由地下排出管进入舍内。

(3)地下排出管　用于将由降口流下来的尿及污水导入畜舍外的粪水池中。因此需向粪水池有 3%～5% 的坡度。在寒冷地区,对地下排出管的舍外部分需采取防冻措施,以免管中污液结冰。如果地下排出管自畜舍外墙至粪水池的距离大于 5 米时,应在墙外修一检查井,以便在管道堵塞时进行疏通。但在寒冷地区,要注意检查井的保温。

(4)粪水池　应设在舍外地势较低的地方,且应在运动场相反的一侧。距畜舍外墙不小于 5 米。须用不透水的材料做成。粪水池的容积及数量根据奶牛头数、舍饲期长短与粪水贮放时间来确定。一般按贮积 20～30 天、容积20～30 立方米来修建。粪水池一定要离开饮水井 100 米以外。

2. 水冲清除　这种办法多在不使用垫草,采用漏缝地面时应用。其优点是省工省时、效率高。缺点是漏缝地面下不便消毒,土建工程复杂,投资大、耗水多,粪水的处理、利用困难;易于造成环境污染。此外,采用漏缝地面、水冲清粪易导致舍内空气湿度升高、地面卫生状况恶化,有时出现恶臭、冷风倒灌现象,甚至造成各舍之间空气串通。目前国内应用的很少。

(十五)粪污处理设施

农户在建造牛舍时,要将粪污的处理及排放加以考虑,不得将粪污随意堆放和排放。粪便的贮存与处理应有专门的场地,牛粪的堆放和处理位置必须远离各类功能地表水体(距离不得小于 400 米),并应设在养殖场生产及生活管理区的常年主导风向的下风向或侧风向处。粪污处理一般采用固、液分离技术,液体进入沼气发酵池或鱼塘,固体堆积发酵,进行无害化处理。

六、不同生长阶段奶牛牛舍的建筑要求

(一)成年奶牛舍

多采用双坡双列式或钟楼、半钟楼式双列式。双列式又分对头式与对尾式两种。前者牛只易互相干扰,飞沫乱溅不利于防疫保健,不便于清除粪便和观察生殖器官,只是方便饲喂。后者除不便于饲喂外,克服了上述缺点,故一般多采用对尾式。每头成乳牛占用面积 8～10 平方米。跨度 10.5～12 米,100 头牛舍长度 80～90 米。

1. 牛床 长 1.6～1.8 米,宽 100～115 厘米,斜度 1%～1.5%。粪尿沟宽 30～40 厘米,深 5～8 厘米,两边沿应呈斜形以免损伤牛蹄。中央通道宽 2～2.4 米,拱度 1%。

2. 饲料通道 宽 1.2～1.5 米。饲槽多采用低于饲料通道地面的统槽,上宽 60～70 厘米,下宽 50～60 厘米,深 40～50 厘米,前有一定坡度,后高出牛床 20～25 厘米。颈枷多采用自动或半自动推拉式,高 1.5～1.7 米,宽 12～18 厘米。要求坚固、灵敏、操作简便。

(二)青年牛、育成牛舍

大多采用单坡单列敞开式。每头牛占用面积 6～7 平方米,跨度 5～6 米。牛床长 1.4～1.6 米,宽 80～100 厘米,斜度 1%～1.5%。颈枷、通道、粪尿沟、饲槽等,可参阅成乳牛舍的规格决定。

(三)犊 牛 舍

多采用封闭单列式或双列式。牛床长 1～1.2 米,宽 60～

80 厘米。颈枷高 1.2～1.4 米,宽 8～10 厘米。饲槽也可采用低于饲料通道地面的统槽,上宽 40～50 厘米,下宽 30～40 厘米,前有一定坡度,后高出牛床 15～20 厘米。双列式时中央通道为 1.8～2 米,饲料通道 1.2～1.5 米。单列式时清粪道为 1.5 米。粪尿沟宽 20～30 厘米,深 3～5 厘米,边沿切成斜状。犊牛栏长 1.2～1.5 米,宽 1～1.2 厘米,高 1 米,栏腿距地面 20～30 厘米。应随时移动,不做固定。

七、牛舍的附属设施

(一)运动场

运动场是奶牛活动和休息的地方,大小以牛的数量而定。每头牛占用面积,成年牛为 20 平方米,育成牛 15 平方米,犊牛为 10 平方米。运动场围栏要结实,高度为 120 厘米。围栏包括横栏和栏柱。横栏两道,分别距地面 0.7 米和 1.2 米,采用 50 毫米粗的钢管。栏柱采用钢筋混凝土预制柱(1.8 米×0.2 米),并留有横栏孔,以便横栏穿过栏柱。栏柱间距 2.5 米,埋于地下深度为 0.6 米。围栏门多采用钢管横销,即小管套大管,做横向拉推开关。农户为节省开支,也可利用木杆、竹竿制作围栏。运动场地面为沙土、三合土,也可采用立砖。要求平整干燥,排水良好。运动场应随时修整,不能有碎砖块、石块,避免泥泞。靠近牛舍的一端应较高(坡度为 1.5%),其余三面是排水沟。运动场设补饲槽和饮水槽。补饲槽长 3～4 米,上宽 70 厘米,底宽 40 厘米,高 40～70 厘米。每 25～40 头应有 1 个饮水槽,要保证供水充足,新鲜、卫生。饮水槽周围应铺设 2～3 米宽坡度向外的水泥地面,使水向外流出。运动场内的凉棚应为南向,棚顶应隔热防雨。

(二)青 贮 窖

青贮窖(池)址要选择排水好、地下水位低的地方建造。无论是土质窖还是用水泥等建筑材料制作的永久窖，都要求密封性好，防止空气进入。墙壁要平而光滑，要有一定深度和斜度，坚固性好。每次使用青贮窖前都要进行清扫、检查、消毒和修补。

1. 青贮窖类型及容积

(1)青贮窖种类　按形状可分为圆形窖、长方形窖(池)、沟形窖(壕)以及青贮塔。按位置可分为地上式、地下式和半地下式。也可用青贮袋制作青贮，或在排水好、地势高的水泥地上用塑料膜制作少量的地上青贮。

(2)青贮容积　青贮窖(池)的大小可根据原料种类和含水量、饲养牛数以及群体每日采食量、全年饲喂还是只在冬、春季缺草时饲喂等许多因素来确定。例如根据全群采食量，以每日取出 7～9 厘米厚的青贮为最佳选择来确定青贮窖的横断面积。从制作用工和经济角度上来说，一般青贮窖(池)应贮存不少于 300 立方米的青贮饲料。

2. 青贮窖的建筑

(1)土质青贮窖　土质青贮窖一般选在地势较高、干燥、土质坚硬、地下水位较低的地方。根据需要可建成长方形，其窖的规格为长 15 米、深 2 米、宽 4～5 米，挖成后把四周和底部修平。此窖的优点是投资少，缺点是浪费较大，底部和四周要用塑料薄膜铺垫。

(2)砖混结构青贮窖　窖的三面用水泥板或红砖铺砌，缝隙间用 1∶3 的水泥沙浆勾缝，底部用水泥混凝土铺底打平。其窖的大小可根据饲喂奶牛数量的多少而确定，一般是长 25 米，高

2.5米,宽4米,按每立方米可容青贮玉米800千克计算,可青贮玉米250吨,够20头奶牛全年青贮的使用量(详见第三章)。

八、挤 奶 厅

挤奶厅是牛场生产的重要环节,对于保证牛奶品质至关重要。挤奶厅应建在牛场的上风头或中部侧面,距离牛舍50~100米,邻近牛场的周边,既减少污染,便于挤奶,又可使奶牛在去挤奶厅的路上适当运动,避免运奶车直接进入生产区。

根据牛场奶牛的头数决定建造挤奶厅的规模,小区按照每200~300头牛建1个挤奶厅。挤奶厅要自备发电机,以备停电时使用。

在小区养殖模式下,奶牛都集中在一个卫生条件较好的挤奶厅内挤奶,而且牛奶挤出后通过管道直接流入奶缸,中间无污染环节。因此,采用厅式挤奶机有利于提高牛奶质量。厅式挤奶清洗效果较好,更能有效地对奶杯内套、奶管壁及奶缸壁等与奶接触的设备进行彻底清洗和消毒。此外,挤奶员大多可站立工作,不用弯腰,比较舒适省力,而且目前挤奶厅的附属设备都已自动化或半自动化,更有利于提高劳动效率(详见第六章)。

除此之外,还有饲料库、饲料配制室、青饲料贮藏室、草棚、兽医室、隔离室及人工授精室。

第三章 奶牛常用饲料与加工调制

一、奶牛的常用饲料

(一)粗饲料

粗饲料种类繁多,在我国不同地区因气候条件和耕作制度的差异,所能利用的粗饲料种类也不尽相同。主要有各种青绿多汁饲料(天然牧草、栽培牧草、青刈饲料作物、块根块茎)、青干草、农作物秸秆和青贮。青饲料是指天然水分含量较大的植物性饲料,以其富含叶绿素而得名。包括天然草地牧草、栽培牧草及菜叶瓜藤类饲料等。粗饲料能较好地被家畜利用,且品种齐全,具有来源广、成本低、采集方便、加工简单、营养全面等优点,其重要性甚至大于精饲料。青干草主要是将天然牧草、栽培牧草适时进行收割后经加工调制后制成,青贮则是将专门用于青贮的玉米品种或青绿色农作物秸秆及时收割后进行厌氧发酵制成。

1. 天然牧草和栽培牧草

(1)天然牧草 天然牧草系指草原牧草和田(林)间杂草等,是农区养畜重要的饲草资源。这类牧草以禾本科、豆科、菊科、莎草科、藜科等分布最广,利用最多。天然牧草单位面积产草量不高,而且产草量及草的营养价值随季节的变换差异较大。其干物质中以无氮浸出物含量最高,占 40%～50%,粗纤维为 25%～30%,粗蛋白质为 10%～15%;维生素含量丰富;矿物质中钙、磷比例较适当。

（2）栽培牧草　栽培牧草是指将单位面积产量高、营养价值较全、奶牛喜食的牧草，经人们有意识、有计划地加以栽培和种植。栽培牧草多以禾本科和豆科牧草为主，栽培的品种主要有苏丹草、燕麦草、紫花苜蓿、毛叶苕子、草木樨、紫云英、三叶草、沙打旺、聚合草等。栽培牧草除部分鲜饲外，多制成干草或加工成草粉，以供冬季饲草缺乏时调剂使用（图3-1）。

图3-1　种植的高产优质苜蓿

2. 青刈饲料　是人工播种的专供奶牛饲用的青饲作物。我国常用的青刈饲料作物有青刈玉米、青刈高粱、雀麦、燕麦、黑豆、箭筈豌豆、蚕豆、饲用甘蓝和甜菜等。青刈饲料的作物必须具备以下条件：①能适应当地气候条件，耕作简单，可纳入粮草轮作计划；②播种期长，生长期短，生长发育旺盛，单位面积营养物质产量高，刈割后再生力强；③株高叶茂，粗纤维少，木质化慢，适口性好。

青刈饲料作物的利用应掌握好青刈时间。不同作物在其不同生长阶段的养分含量及消化率差异很大。

这类饲料因为其中氰苷的含量较高,水分含量也较大,要防止堆放时发霉或霜冻枯萎。当发霉和霜冻枯萎饲料被奶牛采食后,在瘤胃微生物的作用下,氰苷被水解会放出氢氰酸,被奶牛吸收后即发生氢氰酸中毒。

3. 其他青绿饲料

(1) 树叶嫩枝　用树叶嫩枝做饲料,在我国已较普遍。有的已形成工厂化生产,加工各种叶粉。可用作饲料的树种有刺槐、榆树、桑树、桐树、白杨、笤条、柠条等。树叶饲料含有丰富的蛋白质、胡萝卜素和粗脂肪。这类饲料有增强奶牛食欲的作用。营养价值随树种和季节不同而变化。树叶饲料常含有单宁物质,含量在 2%以下时,有健胃收敛作用;超过限量时,对消化不利。树叶饲料的采集比较费事,但这类饲料与人类不争粮食,值得大力开发。

(2) 菜叶根茎类　这类饲料多是蔬菜和经济作物的副产品。其来源广、数量大、品种多。用作饲料的菜叶主要有萝卜叶、甘蓝叶、甜菜叶等,而根茎类主要包括直根类的胡萝卜、白萝卜及甜菜等。菜叶类由于采集与利用时间上的差异,其营养价值差别很大。这类饲料的共同特点是质地柔软细嫩,水分含量高,一般为 80%～90%,干物质含量较少,干物质中粗蛋白质含量在 20%左右,其中大部分为非蛋白氮化合物。粗纤维含量少,能量不足,但矿物质丰富。

菜叶饲料应新鲜饲喂,如一时不能喂完,应妥善贮存。防止一些硝酸盐含量较高的菜叶如白菜、萝卜、甜菜等由于堆放发热而致硝酸盐还原为亚硝酸盐,从而发生亚硝酸盐中毒现象。已经变质的饲草不得饲喂奶牛,以防中毒。胡萝卜常用作奶牛的饲料,主要用以补充所需要的胡萝卜素。

(3) 藤蔓类　这类饲料主要包括南瓜藤、丝瓜藤、甘薯藤、马铃薯藤以及各种豆秧、花生秧等,其营养特点和菜叶类基本相似。

4. 青贮饲料　饲料青贮是保持饲料营养物质最有效、最廉价的方法之一。尤其是青饲料,虽营养较为全面,但在利用上有许多不便,长期使用必须考虑青贮保存。制作青贮常用原料有专用的玉米青贮品种、作物秸秆、苜蓿以及其他一些含水量高的植物(表3-1)。

表 3-1　常用粗饲料营养成分含量

饲料名称	干物质 (%)	净　能 (兆焦/千克)	奶牛能量单位 (NND/千克)	粗蛋白质 (%)	钙 (%)	磷 (%)
玉米青贮	22.7	1.13	0.36	1.6	0.10	0.06
苜蓿青贮	33.7	1.64	0.52	5.3	0.50	0.10
羊　草	91.6	4.31	1.38	7.4	0.37	0.16
苜蓿干草	92.4	5.15	1.64	16.8	1.95	0.28
玉米秸	90.0	4.69	1.49	5.9	—	—
小麦秸	89.6	3.65	1.16	5.6	0.05	0.06
稻　草	89.4	3.65	1.16	2.5	0.07	0.05

注:NND 是"奶牛能量单位"汉语拼音字首的缩写,指 1 千克含脂 4% 的标准奶能量(3.138 兆焦)。

(二)能量饲料

1. 谷物饲料　这类饲料的干物质粗纤维在 18% 以下,粗蛋白质在 20% 以下,营养成分的主体是淀粉,主要作用是给奶牛提供能量。包括谷实类、糠麸类和糟渣类等。

(1)谷实类　谷实类主要指禾本科作物的成熟种子,包括玉米、高粱、稻谷、小麦、大麦、燕麦等，是奶牛精饲料的主要组成部分。其主要养分含量见表3-2。

表3-2　常用谷物饲料的主要养分含量

饲料名称	干物质（%）	粗蛋白质（%）	粗脂肪（%）	钙（%）	磷（%）	产奶净能（兆焦/千克）	奶牛能量单位（NND/千克）
玉米	88.4	8.6	3.5	0.08	0.21	7.16	2.28
高粱	89.3	8.7	3.3	0.09	0.28	6.52	2.09
小麦	91.8	12.1	1.8	0.11	0.36	7.54	2.39
稻谷	90.6	8.3	1.5	0.13	0.28	6.41	2.04
大麦	88.8	10.8	2.0	0.12	0.29	6.70	2.13
燕麦	90.3	11.6	5.2	0.15	0.33	6.66	2.13

谷实类的主要营养特点如下。

第一，淀粉含量高。谷类籽实干物质中营养成分主要是淀粉，占70%以上，产奶净能在6.4兆焦/千克以上，粗纤维、粗灰分各占3%左右，水分14%左右。

第二，蛋白质含量低且质量不好。谷类籽实的粗蛋白质含量一般在10%左右，而且普遍存在氨基酸组成不平衡的问题，一些重要的必需氨基酸（赖氨酸、蛋氨酸等）含量很少。在各种谷物中，大麦、燕麦的蛋白质质量相对较好，大麦蛋白质的赖氨酸含量可达0.6%。饲用这类饲料时，必须与蛋白质饲料、矿物质饲料和维生素饲料搭配使用。

第三，矿物质贫乏且不平衡。各种谷物饲料普遍存在矿物质含量偏低，含钙量一般为0.02%～0.09%，含磷不足0.3%，钙少磷多，数量和质量均与奶牛需求差距甚大。

谷类籽实粗纤维少，适口性好，消化率高，是最重要的能量饲料。在各种谷物中,玉米是世界各国应用最普遍的能量饲料,能量浓度最高,黄玉米的叶黄素含量丰富,平均为22毫克/千克(以干物质计),其他禾本科谷实基本都不含维生素A原及维生素D,其他维生素含量也较少。高粱含有0.2%～0.5%的单宁,对适口性和蛋白质利用效率有一定影响,所以添加数量受到一定限制。小麦的矿物质、微量元素含量优于玉米。

(2)加工副产品 我国奶牛养殖业中常用到的农副产品主要包括糠麸和糟渣两大类,其主要营养成分见表3-3。

表3-3 常用加工副产品的主要养分含量

饲料名称	干物质(%)	粗蛋白质(%)	粗脂肪(%)	钙(%)	磷(%)	产奶净能(兆焦/千克)	奶牛能量单位(NND/千克)
米　糠	90.2	12.1	15.5	0.14	1.04	6.78	2.16
小麦麸	88.6	14.4	3.7	0.18	0.78	6.03	1.91
玉米皮	88.2	9.7	4.0	0.28	0.35	5.80	1.84
豆腐渣	11.0	3.3	0.8	0.05	0.03	0.97	0.31
玉米粉渣	15.0	1.8	0.7	0.02	0.04	1.22	0.39
马铃薯粉渣	15.0	1.0	0.4	0.06	0.04	0.93	0.29
高粱酒糟	37.7	9.3	4.2	——	——	3.02	0.96
啤酒糟	23.4	6.8	1.8	0.09	0.18	1.59	0.51
甜菜渣	12.2	1.4	0.1	0.12	0.01	0.76	0.24

①糠麸类 糠麸类饲料是粮食加工的副产品,包括米糠、小麦麸和玉米皮等。以干物质计,其无氮浸出物含量在45%～65%之间,略低于籽实;粗蛋白质含量在11%～17%之间,略

高于籽实。粗纤维较多(10%～25%),能量较低,贫钙而磷多;维生素 E 丰富,B 族维生素也较谷实类多。

小麦麸是小麦制粉后的副产品,一般是留在 20 目左右筛上的粗麸。制粉最后阶段分离出来的更细的一部分称为尾粉(次粉),前者约占整粒的 23%～25%,后者约占 3%～5%,可把二者混合起来,统称为小麦麸(麸皮)。小麦麸粗蛋白质含量较高,约为 12%～17%;品质好,赖氨酸含量为 0.5%～0.6%;含 B 族维生素和维生素 E 丰富;质地松软,具有轻泻性。小麦麸因为适口性较好,所以是奶牛妊娠后期及哺乳期的良好饲料。特别是产前、产后,用小麦麸饲喂效果很好,在奶牛日粮中的比例可以达 10%～20%。小麦麸中钙、磷变化大,磷的含量超过钙。小麦麸容易腐败、发霉,保存时注意通风。饲喂时加水搅拌或搭配青饲料饲喂。

米糠是糙米加工成白米的副产品,一般占糙米重量的 7%～10%。经压榨或溶剂浸提去除脂肪后的米糠称为糠饼或脱脂米糠。米糠的粗蛋白质及脂肪含量较高,粗蛋白质约 12.8%,粗脂肪约 16.5%;赖氨酸含量较高,达 0.74%;含 B 族维生素丰富;有效能含量相对较高。

但是未脱脂的米糠易酸败变质,不易贮存;米糠中存在着高活性的抗胰蛋白酶因子;适口性差。米糠用作牛饲料时,可占日粮的 30%。陈米糠用量过多容易导致腹泻。米糠中粗脂肪含量约为 14.4%,无氮浸出物为 46.5%,粗蛋白质含量为 13.5%,粗灰分 11.9%,粗纤维 13.7%。

②糟渣类　包括粉渣、淀粉渣、啤酒糟、食用酒精糟、豆腐渣、酱油渣和酒糟。糟渣类饲料的共同特点是水分含量高,不易贮存和运输,湿喂时一定要补充小苏打和食盐。糟渣类饲料经过干燥处理后,一般粗蛋白质含量在 15%～30%,对奶

牛属于比较好的饲料。玉米淀粉渣干物质的粗蛋白质含量可达 15%～20%，而薯类粉渣的粗蛋白质含量只有 10% 左右。豆腐渣干物质的蛋白质含量高，是喂牛的好饲料，但湿喂时容易使牛腹泻，所以最好煮熟后饲喂。甜菜渣含有大量有机酸，饲喂过量容易造成牛腹泻，必须根据粪便情况逐步增加用量。酒糟类饲料的蛋白质含量丰富，粗纤维含量比较高，但湿酒糟由于残留部分酒精，不宜多喂，否则容易导致流产或死胎。总之，糟渣类饲料在奶牛日粮干物质中的比例不宜超过 20%。

(三)蛋白质饲料

1. 植物性蛋白饲料 干物质中粗蛋白质 20% 以上、粗纤维 18% 以下的饲料属蛋白质饲料。主要是饼粕类饲料。

(1)大豆饼(粕) 是植物性蛋白质饲料中品质最好的，赖氨酸、色氨酸含量较高。粗蛋白质 40%～45%，粗纤维 5%，脂肪 5% 左右(粕 0.5%)，钙不足 0.3%，磷较多(0.5%)，缺少维生素 A 和维生素 D，而 B 族维生素较谷实类丰富。喂量宜占饲粮的 10%～25%。

(2)棉籽饼(粕) 粗蛋白质含量 32%～43%，赖氨酸不足，蛋氨酸较高。粗纤维较高，达 12%～14%，适口性较差。棉仁粕中含有棉酚，棉酚是一种危害细胞核神经的毒素。成年奶牛对游离的棉酚具有一定的耐受性。因此，棉籽饼(粕)是成年奶牛较好的蛋白质饲料，每天可喂 3～4 千克，与菜籽饼(粕)配合使用较好。

(3)菜籽饼(粕) 粗蛋白质含量 32%～37%，蛋氨酸含量高而精氨酸含量低，与花生饼(粕)和棉籽饼(粕)配合使用效果较好。菜籽饼(粕)中硒和锰的含量较高，其中所含磷的利用率也较高。菜籽饼中含有较多的不易消化的多糖，因此其能量水平偏低。主要缺点是含有芥子苷,水解后产生异硫氰酸盐和噁唑烷硫酮,含有的硫葡萄糖苷经分解后的产物对甲状腺、肝脏有毒害作用。高温处理可脱去部分毒素,也可使用脱毒剂解毒。菜籽饼(粕)的适口性不好,从奶牛的安全角度讲,在饲料中应尽量少用或不用,用量不超过10%。

(4)花生饼(粕) 其蛋白质含量为36%~40%,赖氨酸和蛋氨酸的比例偏低而精氨酸偏高。能量水平与豆饼相似,适口性也很好。需要注意的是在高温高湿季节易感染黄曲霉菌而导致奶牛中毒。花生饼(粕)不宜作为配合饲料中植物性蛋白质饲料的惟一来源,与其他饼(粕)混合使用,饲喂效果会有明显提高。

(5)向日葵饼(粕) 向日葵饼(粕)含粗蛋白质31%,粗纤维较多(22%以上),必需氨基酸含量不及大豆饼(粕)、菜籽饼(粕)和棉籽饼(粕)。但适口性较好,可与其他蛋白饲料搭配使用。

(6)豆类子实 大豆是蛋白质和脂肪含量都比较高的饲料,分别为37%和16%,能量值高于玉米。黑豆的营养价值略低于大豆。大豆或黑豆在使用前必须经加热处理以破坏其中所含的抗营养因子,包括炒、煮等。现在还有专用的挤压加工设备,膨化也是比较理想的处理方法。

除上述几种油粕外,还有芝麻饼。芝麻饼其粗蛋白质含量约36%,蛋氨酸含量是油粕中最高的,赖氨酸较少、精氨酸过高。另外,亚麻籽饼等也可少量使用。常用的饼(粕)类饲料营养成分及含量见表3-4。

表 3-4   常用的饼(粕)类饲料营养成分及含量

饲料名称	干物质 (%)	粗蛋白质 (%)	钙 (%)	磷 (%)	产奶净能 (兆焦/千克)	奶牛能量单位 (NND/千克)
豆　粕	90.6	43.0	0.32	0.50	8.29	2.64
菜籽粕	92.2	36.4	0.73	0.95	7.62	2.43
棉籽粕	89.6	26.3	0.27	0.35	7.33	2.34
花生粕	89.9	46.4	0.24	0.52	8.54	2.71

2. 非蛋白氮类饲料

(1)非蛋白氮(NPN)类饲料的种类   非蛋白氮是指非蛋白质含氮物。属于这一范畴的物质有以下几类：①尿素及其衍生物类；②氨态氮类，如液氨、氨水；③铵类，如硫酸铵、氯化铵等；④肽类及其衍生物，如氨基酸肽、酰胺等。虽然非蛋白氮种类繁多，但因价格、来源和副作用等的影响，实际应用于饲养中的仅有少数几种，其中最主要的是尿素。非蛋白氮类饲料主要作为给反刍动物提供氮源，在反刍动物的瘤胃内通过微生物及酶的作用，合成为微生物蛋白而最终被机体利用。尿素作为非蛋白氮类饲料加入量以占日粮干物质的 1% 为宜。另外，在制作青贮料时，也可将尿素均匀地撒到青贮料中(用量相当于原料量的 0.5%)，在牧区还可制作尿素精料砖供牛舔食等。

(2)使用非蛋白氮类饲料应注意的问题

第一，添加尿素时家畜有一定的适应期，一般 5～7 天，尿素的用量要由少到多。

第二，尿素是在日粮蛋白质水平较低时的辅助性添加剂，混合料本身要含有一定量的粗蛋白质(10%～12%)，才能收到较好效果。同时还要补充一定量的硫、碳和其他矿物质元素，以促进氨基酸的合成。

第三，含尿素的混合精料不能与富含脲酶的饲料（如生豆饼、生豆类、苜蓿籽等）同时饲喂。因为脲酶会很快将尿素分解为氨（NH_3）和二氧化碳（CO_2），游离出来的氨会使乳牛厌食。如果在体内分解速度加快，不仅利用率降低，还会发生氨中毒。

第四，饲喂时应将尿素与饲料拌匀，分次饲喂，每天尿素饲喂量以占日粮干物质重量的1%为宜。喂后不能立即饮水，需等半小时后方可饮水。

第五，使用非蛋白氮时，日粮中要有一定量的谷物等能量饲料，使可发酵有机物质中碳、氮比为20∶1左右，以能满足微生物最大生长需要。同时，添加缓冲剂如碳酸氢钠、碳酸氢钾、碳酸氢钠和氧化镁的复合物等，使瘤胃保持弱碱性环境，有利于菌体蛋白的合成。

(四)块根块茎类饲料

块根块茎类饲料的营养特点是水分含量高，为70%～90%；有机物富含淀粉和糖类，消化率高，适口性好，但蛋白质含量低。以干物质为基础，块根块茎类饲料的能值比谷实还高，所以归入能量饲料。这些饲料主要鲜喂，因此也可以归入青绿多汁饲料。常用的块根块茎类饲料包括甘薯、甜菜、胡萝卜、马铃薯和木薯等。

1. 甘薯 干物质含量27%～30%。干物质中无氮浸出物含量为88%左右，而粗蛋白质只有4%。红色和黄色的甘薯含有丰富的胡萝卜素，含量为60～120毫克/千克，缺乏钙、磷。甘薯味道甜美，适口性好，煮熟后喂奶牛效果好，生喂量大了容易造成腹泻。需要注意的是，甘薯容易患黑斑病，贮存期间也容易腐烂,如果给奶牛喂这样的甘薯容易造成中毒。

2. 木薯 木薯含水分约 60%,晒干后的木薯干含无氮浸出物 78%~88%,粗蛋白质含量只有 2.5%左右,铁、锌含量高。木薯块根中含有苦苷,常温条件下在 β-糖苷酶的作用下可生成葡萄糖、丙酮和剧毒的氢氰酸。新鲜木薯根的氢氰酸含量为 15~400 毫克/千克,而皮层中的含量比肉质中的高 4~5 倍。因此,在实际利用时应该注意去毒处理。日晒 2~4 天可以减少 50%的氢氰酸,沸水煮 15 分钟可以去除 95%以上,青贮只能去除 30%。

3. 胡萝卜 胡萝卜含有较多的糖分和大量胡萝卜素(100~250 毫克/千克),是牛最理想的维生素 A 源,对泌乳牛、干奶牛和育成牛都有良好的效果。胡萝卜以洗净后生喂为宜。可将胡萝卜切碎,与小麦麸、草粉等混合后密封贮存。

(五)矿物质饲料

动物体内需要的矿物质元素有 14 种,其中 7 种为常量元素,如钙、磷、镁、钾、钠、硫、氯等,其余 7 种为微量元素,习惯上将常量元素作为矿物质饲料,而不作为添加剂来看待。奶牛常用的矿物质饲料有食盐、石粉和磷酸钙。

1. 食盐 食盐含钠和氯,常用食盐来补充钠和氯的不足。钠在保持体内的酸碱平衡、维持体液正常的渗透压和调节体液容量方面起重要作用;以重碳酸盐形式和唾液一起排出的钠离子,对反刍动物瘤胃、网胃和瓣胃中产生的过量酸有抑制作用,为瘤胃微生物活动创造了适宜的环境条件。氯和钠协同维持细胞外液的渗透压,参与胃酸的形成;保证胃蛋白酶作用所必需的 pH 值。食盐能刺激唾液的分泌,促进胃蛋白酶活化,并有改善饲料味道、增进奶牛食欲的作用。

钠和氯的缺乏和过量都会影响奶牛的生产性能和机体健康。成年牛日粮中长期缺少食盐,可导致食欲降低、精神不振、营养不良、被毛粗糙、产奶量和生产力下降等;犊牛日粮中长期食盐不足,表现为生长停滞、饲料利用率降低等。但食盐严重过量时会造成饮水量增加、腹泻、中毒。一般食盐的饲喂量占精料的 0.5%～1% 为宜,奶牛产奶量增加,食盐可适当提高。

2. 石粉(石灰石粉) 石粉主要指石灰粉,为石灰岩、大理石矿综合开采的产品,基本成分为碳酸钙。含钙一般为34%～38%,是补钙最廉价、来源最广的矿物质饲料。

3. 磷酸氢钙 磷酸氢钙是补充奶牛钙、磷的常用矿物质饲料,磷酸氢钙中钙、磷的利用效率高,目前应用较多。我国磷酸氢钙的饲料级标准规定:磷含量不低于 16%,钙不低于21%,氟不高于 0.18%。在购买磷酸氢钙时,要注意质量是否符合标准。因为有的产品含磷不足,而氟含量超标,会给生产带来损失。

成年牛饲粮中钙、磷不足时可导致骨软症或骨质疏松症,食欲不振或废食,异嗜癖,生产性能下降,母牛发情异常,屡配不孕,泌乳量下降。犊牛饲粮中钙、磷不足时可导致佝偻病,发病初期表视为食欲不振,精神萎靡,逐渐消瘦,被毛蓬乱,喜卧而不愿站立与活动,运动发生障碍。随着病情的发展,逐渐出现骨骼发育不良变软,骨端未骨化的组织变得粗大,脊柱和胸骨弯曲变形。其他的一些矿物质饲料有沸石粉和麦饭石粉,都含有多种常量和微量元素。能促进奶牛的消化吸收,预防微量元素缺乏,增进饲料利用率。沸石粉和麦饭石粉具有吸附性,能抑制大肠杆菌等,还可净化水质、消除异味。一般作为填充料使用,但有时也在配方内使用。

(六)奶牛饲料添加剂的种类与合理使用

1. 添加剂的种类

(1)维生素类　维生素属于维持动物机体正常生理功能所必需的低分子化合物。饲料中一旦缺乏维生素,就会使机体生理功能失调,出现各种维生素缺乏症,所以维生素是维持生命的必需营养素。维生素种类很多,通常根据其溶解性分为两大类,即脂溶性维生素(维生素A、维生素D、维生素E和维生素K)和水溶性维生素(B族维生素和维生素C)。由于牛瘤胃微生物能够合成维生素K和B族维生素,肝脏和肾脏可合成维生素C,所以在一般情况下,除犊牛外,不需额外添加。但日粮中必须提供足够的维生素A、维生素D和维生素E,以满足奶牛不同生理时期的需要。奶牛每千克日粮中需要添加维生素A、维生素D、维生素E的数量分别为3 200~4 000单位、1 000单位和20~40单位。另外,烟酸对于奶牛的营养代谢和产奶有重要作用,一般在奶牛泌乳初期或产前每天每头牛喂3~6克烟酸,可防止母牛发生酮病,提高产奶量。夏季,高产奶牛每天每头增加6克烟酸也可增加产奶量。

维生素的添加量应根据不同品种、不同生理时期的营养需要量来确定。维生素不足和过量均对牛体健康和生产性能产生不利影响。缺乏维生素A时,会引起犊牛生长发育停滞,皮毛粗糙无光泽,成母牛受胎率低,产后子宫发炎,严重影响生产性能;维生素D缺乏时,犊牛出现软骨病,成牛表现为骨质疏松;缺乏维生素E的主要症状是犊牛骨骼肌变性,导致运动障碍,成年牛繁殖率下降。考虑到维生素在加工和保管过程中的损失,生产中一般按标准增加10%~20%。维生素添加过量,不仅造成浪费,还可以引起中毒,如维生素A过量可导致食欲不振,皮肤发痒,关节肿痛,骨质增生,体重下降;维生素 D 过量,可引起血钙增高,骨骼钙盐流失,骨质疏松等。

(2)微量元素添加剂　目前奶牛饲养中使用的微量元素添加剂主要有铁、铜、锰、锌、硒、碘、钴等 7 种,它们在机体内发挥着其他物质不可替代的作用。铁、铜、钴都是造血不可缺少的元素,起协同作用。锰是参与糖、蛋白质、脂肪代谢等酶的组成成分,也是硫酸软骨素形成必需的成分之一,促进机体钙、磷代谢及骨骼的形成。碘是甲状腺形成甲状腺素所必需的元素,缺碘时主要表现为甲状腺肿及代谢功能降低,生长发育受阻,丧失繁殖力。锌是体内多种酶的组成成分,也是胰岛素的组成成分,锌主要通过这些酶及激素参与体内的各种代谢活动。硒是谷胱甘肽过氧化物酶的组成成分,谷胱甘肽可以消除脂质过氧化物的毒性作用,保护细胞和亚细胞膜免受过氧化物的危害。复合微量元素添加剂在饲料中添加的量很少,一般占日粮的 0.5% 或 1%。使用前必须混合均匀。否则,容易引起中毒。

(3)氨基酸添加剂　氨基酸添加剂主要是蛋氨酸,研究认为蛋氨酸是产奶牛的必需氨基酸。蛋氨酸是一种在肝脏合成脂蛋白过程所必需的含硫氨基酸。有人将蛋氨酸通过静脉注射到患有酮病的奶牛体内,发现蛋氨酸对酮病有治疗效果。蛋氨酸能够发挥作用的条件包括:①产后 100 天内饲喂;②产奶平均水平高于 23 千克/天;③添加量为每头每天 20～30克或占日粮干物质 0.1%;④日粮精料水平高于 50%;⑤日粮中粗蛋白质水平低于 15%。蛋氨酸发挥作用的可能机制为:促进脂蛋白合成,改善纤维消化,提高瘤胃原虫数量,提高丙酸、乙酸的比例等。

此外,蛋氨酸和锌的螯合物蛋氨酸锌具有提高产奶量、降低奶中体细胞数、硬化蹄面和减少蹄病的作用。蛋氨酸锌的添加量一般每头每天 5~10 克,或占日粮干物质的 0.03%~0.08%。

(4)缓冲剂类添加剂　高产奶牛采食精饲料较多时,易造成瘤胃内酸度增加,瘤胃微生物活动受到抑制,引起消化紊乱、乳脂率下降并引发与此相关的一些疾病。为了预防此类疾病的发生,在下列情况下应考虑添加缓冲剂:①泌乳早期;②日粮中精料占 50%以上;③粗饲料几乎全部为青贮;④乳脂率明显下降或夏季泌乳牛食欲下降,干物质采食量明显减少;⑤精料和粗料分开单独饲喂时。

缓冲剂的种类较多,一般以碳酸氢钠(小苏打)为主,碳酸钠(食用碱)也常用。对日产奶量高于 30 千克的高产奶牛,还要另加氧化镁或膨润土等。各种缓冲剂的添加量为:碳酸氢钠,占日粮干物质的 0.7%~1.5%,或占精饲料的 1.4%~3%。氧化镁,占日粮干物质采食量的 0.3%~0.45%,或占精饲料的 0.6%~0.8%。膨润土,占日粮干物质采食量的 0.6%~0.8%,或占精饲料的 1.2%~1.6%。小苏打和氧化镁混合使用效果更好,两者的混合物占奶牛精饲料的 0.8%左右(混合物中小苏打占 70%,氧化镁占 30%)。

(5)青贮饲料添加剂　青贮饲料中加入适宜的添加剂,能提高青贮的成功率及青贮饲料的品质(详见后面章节中青贮部分)。

2. 添加剂的选购原则

第一,确实有助于奶牛生产,有利于产生经济效益。对人和奶牛安全,无毒、无害、无残留。使生产过程中和奶牛排泄物中对环境有害物的产生降至最低。符合奶牛饲料生产流程的要求和安全性,无配伍禁忌。

第二,选购干燥、疏松、流动性好的产品。如有潮解、板结、色泽差,说明该产品已有部分或全部变质失效,不宜使用。选购气味纯正的产品。如有异味的产品不宜购用。

第三,选购正规渠道的产品。无批准文号或非正规经营部门的产品属非法生产的假冒伪劣产品,质量没有保证,饲喂后不但起不到应有的作用,反而使畜禽生长受阻。因此,选购商标上注有药政部门批准文号的产品非常重要。

第四,选购近期生产的产品。贮藏时间的长短直接影响到某些添加剂成分的效价,贮藏时间越长,效价损失越大,一般不宜超过 6 个月。

第五,选购均匀度好的产品。均匀度不好的产品效果不佳。因为添加剂中有效成分所占比例很小,均匀度不好,拌入饲料中饲喂奶牛,吃少了不起作用,吃多了会引起不良反应。

第六,选购容重小的产品。容重大的产品其载体大部分为石粉,而成品在运输中石粉会分层沉底。

第七,选购包装严密的产品。特别是维生素类产品,最理想的是铝箔充氮真空包装。因为有些维生素类接触空气、光线后,变质失效。

3. 使用添加剂的注意事项

(1)搅拌均匀　因为添加剂在饲料中占比例很少,混合不匀,多的部分很可能造成奶牛中毒,少的部分不起作用,造成浪费。所以在混合时应先将其拌入少量饲料中,再与大量饲料混合,充分搅拌均匀。切不可将添加剂一次拌入大量的饲料中。

(2)妥善贮藏保管　添加剂要贮存在干燥、阴凉和避光的场所,最好是现购现用。使用时要混入干饲料中,不得加入发酵过程中的饲料内,更不可与饲料一起煮沸使用,以免降低或完全丧失作用。同时,部分矿物质添加剂能促使维生素添加剂氧化,不能混在一起长期保管。

(3)防止中毒

①要严格控制用量 目前常用的饲料添加剂主要有氨基酸、维生素、微量元素和尿素等,如用量过大,会引起奶牛中毒,必须严格按照规定用量使用,确保安全。

②要与饲料混匀饲喂 把饲料添加剂直接拌入大量的饲料中,很难搅拌均匀,这样会使某些奶牛因采食过多而中毒。混合的正确方法是:先将添加剂加到少量的能量饲料(玉米粉)中混拌均匀,然后将其加入蛋白质饲料中搅拌均匀,最后再加入余下的能量饲料混合均匀即可。

(4)防止失效 饲料添加剂与饲料混合后要在短时间内用完。长期保存饲料添加剂,必须在低温和干燥条件下完成。当温度在15℃～26℃时,不稳定的营养性饲料添加剂会逐渐失去活性。当温度在24℃时,贮存的饲料添加剂每月可损失10%,在37℃条件下,损失达20%。干燥条件对保存饲料添加剂也很重要。空气湿度大时,由于各种微生物的繁衍,饲料易发霉。一般饲料添加剂易吸收水分,因而使添加剂表面形成一层水膜,加速添加剂的变性。

二、饲料的加工贮藏及合理利用

饲料是饲养奶牛的物质基础。1头年产奶6吨左右的奶牛,每天要采食青干草3～5千克(平均4千克),青贮饲料15～16.4千克,块根块茎类饲料2.7～3千克,精饲料5.5～9.5千克(平均7.5千克);全年每头奶牛要消耗青干草1500千克,青贮饲料6000千克,块根块茎类饲料1000～1100千克,精饲料2 800千克。每头牛需要3 666～4 000平方米的饲料地。

(一)青干草的调制

牧草收获后,在自然条件下晒制,营养物质的损失相当大,干物质的损失约占鲜草的1/5～1/4,热能损失占2/5,蛋白质损失约占1/3左右。如果采用人工快速干燥法,则营养物质的损失可降低到最低限度,只占鲜草总量的5%～10%。因此,自20世纪50年代采用人工干燥法来处理干草。人工干燥法的兴起是与现代化工业的发展、畜牧生产的集约经营紧密联系的。目前我国虽不能普遍推广,在有条件的地区,适当采用一些小型简单的人工干燥方法是很必要的。人工干燥的形式很多,可以归纳为以下3类。

1. 常温通风干燥法 是利用高速风力,将半干青草所含水分迅速风干,它可以看成是晒制干草的一个补充过程。在美国潮湿多雨地区较常采用。通风干燥的青草,事先须在田间将草茎压碎并堆成垄行或小堆风干,使水分下降到35%～40%,然后在草库内完成干燥过程。草库的顶棚及地面要求密不透风,为了便于排除湿气,库房内设置大的排气孔。通风干燥的主要设备,包括电动鼓风机以及一套安置在草库地面上的通风管道。半干的青草疏松地堆放在通风管道上部,厚度视青草含水量而定,一般3～5米,自鼓风机送出的冷风(或热风)通过总管输入草库内的分支管道,再自下而上通过草堆,即可将青草所含的水分带走。风速的控制,要求草库内的空气相对湿度不超过70%～80%,如相对湿度超过90%,则草堆的表面将变得很湿。采用通风干燥的干草比田间晒制的干草含叶片多,颜色绿,胡萝卜素约高出3～4倍。

2. 低温烘干法 此法采用加热的空气将青草水分烘干。干燥温度如为 50℃～70℃,需 5～6 小时;如为120℃～150℃,经5～30 分钟可完成干燥。未经切短的青草置于浅箱或传送带上,送入干燥室(炉)干燥。所用热源多为固体燃料,浅箱式干燥机每天生产干草 2 000～3 000 千克,传送带式干燥机每小时生产量 200～1 000 千克,此法在小型牧场采用较为普遍。

3. 高温快速干燥法 利用高温气流,可将切碎成 2～3 厘米长的青草在数分钟甚至数秒钟内使水分含量降到10％～12％。目前国外普遍采用的干燥机是转鼓气流式烘干机,进风口温度高达 900℃～1 100℃,出风口温度 70℃～80℃。此种机械由 3 个同心圆筒组成,碎草随高温热气流吹入转动的圆筒内,易干的叶片由于重量轻,很快地沿着外周圆筒而到达出口,较重的茎秆则通过内筒直到外筒,干燥而排出。每小时生产能力视原料含水量而定,含水量 60％～65％时,每小时可产干草粉 700 千克;含水量 75％时,每小时仅生产 420 千克。高温快速干燥法多属于工厂化生产,应根据设备生产能力,合理组织原料生产,适合大型农场采用。采用这种高温快速干燥的方法,青草中的养分可以保存 90％～95％。鲜草在含有可蒸发水分的条件下,草温不会上升到危及消化率的程度,特别是蛋白质消化率并未降低。只有当已干的草继续处在高温下,才可能发生消化率降低和产品碳化的现象。如果把苜蓿等牧草在烘干的过程中压制成草捆或草块,则更方便贮存和运输(图 3-2)。

(二)秸秆的加工处理

用秸秆直接喂奶牛,浪费大,利用率低。为了提高秸秆的

图 3-2　苜蓿草捆和草块

营养价值,改善其适口性,饲喂前应进行加工处理。

1. 物理处理方法　利用人工、机械将秸秆进行切短、撕裂、粉碎、浸泡等处理。

(1)切碎　将农作物秸秆用切(粉)碎机切短或粉碎处理后易于和其他饲料配合,便于奶牛咀嚼,减少能耗,提高采食量,并减少饲喂时造成的浪费。试验证明,秸秆切碎后,采食量增加20%～30%,日增重提高20%左右。但秸秆切碎的长度并非越细越好,要根据不同家畜的生理需要和秸秆的质量状况,大家畜(如奶牛、肉牛、马等)切碎的长度为1～2厘米。

对于大家畜,如果切得太细,不仅不能提高消化率,反而降低纤维的消化率。原因是切得太细,缩短了饲料在瘤胃内的停留时间,奶牛的反刍次数减少;同时,瘤胃内挥发性脂肪酸的生成速度加快,瘤胃 pH 值下降。发酵生成挥发脂肪酸的结构也发生变化,由乙酸比例下降,丙酸比例增加,牛奶乳脂率降低。因此,秸秆的切碎长度,应根据使用目的和家畜种类的不同而定。

(2)浸泡 将农作物秸秆放在水中浸泡一段时间后再去喂家畜,也是一种简单的物理处理方法。经浸泡的秸秆,质地柔软,能提高其适口性。在生产实践中,一般先将秸秆切细后再加水浸泡并拌上精料,以提高饲料的利用率。如将含有25%或45%低质粗饲料的配合饲料中加水至75%,浸泡后喂牛,可以提高饲料采食量和消化率。再如,将秸秆浸泡后,再与块根饲料按1∶2的比例配制成混合饲料喂奶牛,其采食量可达5千克。采用盐化玉米秸喂牛(即在水浸泡玉米秸时,再加上少许食盐)效果也不错,东北地区采用较多。

(3)颗粒料加工 颗粒化处理,是将秸秆粉碎后再加上少量黏合剂而制成颗粒饲料,使得经粉碎的粗饲料通过消化道的速度减慢,防止消化率下降。颗粒直径大小以6~8毫米为宜(图3-3)。

图3-3 苜蓿草颗粒

2. 化学处理方法 用氢氧化钠、氨、石灰、尿素等碱性化合物处理秸秆可以打开纤维素、半纤维素与木质素之间的对碱不稳定的酯链,溶解半纤维素和一部分木质素,使纤维素膨胀,从而使瘤胃液易于渗入。强碱,如氢氧化钠可以使多达50%的木质素水解。化学处理不仅可以提高秸秆的消化率,而且能够改进适口性,增加采食量。目前应用较为普遍的是碱化法和氨化法。

(1)秸秆的碱化处理 碱化处理是用碱溶液处理秸秆,使植物细胞壁变得松散,易被消化液渗透,秸秆经碱化处理粗纤维消化率可提高到50%以上,同时增加采食量20%~45%。

①石灰液处理法 用100千克切碎的秸秆,加3千克生石灰或4千克的熟石灰,食盐0.5~1千克,水200~250升,浸泡12小时或1昼夜,捞出晾24小时即可饲喂,不必冲洗。

②氢氧化钠液处理法 100千克切碎秸秆,用6千克1.6%的氢氧化钠溶液均匀喷洒,堆放6~7小时后在清水里淘洗一遍,洗去余碱,制成饼块,分次饲喂。秸秆经碱化处理后,有机物质的消化率由原来的42.4%提高到62.8%,粗纤维的消化率由原来的53.5%提高到76.4%。

(2)秸秆的氨化处理 秸秆的氨化处理是成本低廉、经济效益显著的粗饲料加工方法之一。氨化的原理是利用氨溶于水中形成强碱氢氧化铵,使秸秆软化,秸秆内部木质化纤维膨胀,提高秸秆的通透性,便于消化酶与之接触,因而有助于纤维素的消化;氨与秸秆有机物产生作用,生成铵盐和络合物,使秸秆的粗蛋白质从3%~4%提高到8%以上,从而大大改进饲料秸秆的营养价值。秸秆氨化后可提高消化率20%左右,采食量也相应提高20%左右,其适口性和奶牛的采食速度也能得到明显改善和提高,总营养价值可提高1倍,达到0.4~0.5个饲料单位,也即1千克氨化秸秆相当于0.4~0.5千克燕麦的营养价值。正是由于秸秆氨化具有上述优点,故此项技术在国内外反刍家畜养殖业中得以迅速推广。秸秆氨化处理因采用的氮源不同而又有以下3种不同的方法。

① 液氨氨化法 将切碎的秸秆喷入适量水分,使其含水量达到15%～20%,混匀堆垛。在长轴的中心埋入一根带孔的硬塑料管,以便通氨。用塑料薄膜覆盖严密,然后按秸秆重量的3%通入无水氨。处理结束,抽出塑料管,堵严。密封的时间以环境温度的不同而异,气温为20℃时为2～4周。揭封后晒干,氨味自行消失,然后粉碎饲喂。

② 氨水氨化法 预先准备好装秸秆原料的容器(窖、池或塔等),将切短的秸秆边往容器中装填,边按秸秆重1∶1的比例往容器中均匀喷洒3%浓度的氨水(浓度为5%时,每100千克干秸秆加氨水41升)。装满容器后用塑料薄膜覆盖,封严,在20℃左右气温条件下密封2～3周后开启(夏季约需1周,冬季则要4～8周),将秸秆取出后晒干即可饲喂。

③ 尿素氨化法 由于秸秆中有尿素酶,将尿素或碳铵(碳酸氢铵)与秸秆贮存在一定温度和湿度下,能分解出氨。所以使用尿素或碳铵处理秸秆,均能获得近似氨的效果。方法是按秸秆重量的3%加进尿素。将5千克尿素溶解在60升水中均匀地喷洒到100千克秸秆上,逐层堆放,用塑料膜覆盖。也可利用地窖进行氨化处理切碎了的农作物秸秆,具体方法同液氨处理,只是时间稍长一些。在尿素短缺的地方,用碳铵也可进行秸秆氨化处理,方法与尿素氨化法相同。只是由于碳铵含氮量较低,为17%,其用量须酌情增加。

研究结果表明,液氨氨化法和尿素氨化法处理秸秆效果最好,氨水和碳铵处理的效果稍差。用液氨氨化效果虽然好,但必须使用特殊的高压容器(氨瓶、氨罐、氨槽车等),从而增加了成本,也增加了操作的危险性。相比之下,尿素氨化效果好,操作简单、安全,也无需任何特殊设备,适合于千家万户使用。

3. 微生物处理法 微生物处理法的核心是微生物发酵技术(又称微贮技术)。在玉米秸秆中加入有益菌(主要是乳酸菌、丙酸菌),在特定的环境中使有益菌大量繁殖,产生木质素、纤维素分解酶,将秸秆中的木质素、纤维素分解,使秸秆变得柔软,同时产生大量的乳酸菌,提高营养价值。

其制作方法是把玉米秸秆铡成1~2厘米的长度,揉搓的秸秆更好,装入池中,边装边喷洒微生物菌液,使秸秆含水量达到60%为宜。每装20厘米厚喷洒配好的微生物菌液1次,注意喷洒要均匀,装填完毕后,压实、密封,形成厌氧环境,促使微生物生长(图3-4)。试验结果表明,玉米秸秆用微生物发酵以后,木质素含量降低,有益菌含量增加,有效营养成分增高,改善了适口性,提高了进食量,提高了青贮饲料的消化率。每吨玉米秸秆可使奶牛1个产奶周期提高产奶量300千克左右。

图 3-4 玉米秸秆制作微贮

(三)青贮的种类及青贮饲料制作

我国目前多用青贮窖(池)。也有用青贮塔、青贮袋做青贮的,还有用塑料薄膜制作地上青贮的。青贮窖多采用长方形。若为土质窖,应选择地势高燥、黏性土质、向阳、地下水位低、排水好、距牛舍近的地点。如条件允许,应建砖石、水泥结构的永久性窖,坚固耐用。窖壁要有一定斜度,上大下略小,以防倒塌和便于压实。

1. 窖(池)式青贮 即将原料切碎后装入砌成的砖混结构的长方形或圆形池内,压实密封,在厌氧状态下乳酸菌大量繁殖产生乳酸,使 pH 值迅速降到 3.8 以下而抑制杂菌的生长,从而达到长期保存的目的。青贮池有地上式、地下式、半地下式(图 3-5)。

图 3-5 农村简易地下式青贮池

(1)收割 要掌握好青贮原料的刈割时间,及时收割。一般密植青刈玉米在乳熟期,豆科植物在开花初期,禾本科牧草在抽穗期,甘薯藤在霜前收割。

(2)运输 割下的原料要及时运到青贮地点,以防在田间时间过长,造成水分蒸发和养分损失。

(3)切短 将原料切成 1～2 厘米,以利于装窖时踩实、压紧,较好地排出空气,沉降也较均匀,养分损失少。同时,切短的植物组织渗出大量汁液,有利于乳酸菌生长,加速青贮过程。

（4）装窖　将青贮原料调整到水分含量在 60%～70%，然后开始装窖，随装随踩，每装 30 厘米左右踩实 1 次，尤其是边缘和四角踩得越实越好。如果 1 次不能装满全窖，可在原料上面盖上 1 层塑料薄膜，窖面盖上木板，次日继续装填。

（5）覆膜封土　装填量需高于青贮窖边缘 60 厘米，呈拱形，即可封顶。封顶时先铺一层切短的秸秆，再覆一层薄膜，然后盖土踩实，盖土的厚度为 30 厘米，呈拱形，拍平表面，并在窖的周围挖排水沟。最初几天应注意检查，发现裂缝及时修好。

2. 塔式青贮　该方法适宜于大型奶牛饲养场或奶牛养殖比较集中的地方，用砖和水泥建成的圆形塔。高 12～14 米，直径 3.5～6 米。在一侧每隔 2 米留 0.6 米×0.6 米的料口，以便装取饲料。有条件的可用不锈钢、硬质塑料或水泥筑成永久性大型塔，坚固耐用，密封性好（图 3-6）。塔内装满饲料后，发酵过程中受饲料自重的挤压而有汁液沉向塔底，为排出汁液，底部要有排液装置。塔顶呼吸装置使塔内气体在膨胀和收缩时保持常压。取用青贮料可采用人工作业或取料机等多种方式。

3. 青贮袋　该方法是把切碎的秸秆通过高压灌装机装入塑料拉伸膜制成的青贮袋里进行密封保存。1 条 33 米长的青贮袋可灌装 100 吨秸秆。从制作成本来看，青贮袋式青贮优于窖式青贮。以制作 100 吨合格青贮饲料为例，袋式青贮比窖式青贮减少成本 1 000 多元。这种技术可青贮含水率高达 60%～65% 的秸秆，更多地保留了原料营养，并且不受季节、日晒、降雨和地下水位的影响，可在露天堆放，青饲料保存期可长达 1～2 年，且损失率极小。在北方冬季寒冷的地方，室外存放的青贮袋结冰后不可直接饲喂，要存放在室内等

图 3-6 塔式青贮

冰化开后恢复室温方可饲喂（图 3-7）。

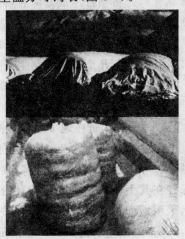

图 3-7 袋式青贮

农户青贮可选用宽 80～100 厘米、厚 0.8～1 毫米的塑料薄膜，以压热法制成约 200 厘米长的袋子。可装料 200～250

千克,但装填原料一般不超过 150 千克,以便于运输和饲喂。原料含水量应控制在 60% 左右,以免造成袋内积水。此法优点是省工、投资少、操作方便和存放地点灵活,且养分损失少,还可以商品化生产。

4. 打捆裹包青贮 用打捆机将新收获的玉米青绿茎秆打捆,利用塑料密封发酵而成,含水量控制在 65% 左右。有以下几种形式。

(1)草捆装袋青贮 将秸秆捆后装入塑料袋,系紧袋口密封堆垛。

(2)缠裹式青贮 用高拉力塑料拉伸膜将青贮原料缠裹成捆,使其与空气隔绝,内部残留空气少,有利于厌氧发酵。这种方法免去了装袋、系口等手续,生产效率高,便于运输。

(3)堆式圆捆青贮 将秸秆压成紧垛后,再用大块结实塑料薄膜盖严,顶部用土或沙袋压实,使其不能透气。但堆垛不宜过大,每个秸垛打开饲喂时,需在 1 周之内喂完,以防二次发酵变质。目前,我国已有几个厂家研制生产自动、半自动打捆裹包青贮机。需要注意的是结冰的青贮包要解冻后才可饲喂(图 3-8)。

6. 地面青贮 一种形式是在地下水位较高的地方,采用砖壁结构的地上青贮窖,其壁高约 2~3 米,顶部隆起,以免受季节性降水的影响。通常将饲草逐层压实,顶部用塑料薄膜密封,然后堆垛并在其上压以重物。另一种形式是在地下水位较低的地方,采用地面堆贮。将青贮原料按照青贮操作程序堆积于地面,压实后,用塑料薄膜封严垛顶及四周。堆贮应选择地势较高而平坦的地块,先铺一层旧塑料薄膜,再铺一块稍大于堆底面积的塑料薄膜,然后堆放青贮原料,逐层压紧,垛顶和四周用完整的塑料薄膜覆盖,四周与垛底的塑料薄膜

图 3-8 打捆裹包青贮

重叠密封,再用真空泵抽出堆内空气使呈厌氧状态。塑料薄膜外面用草帘覆盖保护(图 3-9)。

图 3-9 地面青贮

7. 其他青贮方法

(1)半干青贮 又称低水分青贮。收割后的原料含水量要快速降到 45%～50%,切短至 2～3 厘米,进行装窖青贮,也可采用塑料袋青贮。选用塑料袋半干青贮要注意两个关键:一是要选用聚乙烯袋,而不要用聚氯乙烯等有颜色、有毒的塑料袋;二是要掌握好操作技术,做到原料优质,水分适宜。装袋迅速,隔绝空气,压紧密封,控制好温度在 40℃ 以下为宜。青贮袋在固定地点管理好,不要随意移动。一般 30～40 天即可完成青贮过程。

(2)高水分饲料青贮　对蔬菜、根茎类和水生饲料等高水分原料,可采用以下措施青贮。青贮前,在条件允许时将原料晾晒,使含水量达 65% 左右;可与含水量较少的原料,如糠麸、干草等进行混贮,提高原料的含糖量;填装原料前,在青贮设备底部铺垫一定厚度的糠壳或碎软的干草以吸收渗出的汁液;另外,在青贮设备底部建漏水口,使过多的汁液顺口排出,以防青贮料因水泡变质。

(3)高蛋白质饲料半干青贮　多用豆科牧草或豆科作物制作。通过干燥处理降低水分含量,水分 40%～50%,抑制酪酸酶等酶的活性,再加入适量糖分促进乳酸菌发酵,使豆科牧草在不干燥的状态下得以安全贮存。实际生产中,在每吨原料中加入 14 升糖蜜,与切碎的原料拌均匀,其他加工过程相同,如果加入偏亚硫酸氢钠,效果更好。

(4)添加剂青贮　在青贮原料中加入添加剂,或增加青贮的营养,或改善青贮的环境,提高青贮的质量。青贮方法除加入添加剂外,其余方法与一般青贮相同,添加剂主要有以下几种。

① 食盐　对于含水量低、质地粗硬、细胞液难以渗出的青饲料,加入食盐可促进细胞液渗出,有利于乳酸菌发酵。食盐添加量为青贮原料重量的 0.3%～0.5%。

除了食盐之外,还有其他矿物质添加剂,如碳酸钙(石灰石)、磷酸钙和硫酸镁等,此类添加剂还有使青贮发酵持续的作用。

②尿素(液氨)　制作青贮加入尿素称为尿素青贮,适用

于全株玉米、高粱等含糖量高的禾谷类作物;在含糖量少的牧草中添加尿素,易使青贮料品质变坏。添加尿素后既可增加饲料中的粗蛋白质含量,又可抑制杂菌生长繁殖,改善适口性和提高消化率,对反刍家畜的消化功能无不良影响。尿素的添加量一般为青贮原料重量的 0.3%～0.5%。尿素可均匀撒在玉米秸秆上,也可配成一定浓度的水溶液喷入玉米秸秆中,下层少用,上层用量可逐渐增加。若添加液态氨,添加量为 0.3%,应下多上少。

也可把尿素和食盐结合起来使用,添加量(按鲜重计)为:收获后玉米秸秆,添加尿素 0.5%,食盐 0.3%;全株玉米,尿素的添加量为 0.5%～0.7%,食盐为 0.3%。

③糖蜜　对于缺乏糖分的青贮原料可用添加糖蜜的方法增加糖分含量,糖蜜添加量为原料的 2%～3%,使用时将糖蜜稀释 2～3 倍均匀喷洒在青贮原料中。添加糖分后乳酸菌生长繁殖加快,pH 值快速下降,抑制其他杂菌的生长,提高青贮质量和消化率。

④酸类防霉抑菌剂　包括有机酸和无机酸,有机酸主要有甲醛、甲酸、丙酸等,无机酸主要有稀硫酸、盐酸。

甲醛可抑制所有微生物的生长繁殖,制成无发酵青贮,青贮料中氨态氮和总乳酸量显著下降。此外,甲醛还可与蛋白质形成络合物而抑制其分解,增加瘤胃内非降解蛋白质。甲醛的用量一般为青贮料重量的 0.7%,此添加剂最适于青贮含水量多的幼嫩植株茎叶。

甲酸是很好的有机酸保护剂,可抑制植物的呼吸及杂菌生长繁殖,减少饲料营养损失。试验证明,它能使青贮饲料中 70%左右的糖分保持下来,使粗蛋白质损失下降到 0.3%～0.5%。添加甲酸制成的青贮料颜色鲜绿、香味浓,用其喂产奶牛和牛犊,产奶量和日增重可以显著提高。甲酸添加量:禾本科牧草添加 0.3%,豆科牧草加 0.5%,混播牧草加 0.4%,甲酸与甲醛并用使用效果更好。

丙酸可防止酵母菌和真菌的生长繁殖,添加量为0.5%~1%。

此外,也可在青贮中加入稀硫酸、盐酸。青贮饲料中加入这两种酸的混合物,能迅速杀灭青贮料中的杂菌,降低青贮料的 pH 值;能使青贮料迅速下沉,易于压实,增加贮量;能使青贮物很快停止呼吸作用,从而提高青贮成功率;并能使青贮料变软,以利奶牛消化吸收。添加方法是:用 30% 盐酸 92 份和40% 硫酸 8 份配制原液,使用时将原液按 1:4 的比例用水稀释,每吨青贮料加稀释液 50~60 升。在进行处理时,操作人员须戴上防护面具。

⑤活干菌 活干菌是将对发酵有利的细菌(乳酸菌、丙酸菌、酵母等),经过浓缩处理(低温风干、真空冻干)、密封包装而成的细菌干粉制剂,干粉制剂中细菌处于休眠状态。使用时加温水稀释使细菌复活,加入青贮的秸秆中,有目的地调节青贮料内微生物区系,调控青贮发酵过程,使有益菌快速增加,pH 值下降,抑制有害菌的生长和植物酶的活性,阻止粗蛋白质降解成非蛋白氮,减少蛋白质的损失。用活干菌处理秸秆,木质素、纤维素等得到酶解,使秸秆变得柔软,糖分及有机酸含量增加,消化率提高。

具体操作方法参照秸秆的微生物处理法。

8. 青贮饲料的营养特点及合理利用

(1)青贮饲料的特点

①最大限度地保持青绿饲料的营养物质 一般青绿饲料在成熟和晒干之后,营养价值降低 30%~50%,但在青贮过

程中,由于密封厌氧,物质的氧化分解作用微弱,养分损失仅为 3%～10%,从而使绝大部分养分被保存下来,特别是在保存蛋白质和维生素(胡萝卜素)方面要远远优于其他保存方法。

②适口性好,消化率高　青贮饲料含水量可达 70%,而且在青贮过程中由于微生物发酵作用,产生大量乳酸和芳香物质,更增强了其适口性和消化率。此外,青贮饲料对提高奶牛日粮内其他饲料的消化性也有良好作用。

③调剂青饲料供应的不平衡　青饲料由于受季节影响较大,很难做到一年四季均衡供应。而青贮饲料一旦做成可以长期保存,保存年限可达 2～3 年或更长,因而可以弥补冬季和早春青饲料的缺乏,做到全年均衡供应。

④变废为宝,保护环境　秸秆青贮已使长期以来焚烧秸秆的现象大为改观,变废为宝,减少了对环境的污染。

(2)青贮饲料利用时的注意事项

①开窖取料　开窖前应清除封窖时的覆盖土,以防其与青贮料混杂。圆形窖应从上面启封,侧面取用,深度约 40 厘米,待上面一层用完后再取用第二层。长方形窖应从一头侧面启封,要求分段开窖,从上到下分层取草(图 3-10)。切勿全面打开,以防暴晒、雨淋和冻结,严禁掏洞取料,防止二次发酵。

②鉴定品质　若青贮饲料有酒香的酸味,且色泽黄绿,即可取喂。若青贮饲料有臭味,质地干燥、松散或黏结成块,切勿饲喂,以防中毒。

③取量适中　每次掏取青贮饲料的数量以够 1 天饲喂为宜,奶牛每天吃多少就取多少,不要 1 次取料长期饲喂,以防饲料腐烂变质。

图3-10　青贮料从一端开启，取用后及时封口

　　④及时封口　青贮饲料取出后应及时密封窖口，并清理窖周围的废料。如果中途停喂青贮饲料，必须按原来的封窖方法将青贮窖盖好封严，保证其不透气、不漏水。

第四章 奶牛的营养需要与日粮设计

一、奶牛的消化生理及营养消化特点

(一)奶牛的复胃结构及特点

奶牛是反刍动物,具有 4 个胃,分别为瘤胃、网胃、瓣胃和皱胃(图 4-1)。奶牛消化器官的容积比役用牛和肉用牛大得多。一般成年奶牛胃的总容量为 160~240 升,而肉用牛和役用牛胃的总容量仅为 70~100 升。奶牛采食很快,一般饲料不经过充分咀嚼即匆匆吞入瘤胃中贮存起来,瘤胃、网胃、瓣胃的黏膜没有腺体,总称为前胃,相当于单胃的无腺区,起着贮存和加工食物的作用;只有皱胃的黏膜分布有消化腺,可分泌胃液,其功能与单胃相同,所以又称之为真胃。

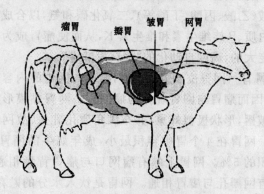

图 4-1 奶牛的复胃结构

1. 瘤胃 瘤胃是成年奶牛 4 个胃室中体积最大的 1 个，约为 4 个胃室总容积的 70%，是暂时贮存饲料的场所，俗称"草包"，占据整个腹腔的左半侧和右侧下半部。奶牛的瘤胃呈椭圆形，前后稍扁，前端与后端有凹陷的前沟和后沟，左右侧面有较浅的纵沟。在瘤胃内壁与这些沟相对应的部位为肌柱围成的环状，瘤胃被这些柱状肌肉分成 4 个部分：1 个背囊、1 个腹囊和 2 个后囊。肌肉柱的作用在于迫使瘤胃中的草料作旋转运动，使草料与瘤胃液充分混合；瘤胃内壁布满乳头状小突起，大大增加了从瘤胃吸收营养物质的面积。瘤胃虽不分泌消化液，但瘤胃壁强大的肌肉环能强有力地收缩和松弛，进行节律性蠕动，起到搅拌食物的作用。瘤胃黏膜表面有无数密集的角质化乳头，尤其是瘤胃背囊部的"黏膜乳头"特别发达，有利于增加食糜与瘤胃壁的接触面积和揉磨。瘤胃内存在大量的瘤胃微生物，这些微生物对饲料的消化和营养物质的合成起着极其重要的作用。饲料中 70%～80% 的可消化干物质和 50% 以上的粗纤维在瘤胃中消化，产生挥发性脂肪酸(乙酸、丙酸、丁酸等)、二氧化碳和氨，以合成自身需要的蛋白质、B 族维生素和维生素 K，从而使瘤胃成为奶牛体内一个庞大的、高度自动化的"饲料发酵罐"。

2. 网胃 网胃位于膈顶后方，瘤胃与网胃的内容物可自由混合，因而瘤胃与网胃统称为瘤网胃。网胃黏膜形成许多网格状皱褶，形状极似蜂巢，并布满角质化乳头，故网胃又称蜂巢胃。网胃在 4 个胃中容积最小，成年奶牛的网胃约占 4 个胃容积的 5%。网胃上端有瘤网口与瘤胃背囊相通，瘤网口下方有网瓣孔与瓣胃相通。网胃是饮入水分的贮存库，同时能帮助食团逆呕和排除瘤胃内的发酵气体(嗳气)。网胃的另一个功能就如同一个筛子，能将随食物吃进去的重物(铁钉、铁丝等)贮存起来,有时这些尖锐的铁器可刺伤网胃,这就是奶牛易发生创伤性网胃炎的原因。如果穿透网胃又伤及心肌,引起创伤性心包炎,奶牛就有生命危险。因此,在加工饲料时,要用磁铁清除混入草料中的铁钉、铁丝等尖锐铁器。

网胃在食管与瓣胃之间有一条沟,称为食管沟。食管沟是犊牛吮吸奶时直接把奶送到皱胃的通道,它可使吮吸的奶中的营养物质避开瘤胃的发酵,直接进入皱胃和小肠,被消化吸收。这种功能随着犊牛年龄的增长而减退,到成年时食管沟只留下一痕迹。如果犊牛吮奶过快,食管沟闭合不全,牛奶就会进入瘤胃,由于这时的瘤胃消化功能不全,极易导致消化系统疾病。

3. 瓣胃 瓣胃呈球形,位于网胃与瘤胃交界的右侧。成年奶牛的瓣胃约占 4 个胃总容积的 7%～8%。瓣胃黏膜形成 100 余片大小不一、长短各异的星月状瓣叶,从纵剖面上看,很像一叠"百叶",所以瓣胃也俗称"百叶肚"。瓣胃通过网—瓣孔和瓣—皱孔将网胃和皱胃连接起来。胃内容物在瘤胃、网胃经过发酵后,从网—瓣孔进入瓣胃。对于成年奶牛来说,瓣胃如同一个过滤器,通过收缩作用把食物稀软部分送入皱胃,把粗糙部分留在瓣叶间进一步研磨,并吸收大量的水分和有机酸,使进入皱胃的食糜更细,含水量降低,有利于消化。

4. 皱胃 皱胃位于右侧肋部和剑状软骨部,与腹腔底部紧贴,约占 4 个胃总容积的 7%～8%。皱胃前段粗大,称胃底,通过瓣—皱孔与瓣胃相连,后段狭窄,称幽门部,通过幽门孔与十二指肠相连。围绕瓣—皱孔的黏膜区为贲门腺区,近十二指肠黏膜区为幽门腺区,中部黏膜腺区为胃底腺区。皱胃分泌的胃液含有胃蛋白酶和胃酸,它除消化来自前胃的食糜外,还消化菌体蛋白质和过瘤胃蛋白质。皱胃黏膜形成

12～14片螺旋形大皱褶,这就大大增加了其分泌面积。

(二)奶牛的采食与反刍

1. 奶牛的采食特点　奶牛没有上门齿,只有一硬质的齿板,采食时主要用灵活的舌头将草卷入口腔,依靠下门齿和齿板啮合切断牧草,或依靠舌头卷动和头部的摆动扯断牧草,匆匆咀嚼后便吞入瘤胃中。奶牛的采食行为极其粗糙,采食牧草的选择性也较差,很容易将异物吞入胃中,造成瘤胃疾病,甚至引起创伤性心包炎。奶牛通过牙齿的咬碎食物的能力很弱,特别是采食块根类饲料时,往往是整块吞咽下去,有时导致食管阻塞,尤其当牛抢食块根类饲料时,更容易发生食管阻塞,因此,应防止尖锐性异物混入草料中,饲喂块根类饲料时,最好将其切成小块或切片。

奶牛一次采食的时间和数量与牧草的形态有密切关系,放牧和饲喂粗饲料时,采食时间长,而喂软嫩饲料时采食时间短;对切断的干草比长草采食量大,对草粉的采食量较快,但不利于反刍和消化;日粮中精饲料比例增加,采食量增加,但精饲料占日粮干物质比例超过70%时,采食量随之下降。日粮中脂肪含量超过6%时,粗纤维的消化率下降;超过12%时,食欲受到限制。气温过高过低都影响奶牛的采食量,当环境温度低于10℃时,奶牛的干物质采食量增加5%～10%,当环境温度超过27℃时,奶牛的食欲下降,采食量减少。因此,根据奶牛的采食习性,夏季应在夜间补饲;日粮品质较差时,应适当延长饲喂时间,从而增加奶牛的采食量。

2. 奶牛的反刍行为　反刍又称为倒沫或倒嚼,是奶牛将吞咽到瘤胃中的食物再次逆呕到口腔咀嚼的过程。奶牛采食的速度快,草料被牛咀嚼,作用是很轻微的,只是使草料与唾液充分混合,形成食团,便于吞咽。当奶牛休息时,通过网胃的蠕动把瘤胃内容物逆呕到口腔,进行充分的咀嚼。每一个逆呕的食团,其中的液体很快被挤出并吞咽,固体部分咀嚼约1分钟后再次吞咽,这次吞咽则通过网—瓣孔进入到瓣胃当中,进行吸收和进一步消化(图4-2)。

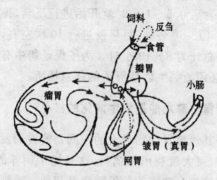

图4-2 奶牛的反刍示意图

对于成年牛来说,反刍是非常重要的。一方面,反刍可以将饲料颗粒进一步磨碎,嚼细的草料增加了瘤胃微生物与皱胃和小肠中消化酶与食糜接触的面积,提高了食物的消化效率;另一方面,通过反刍活动所分泌的唾液对中和瘤胃中发酵产生的挥发性脂肪酸,维持瘤胃内环境的稳定性具有重要的意义。反刍动物的唾液分泌量非常大,据统计,奶牛每天分泌的唾液量为100~200升,高产奶牛甚至可达250升。唾液具有两种生理功能:一是促进形成食糜;二是对瘤胃发酵具有巨大的调控作用。反刍动物采食饲料后,经过初步咀嚼,混以大量唾液,形成食糜,吞入瘤胃被浸泡和软化。唾液中含有大量的盐类,特别是碳酸氢钠和磷酸盐,担负着缓冲剂的作用。据测定,奶牛每天通过咀嚼进入瘤胃中的碳酸氢钠约有2 000

克。正是因为唾液具有这种强大的缓冲作用,才不致使瘤胃内由于发酵产生大量挥发性脂肪酸而使其酸度增加,使 pH 值稳定在 6～7 之间,为瘤胃发酵创造良好条件。同时,唾液中还含有大量内源性尿素,对奶牛蛋白质代谢的稳定起着十分重要的作用。因此,反刍活动对奶牛来说是非常重要的。

奶牛采食后 0.5～1 小时就开始进行反刍,每次反刍持续时间平均为 40～50 分钟,每昼夜进行 10 次左右,每天花在反刍上的时间总计为 8～10 小时。为了保证奶牛有充足的反刍时间,我们必须给奶牛创造舒适的休息场所。

(三)瘤胃发酵功能是奶牛消化的核心

奶牛与其他单胃动物最大的不同是瘤胃的发酵功能。瘤胃通过发酵,可大量利用粗饲料,这是奶牛饲养的一大优势。瘤胃的发酵功能与酿酒业的发酵极其相似。酿酒业是在一个大容器里利用酵母菌进行发酵,而奶牛则是依靠瘤胃这个大容器里的大量微生物进行发酵。瘤胃发酵时,细菌吸附于粗饲料的碎屑表面吞噬可消化物质,从而使结构比较复杂的纤维素、半纤维素变为有机酸,被奶牛吸收利用。瘤胃发酵的另一个结果是通过瘤胃微生物的大量繁殖,把有机酸和氨态氮合成菌体蛋白,菌体蛋白在真胃里被消化吸收,成为奶牛蛋白质的重要来源之一。因此,奶牛的瘤胃发酵是其消化的核心。

但是瘤胃发酵也并非十全十美,也有负面影响。某些不需要发酵就可以被消化的营养成分(如谷物饲料中的淀粉和糖),在瘤胃中同样被发酵,造成一些不必要的能量损失。瘤胃发酵的另一个缺点是蛋白质损失,由于瘤胃微生物的发酵,把蛋白质分解为有机酸和胺,最终被细菌利用合成菌体蛋白。发酵分解饲料中蛋白质合成菌体蛋白质的全过程,造成很大的能量损失,是得不偿失的。如何才能克服这一弊端呢?这就要求饲料配方的合理性,蛋白质和能量保持合理的比例。在蛋白质饲料中,根据在奶牛胃中的消化情况又分为2种:即瘤胃降解蛋白和过瘤胃蛋白。瘤胃降解蛋白是指在瘤胃中被发酵分解的部分,过瘤胃蛋白则是指在瘤胃内没有被分解,到真胃、小肠才被消化分解的部分。在生产实践中,总是希望瘤胃降解蛋白越少越好,而过瘤胃蛋白越多越好。因此,在配制奶牛饲料时,一定要配给一定数量的过瘤胃蛋白饲料。过瘤胃蛋白饲料的种类见表4-1。

表4-1　各种饲料中过瘤胃蛋白的含量

饲 料 名 称	过瘤胃蛋白含量(%)
豆科及禾本科干草、青贮玉米、压碎大麦、小麦、冷榨豆饼、葵花饼、油菜籽饼、芜菁、酵母蛋白、乳蛋白	20
青草、优质玉米青贮、热榨豆饼、亚麻饼、玉米粉	40
压片大麦、压片玉米	60
玉米蛋白、甲醛处理豆饼	70

(四)奶牛的瘤胃微生物

　　瘤胃微生物是奶牛瘤胃中的细菌和原生动物等微生物的总称。数量极多。奶牛可为它们提供纤维素等有机养料、无机养料和水分,并创造合适的温度和厌氧环境,而瘤胃微生物则可帮助奶牛消化纤维素和合成大量菌体蛋白,最后进入皱胃(真胃)时,它们便被全部消化,又成为奶牛的主要养料。瘤胃内容物中,通常每毫升约含 10^{10} 个细菌和 4×10^6 个原生动物。经统计,如1头体重达300千克的奶牛,它的瘤胃容积约为40升,可含 4×10^{14} 个细菌和 16×10^{10} 个原生动物,瘤胃微生物还包括酵母样微生物和噬菌体。常见到的细菌有纤维素消化菌(如白色瘤胃球菌)、半纤维素消化菌(如居瘤胃拟杆菌)、淀粉分解菌(如反刍月形单胞菌)、产甲烷菌(如反刍甲烷杆菌)等三四十种。瘤胃细菌可将复杂的有机物分解成小分子有机酸,如甲酸、乙酸、乳酸、丁酸等,被吸收利用。此外,瘤胃中还存在大量甲烷细菌,可利用甲酸、乙酸、氢和二氧化碳等,产生甲烷,通过嗳气排出体外。这是不利的,不仅浪费能源,还污染环境。

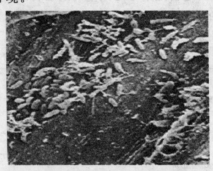

图 4-3 附着于饲料纤维上的瘤胃细菌

图 4-4 分解饲料的瘤胃原虫

常见到的原生动物主要是纤毛虫,纤毛虫体的大小约为

40～200微米,数量一般为20万～200万个/毫升。纤毛虫可分为全毛虫和寡毛虫两大类,全毛虫主要分解淀粉等糖,产生乳酸和少量挥发性脂肪酸;寡毛类也以分解淀粉为主,还可发酵果胶、半纤维素、纤维素。细菌和纤毛虫之间存在着协同和拮抗两方面的关系,一方面纤毛虫体内有细菌与其共生,另一方面纤毛虫有吞食细菌的作用,加强瘤胃内氮的周转。因此,纤毛虫有微型反刍动物之称。

瘤胃微生物与奶牛之间是互惠的共生关系,奶牛吃进的大量草料,以及瘤胃中的恒定温度和厌氧环境,为瘤胃微生物提供了生长繁殖的有利条件;瘤胃微生物将单胃动物不能利用的复杂有机物分解成葡萄糖、有机酸,瘤胃细菌的菌体蛋白、维生素等均为奶牛提供了必需的养料和能量来源。饲养管理好的奶牛瘤胃内环境保持相对的稳定,具有足够数量和充满活力的瘤胃微生物,这是奶牛保持稳定生产性能和较高产奶量的基础。

(五)精、粗比不当对奶牛健康和牛奶成分的影响

通常牛奶产量高的奶牛同时也要求高能量和高蛋白的饲料。由于奶牛每天所能摄取的日粮是有限的,仅饲喂粗饲料是不能提供足够的能量和蛋白质的。一般来讲,奶牛日粮中添加精饲料的目的是在粗饲料的基础上提供浓缩的能量和蛋白质,以配合奶牛的营养需要。因而精饲料在日粮配方中是重要的成分,它可以使奶牛获得最大的产奶量。

日粮精、粗比是影响泌乳奶牛瘤胃功能是否正常及生产性能是否稳定的重要因素。一般来讲,精料适口性较好,奶牛喜食。与粗饲料相反,精饲料在同样重量单位下的体积通常较小(因为精饲料比重高)。瘤胃中精饲料比粗饲料发酵快,

并增加瘤胃内含物的酸度以及阻碍纤维的正常发酵过程。与粗饲料相比,精饲料不能刺激反刍。随着日粮精、粗比例的不同,粗饲料的降解率也不同,过量的精饲料或精料中淀粉含量过高都会对粗饲料的降解率有负面影响;日粮精料水平的提高,虽然可在一定程度上提高产奶量,但对乳脂率有影响;日粮中精饲料比例超过 50%,瘤胃中乙酸发酵被抑制,蛋白质和矿物质代谢紊乱,粗饲料消化率下降,既增加饲料成本,又可能造成消化道疾患和乳脂率降低。当精饲料占日粮的 60%～70%时,可引发代谢性疾病(真胃移位、瘤胃酸中毒)的发生。1 头奶牛每天采食最大精饲料量不应超过 12～14 千克。

粗饲料对于奶牛尤其重要,粗饲料在消化道中不仅起填充作用,而且有促进胃肠蠕动和提高消化的功能,所以在奶牛日粮中,必须有足量的粗饲料,才能充分发挥其他饲料的作用。另外,日粮中一定量的粗饲料,对于奶牛发挥正常的生理功能具有重要意义,在奶牛日粮干物质中,粗饲料含量必须达到 30%以上,才能保证奶牛正常的反刍活动。在粗饲料为主的日粮条件下,有利于乳脂率的提高。因此,结合奶牛生产水平,选择适宜的日粮精、粗比例,同时考虑日粮中能量、蛋白质与非结构碳水化合物的比例,配制成营养含量均衡的饲料,才能使奶牛生产效益得到提高。此外,日粮中适量的干草对于维持纤维结构,保持奶牛瘤胃的酸碱平衡和缓冲能力来说是必不可少的,在奶牛日粮中适当添加苜蓿等豆科牧草,既可满足奶牛营养需要,改善牛奶品质,又可显著提高粗饲料的利用率,降低饲养成本。

(六)不同生理阶段奶牛对营养物质需要的特点

根据泌乳情况,可将奶牛的生产过程分为以下几个阶段,即泌乳早期、泌乳盛期、泌乳中期、泌乳后期和干奶期。泌乳早期为 0～20 天,泌乳盛期为 21～100 天,其中包括高峰期(40～70 天),泌乳中期为 101～200 天,泌乳后期为 201～305天,干奶期为 305 天至临产。奶牛由于分娩应激,使得在产后食欲较差,干物质采食量低于奶牛的产奶需要,到产后 70 天左右奶牛的干物质采食量才达到高峰。由于泌乳早期奶牛产奶多而又吃不进足够的饲料,所以体重明显下降,到产后50～70 天,体重减少最多,需要平稳一段后才开始逐渐上升,直到泌乳后期妊娠末期体况才明显恢复。乳脂率在产后很高,接着下降,到泌乳中期降到最低点,以后保持平稳,在泌乳后期又逐渐上升。

二、奶牛的营养需要

奶牛营养需要是指奶牛在生长发育、正常生活、繁殖和产奶过程当中所需要的各种营养元素的量。主要包括能量、蛋白质、矿物质、维生素等。可分为维持生命的营养需要和生产的营养需要。生产的营养需要又包括产奶、妊娠、增重和生长发育的需要。奶牛对各种营养物质的需要量是以干物质为基础计算的。所以,干物质也是奶牛的营养需要中必须考虑的成分。把奶牛所需要的各种营养物质按一定的程序均匀混合在一起称为营养配合,由此而形成的饲料称为配合饲料。

(一)干 物 质

干物质是奶牛所需要的各种营养物质扣除水分后在风干

基础上的含量。牛所需要的营养物质基本上全包括在干物质之中,所以干物质的采食量对奶牛来说十分重要,尤其是高产奶牛随着奶量的增加,干物质的采食量必然增加。

影响干物质采食量的因素主要有:奶牛的体重、体况、产奶水平、泌乳阶段、环境条件、饲养管理水平、饲料类型和品质,尤其是粗饲料的类型和品质及饲料的水分含量、干物质消化率、中性洗涤纤维含量。

泌乳牛的干物质采食量在产后 4～8 周最低,产后 10～14 周最高。泌乳牛日粮干物质采食量应不低于体重的2.5%。干物质采食量占体重的百分率取决于日粮干物质的消化率(在牛能吃饱的情况下),干物质采食量占体重的百分率可用以下公式表示:干物质采食量占体重的百分率＝5.4÷500R(R 为干物质不可消化的百分率)。为充分发挥奶牛的泌乳潜力,应保持足够的干物质采食量,以满足能量的需要。

1. 泌乳牛的干物质需要量(根据体重和产奶量计算)

(1)精、粗干物质比 60∶40,偏精料型的日粮

干物质采食量(千克)＝$0.062W^{0.75}+0.4Y$

(2)精、粗干物质比 45∶55,偏粗料型的日粮

干物质采食量(千克)＝$0.062W^{0.75}+0.45Y$

式中:W 表示奶牛的体重(千克);Y 表示 4% 标准奶量(千克),

　　　　Y＝实际产奶量×(0.4＋15F),F 表示实际产奶的乳脂率。

例如,1 头奶牛产奶量为 25 千克,乳脂率为 3%,则其标准奶量(Y)＝25×(0.4＋15×3%)＝21.25 千克

$W^{0.75}$ 的算法,可使用带函数运算的计算器。以计算 $600^{0.75}$ 为例,其操作方法是:按下数字键 600 后,按 x^y 键,再按数字 0.75,最后按 $=$ 号,即得。

不同的泌乳阶段奶牛的干物质的采食量不同,泌乳盛期 $3.5\% \sim 4.5\%$、干奶后期 $1.5\% \sim 2\%$。

不同环境条件对奶牛的干物质采食量也有较大影响,如果以 18℃ ~ 20℃ 时干物质采食量为 100% 的话,-10℃ 时增加到 150%,35℃ 时降为 70% ~ 80%,40℃ 时仅为 50% ~ 60%,(表 4-2)。

表 4-2 奶牛干物质采食量与体重、生长阶段和产奶量的关系

体重 (千克)	维持需要的 干物质采食 量(千克)	生长阶段	干物质占体重 百分比(%)	产奶量	干物质占体 重百分比 (%)
350	5.02	2 月龄以前	1.5	产后 0~6 天	1.5~2.0
400	5.50	3~6 月龄	2.5	产后 7~15 天	2.2~2.7
450	6.06	12 月龄	2.1	泌乳 20 千克	2.5~3.5
500	6.56	18 月龄	1.6	泌乳 30 千克	3.5~4.5
550	7.04	19 月龄~ 初产前	1.6	泌乳 40 千克	4.0~4.5
600	7.52	干奶前期 (600 千克 体重)	2.0~2.5		
650	7.98	干奶后期(围产前期)	1.5~2.0		

饲料精、粗比对奶牛的干物质采食量也有一定影响,精料

比例增大,干物质的采食量减少。

干物质与体重的百分比受每千克干物质所含产奶净能的影响,产奶量偏低时单位净能含量应在 5.94 兆焦/千克,而产奶量偏高时单位产奶净能含量应在 7.2～7.36 兆焦/千克。为了防止养分供给不足或饲喂过量,提高养分利用效率,必须准确估计奶牛的干物质采食量。尤其是奶牛在产后,产奶量在 35～36 天达到泌乳高峰,而干物质采食量到 65～80 天才达到高峰,对干物质采食量估计不准确可能会加剧这一阶段能量的负平衡。

2. 干物质采食量的预测　关于干物质的预测,在生产实际中,习惯于用干物质采食量占奶牛体重的百分比来表示。

后备期:干物质采食量 ＝ 奶牛体重的 1.5%～2.5%;

泌乳早期:干物质采食量 ＝ 奶牛体重的 2%～3%;

泌乳盛期:干物质采食量 ＝ 奶牛体重的 2.5%～4%;

泌乳中期:干物质采食量 ＝ 奶牛体重的 2.5%～3.5%;

泌乳后期:干物质采食量 ＝ 奶牛体重的 2.5%～3%;

干奶期:干物质采食量 ＝ 奶牛体重的 2%～2.5%。

(二)能量需要

动物机体为维持生命活动(如心脏跳动、呼吸、血液循环、代谢活动、维持体温等)和生产活动(增重、繁殖、产奶等),均需要消耗一定的能量。所有这些能量,都是从奶牛所采食的饲料中来的。奶牛所采食的饲料在体内经过一系列的消化、吸收及代谢过程,才能转化为被奶牛利用的能量,称为净能。能量在奶牛体内转化的过程有以下几个部分。

饲料完全燃烧后所产生的热量被称为总能(GE),总能不可能全部为奶牛所利用。经过消化过程,总能中的一部分

（30％）会以粪能的形式排出体外，其余已消化养分所含的能量称为消化能（DE）。消化能的一部分以消化道产气和尿能的形式损失掉（5％），其他能够进入机体利用过程的称为代谢能（ME）。代谢能并不能被机体完全利用，有一部分在代谢过程中以热增耗的形式损失掉（20％），被奶牛各种生命活动所利用的部分称为净能（约占40％），净能又可分为维持净能（约占20％左右）与生产净能（约占20％左右）两大部分，生产净能又可分为泌乳（产奶净能）、自身生长（增重净能）、繁殖等。因此，只有设法减少消化代谢过程中各种形式的能量损失，才能提高生产净能占总能的比例，提高奶牛对饲料的利用率和生产效益。所以应加强对奶牛的饲养管理，对饲料进行科学的加工调制，采用正确合理的日粮配合技术等可大大减少奶牛的能量损耗，提高奶牛的生产效率。

我国的奶牛饲养标准中，能量单位通常采用兆焦（MJ），也有采用奶牛能量单位（NND）的。1个奶牛能量单位（NND）相当于1千克含脂4％的标准奶的能量（3.318兆焦）。奶牛能量单位（NND）和兆焦之间的换算关系为：NND＝产奶净能÷3.318。

饲料中的不同成分，如碳水化合物、脂肪和蛋白质都可为奶牛提供能量。脂肪的能量浓度是碳水化合物的2.25倍，但在饲料中所占比例有限，一般在4％左右，即使专门补饲也不超过10％。蛋白质和氨基酸含有碳架结构，分解后可以提供能量，但正常情况下奶牛不动用蛋白质供能，只有在能量严重缺乏的情况下才会利用这一机制满足能量需要，但其代价高昂，而且产生的氨对奶牛有害。因此，应坚持以碳水化合物为主体满足奶牛能量需要的原则，必要的情况下适当补充脂肪。

1. 维持的能量需要　研究表明，在中等温度拴系饲养条件下,奶牛的绝食代谢产热(维持需要)$=0.2929W^{0.75}$(兆焦,W 为奶牛体重,千克),逍遥运动情况下可增加 20% 的能量,即为 $0.3514W^{0.75}$。由于第一和第二泌乳期奶牛的生长发育尚未停止,故第一泌乳期的能量需要在维持基础上增加 20%,第二泌乳期增加 10%。牛在低温条件下,体热损失明显增加。以 18℃ 为基准,气温平均下降 1℃,牛体产热增加 $0.00251W^{0.75}$(兆焦)。因此,在低温条件下维持的能量需要量将提高。例如,维持需要在 5℃ 时为 $0.384W^{0.75}$(兆焦),−5℃ 时为 $0.409W^{0.75}$(兆焦),−10℃ 时为 $0.422W^{0.75}$(兆焦)。在热环境下,产奶母牛从 21℃~32℃,平均每上升 1℃,要多消耗 3% 的维持能量。因此,在低温和高温条件下维持的能量需要量将提高。

2. 产奶的能量需要　牛奶的能量含量就是产奶净能的需要量。牛奶的能量含量计算公式为:

每千克奶的能量(兆焦)$=1.4336+0.4153×$乳脂率(%)

当产奶母牛日粮的能量不足时,往往动用体内贮存的能量去满足产奶的需要,导致体重下降。反之,当日粮能量过多,多余能量在体内沉积,体重增加。成年母牛每千克增重的能量需要约相当于 8 千克标准奶,每减 1 千克体重能产 20.5 兆焦产奶净能,即可满足产 6.56 千克奶的需要。

例如,1 头体重为 600 千克的第三胎泌乳牛,日产奶 25 千克,乳脂率 3.0%,计算该奶牛能量需要。

该奶牛每日维持能量需要 $=0.3514W^{0.75}=0.3514×$
$121.23=42.6$(兆焦)

产奶能量需要 $=25×(1.4336+0.4153×$乳脂率$)$
$\qquad =25×(1.4336+0.4153×3.0)=67.05$

(兆焦)

该奶牛每天总的净能需要量＝维持能量需要＋产奶能量需要＝42.6＋67.05＝109.65(兆焦)

如果转化为奶牛能量单位(NND)，即：109.65÷3.138＝34.94(NND)

3. 妊娠的能量需要　按胎儿生长发育的实际情况，从妊娠6个月开始，胎儿能量沉积已明显增加。由于奶牛妊娠的能量利用效率很低，4.18兆焦的妊娠沉积能量相当于20.4兆焦产奶净能。所以，按此计算，妊娠6,7,8,9月时，每天应在维持需要基础上增加4.18,7.11,12.55和20.92兆焦产奶净能。

4. 生长牛的能量需要

(1)生长牛维持能量需要

生长牛绝食代谢产热(兆焦)＝$0.532W^{0.75}$，在以上计算基础上加10％的自由活动量便是维持需要量，即，$0.585W^{0.75}$(兆焦)。

(2)生长牛增重的能量需要

对奶用生长牛的增重速度不要求象肉牛那样快。为了应用的方便，奶用生长牛的净能需要亦统一用产奶净能表示。在确定其产奶净能需要时，在增重净能的基础上加以调整。

增重所需要的产奶净能(兆焦)＝增重的能量沉积×系数(见表4-3)

增重的能量沉积(兆焦)＝

$$\frac{(增重,kg)\times[1.5+0.0045\times(体重,kg)]}{1-0.3\times(增重,kg)}\times4.184$$

表 4-3　增重的能量沉积换算成产奶净能的系数

体重,kg	产奶净能=增重的能量沉积×系数
150	×1.10
200	×1.20
250	×1.26
300	×1.32
350	×1.37
400	×1.42
450	×1.46
500	×1.49
550	×1.52

生长奶牛的能量需要(兆焦)=维持能量需要+增重的能量需要

不同条件下奶牛的能量需要见表 4-4。

表 4-4　不同生理和环境条件下奶牛所需的能量

奶牛的生理和环境条件	能量需要
维持(NEm)	$0.2929W^{0.75}$(W 为奶牛体重,千克)
逍遥运动	增加 20%,即 $0.3514W^{0.75}$(兆焦/千克体重)
第一泌乳期	增加 20%,即 $0.41W^{0.75}$(兆焦/千克体重)
第二泌乳期	增加 10%,即 $0.381W^{0.75}$(兆焦/千克体重)
18℃以上	每降低 1℃,增加 $0.00251W^{0.75}$(兆焦/千克体重)
32℃以上	每增加 1℃,增加 3%,$0.0088 W^{0.75}$(兆焦/千克体重)
生长能量的需要	$0.763 W^{0.75}[1+0.58×$日增重(千克)]
产奶能量需要	增加能量 $1.4336+0.4153×$含脂率(兆焦/千克牛奶)
妊娠能量需要	妊娠 6,7,8,9 月时,每天应在维持基础上增加 4.18,7.11,12.55 和 20.92 兆焦产奶净能

在实际饲养奶牛过程中,能量的不足和过剩都会对奶牛产生不良的影响。犊牛或育成牛若缺乏能量,则表现为生长速率降低,初情期延长。此外,由于体组织中蛋白质、脂肪及矿物质的沉积和减少而使躯体消瘦和体重减轻外,泌乳量会显著降低,而且对健康和繁殖性能也会产生不良的影响。

能量过剩同样会对奶牛产生不良的影响。这主要发生于中、低产乳牛。多余的能量会以脂肪的形式沉积于体内(包括乳腺),往往表现体躯过肥。其不良后果:一是影响母牛的正常繁殖,会出现性周期紊乱、难孕、胎儿发育不良、难产等;二是影响奶牛的正常泌乳,这是因为脂肪在乳腺内的大量沉积,妨碍了乳腺组织的正常发育,从而使泌乳功能受损而导致泌乳减少。

(三)蛋白质需要

蛋白质主要用于生长、维持、繁殖和泌乳,如果奶牛缺少蛋白质,生长(包括胎儿)发育会变慢甚至停止,成年母牛的泌乳量(包括牛奶蛋白含量)会减少,体重下降、繁殖能力降低等。奶牛除了可以利用蛋白质外,还可以利用酰氨类的非蛋白氮。非蛋白氮中还包括尿素类的化学物质。蛋白质可分为可降解部分与不可降解部分,而非蛋白氮则可以全部降解。用非蛋白氮与质差的粗饲料相结合饲喂低产奶牛,可以提高作物秸秆的利用率及营养价值,降低养牛成本。

奶牛蛋白质的需要分为维持需要、泌乳需要、生长需要和胎儿生长需要等几个部分。不同生长和泌乳阶段的奶牛蛋白质需要不同,蛋白质需要量有粗蛋白质维持需要量、可消化粗蛋白维持需要量和小肠可消化粗蛋白质维持需要量3种表示方法。它们之间的关系是:小肠可消化粗蛋白质维持需要量

$=0.86 \times$可消化粗蛋白质维持需要量,可消化粗蛋白质维持需要量$=0.65 \times$粗蛋白质维持需要量,通常用可消化粗蛋白质维持需要量来表示。

1. 成年母牛蛋白质维持需要量(根据母牛的体重计算,X1)

粗蛋白质维持需要量(克)$=4.6 \times W^{0.75}$

或:可消化粗蛋白质维持需要量(克)$=3 \times W^{0.75}$

或:小肠可消化粗蛋白质维持需要量(克)$=2.5 \times W^{0.75}$

式中:W 为体重(千克)。

例如,600 千克体重的奶牛,其

粗蛋白质维持需要量$=4.6 \times W^{0.75}=4.6 \times 600^{0.75}=558$(克)

或:可消化粗蛋白质$=3 \times W^{0.75}=3 \times 600^{0.75}=364$(克)

或:小肠可消化粗蛋白质$=2.5 \times W^{0.75}=2.5 \times 600^{0.75}=303$(克)。

2. 产奶蛋白质需要量(根据乳蛋白产量计算,X2) 产奶的蛋白质需要量取决于产奶量和牛奶的乳蛋白含量即乳蛋白产量。牛奶的乳蛋白含量与乳脂含量存在线性相关:

乳蛋白率(%)$=2.36+0.24 \times$乳脂率(%)

乳蛋白产量(克)$=$产奶量(千克)$\times$乳蛋白率(%)$\times 1000$

产奶粗蛋白质需要量(克)$=$乳蛋白产量$\div 0.39$

或:产奶可消化粗蛋白质需要量(克)$=$乳蛋白产量$\div 0.6$

或:产奶小肠可消化粗蛋白质需要量(克)$=$乳蛋白产量$\div 0.7$

例如,产 1 千克含脂 3.5%的奶乳蛋白率(%)$=2.36+0.24 \times$乳脂率

$=2.36+0.24 \times 3.5=3.2\%$

乳蛋白量(克)=1000×3.2%=32(克)

粗蛋白质需要量(克)=32÷0.39=82(克)

或:可消化粗蛋白质需要量=32÷0.6=53克

或:小肠可消化粗蛋白质需要量=32÷0.7=46克。

依此,产1千克标准奶需要粗蛋白质85克、可消化粗蛋白质55克、小肠消化粗蛋白质47.5克。

3. 妊娠蛋白质需要量(妊娠5个月以上的需要量,X3) 在维持需要量的基础上,妊娠6,7,8,9个月时,粗蛋白质分别增加77克、129克、203克和298克,可消化粗蛋白质分别增加50克、84克、132克、194克,小肠可消化粗蛋白质分别增加43克、73克、115克、169克(表4-5)。

表4-5 妊娠不同月龄奶牛可消化蛋白质需要量 (克/天·头)

妊娠月龄	粗蛋白质(克)	可消化粗蛋白质(克)	小肠可消化粗蛋白质(克)
6个月	77	50	43
7个月	129	84	73
8个月	203	132	115
9个月	298	194	169

4. 后备母牛维持蛋白质需要量(根据体重计算,X4) 体重200千克以上后备母牛的维持需要量的计算方法同成年母牛。体重200千克以下后备母牛的维持需要量为:

粗蛋白质维持需要量(克)=$4 \times W^{0.75}$

或:可消化粗蛋白质维持需要量(克)=$2.6 \times W^{0.75}$

或:小肠可消化粗蛋白质维持需要量(克)=$2.2 \times W^{0.75}$

5. 后备母牛增重蛋白质需要量(根据体重和日增重计算,X5)

增重的蛋白质沉积(克/日)

$$= \Delta W (170.22 - 0.1731 \times W + 0.000178 \times W^2) \times$$
$$(1.12 - 0.1258 \times \Delta W)$$

其中：ΔW 为日增重（千克），W 为体重（千克）。

增重的粗蛋白需要量（克）＝增重的蛋白质沉积÷0.36

或：增重的可消化粗蛋白质需要量（克）＝增重的蛋白质沉积÷0.55

或：增重的小肠可消化粗蛋白质需要量（克）＝增重的蛋白质沉积÷0.6

奶牛总可消化粗蛋白质的需要量（X，克/天）等于以上各项之和，即：

$$X = X1 + X2 + X3 + X4 + X5$$

此外，蛋白质的需要量与年龄和生理阶段有密切关系，不同年龄阶段奶牛的蛋白质需要量如表 4-6 所示。

表 4-6　不同生长阶段奶牛粗蛋白质的需要量　（克/天·头）

月　　龄	粗蛋白质需要量（克）
0～30 日龄	250～260
1 月龄	250～290
2 月龄	320～350
3 月龄	350～400
4 月龄	500～520
5 月龄	500～540
6 月龄	540～580
7～12 月龄	600～650
13～18 月龄	640～720
青年牛期	750～850

为满足不同年龄阶段奶牛对蛋白质的需要,在奶牛日粮中粗蛋白质的浓度可进行适当调整,调整范围如表 4-7 所示。

表 4-7　不同年龄阶段奶牛日粮中蛋白质的含量

年　　龄	日粮中粗蛋白质水平(%)
哺乳期间	22～24
3～6 月龄	16～18
7～12 月龄	14
12～18 月龄	12

不同饲料来源的蛋白质降解率不同,在给奶牛供给蛋白质饲料时必须考虑它们的降解率(表 4-8),便于更合理的使用蛋白质饲料。

表 4-8　不同饲料来源的蛋白质降解率

饲料名称	降解率(%)	饲料名称	降解率(%)
花生饼(粕)	80	干　草	70%(粗蛋白低时)
菜籽饼(粕)	75		60%(粗蛋白高时)
棉籽饼(粕)	60	玉米青贮	70
豆饼(粕)	60	大麦秸秆	50

(四)粗纤维的需要

1. 粗纤维的作用

(1)维持牛的正常消化生理活动　粗纤维含量高的粗饲料具有一定的硬度,能刺激瘤胃壁,促进瘤胃蠕动和正常反刍。通过反刍,瘤胃内重新进入的食团中混入了大量碱性唾液,因而使瘤胃环境的 pH 值保持在 6～7 之间,保证瘤胃内细菌正常繁殖和发酵。

(2)保持乳脂率　粗纤维含量高的粗饲料,可使牛采食饲料时不仅增加采食时间,同时也增加了反刍时间,通过这两种咀嚼使唾液大量混入瘤胃食糜中,唾液中含有碳酸氢钠,故可调节瘤胃食糜的酸度,每咀嚼 1 千克粗纤维可产生 10～15 升唾液进入瘤胃。为了保持正常的乳脂率,所需的咀嚼时间是每千克干物质 31～40 分钟,每天应有 7～8 小时的咀嚼时间。咀嚼时间也不宜太长,若咀嚼时间太长,使采食量减少,则不能满足牛对营养总量的需要。

2. 粗纤维的需要量　奶牛日粮中要求至少含有 15%～17% 的粗纤维,一般高产奶牛日粮中要求粗纤维超过 17%,干奶期和妊娠末期奶牛日粮中的粗纤维为 20%～22%。在实际生产中,奶牛日粮干物质中精料的比例不要超过 60%,这样才可提供足够数量的粗纤维。

(五)矿物质的需要

奶牛需要的矿物质元素有 14 种,其中 7 种为常量元素,分别是钙(Ca)、磷(P)、镁(Mg)、钾(K)、钠(Na)、硫(S)、氯(Cl)等,另外 7 种为微量元素,分别是铜(Cu)、铁(Fe)、锌(Zn)、锰(Mn)、碘(I)、钴(Co)、硒(Se)。习惯上将常量元素作为矿物质饲料,微量元素作为添加剂来看待。

1. 食盐的需要量　非泌乳牛按日粮干物质采食量的 0.21%～0.3%,泌乳牛按日粮干物质采食量的 0.46%(精料干物质的 1.5%～2%)或配合饲料的 1%,或每产 1 千克标准奶给 1.2 克。泌乳牛的最大耐受量为日粮干物质的 4%,生长牛为 9%。

2. 钙、磷的需要量 奶牛钙、磷的需要量按以下公式计算。

泌乳牛钙的维持需要量(克/天)=(0.0154×体重)÷0.38

泌乳牛钙的总需要量(克/天)=(0.0154×体重+1.22×标准乳量)÷0.38

干奶牛钙的总需要量(克/天)=(0.0154×体重+0.0078×胎儿增重)÷0.38

泌乳牛磷的维持需要量(克/天)=(0.0143×体重)÷0.5

泌乳牛磷的总需要量(克/天)=(0.0143×体重+0.99×标准奶量)÷0.5

干奶牛磷的总需要量(克/天)=(0.0143×体重+0.0047×胎儿增重)÷0.5

以上式中体重、标准奶、胎儿增重的单位均为千克。

不同生长阶段的奶牛钙、磷需要量见表4-9。一般条件下,钙、磷之间的适当比例为1.3~2:1。

表4-9 不同生长阶段奶牛钙、磷的需要量

奶牛生长阶段	钙(克)	磷(克)
1月龄	12~14	9~11
2月龄	14~16	10~12
3月龄	14~18	12~14
4月龄	20~22	13~14
5月龄	22~24	13~14
6月龄	22~24	14~16
7~12月龄	30~32	20~22
13~18月龄	35~38	24~25
青年牛期	45~47	32~34

对于泌乳奶牛,随着产奶量的不同,钙、磷的需要量也不同。为达到泌乳奶牛对钙、磷的需求,日粮中钙、磷的含量应达到一定水平才能满足奶牛对钙、磷的需求,配制日粮时应根据实际产奶量计算钙、磷添加量。表 4-10 列出不同泌乳阶段奶牛日粮中钙、磷含量的经验数据。

表 4-10　不同产奶量泌乳牛日粮中钙、磷的含量

泌乳阶段	产奶量(千克)	钙(%)	磷(%)
产后 0～6 天	<10	0.6～0.8	0.4～0.5
产后 7～15 天	<15	0.6～0.8	0.5～0.6
泌乳盛期	20	0.7～0.75	0.46～0.50
	30	0.8～0.9	0.54～0.60
	40	0.90～1.0	0.6～0.7
泌乳中期	20～30	0.8	0.6
	15	0.7	0.55
泌乳后期	<15	0.7～0.9	0.5～0.6
干奶前期	—	0.6	0.6
干奶后期		0.3	0.3

3. 其他矿物质的需要量

(1)钾的需要量　泌乳牛最低量为日粮干物质的 0.9%,高产奶牛则为 1%,在热应激的情况下应予以适当增加,约为日粮干物质的 1.2%。生长母牛需要量为 0.65%。

(2)镁的需要量　生长母牛按日粮干物质的 0.2%,泌乳初期和产奶高峰期(产奶量大于 35 千克)为 0.25%～0.3%;若添加氧化镁时为 0.5%～0.8%。

(3)硫的需要量　泌乳牛硫的需要量约为日粮干物质的

0.2%，泌乳的配比为早期 0.25%，犊牛的配比为 0.29%，干奶牛、生长母牛的配比为 0.16%。高产奶牛饲料中氮、硫的适宜比为 10～12：1。

（4）微量元素需要量　奶牛对其需要量较小，但它是奶牛的多种功能所必需的物质。以干物质为基础计算其需要量，单位是毫克/千克。各种微量元素需要量、最大耐受量及中毒量见表 4-11。

表 4-11　不同微量元素的需要量、最大耐受量和中毒量　（毫克/千克）

名　　称	需要量	耐受量	中毒量
铁（Fe）	75～100	500	＞500
锰（Mn）	40	40	40～100
铜（Cu）	10	50	50～300
钴（Co）	0.1～0.2	30	＞30
锌（Zn）	30～50	150	150～420
硒（Se）	0.3	3	3～4
碘（I）	0.8～1.0	8	20
钼（Mo）	1	5	180

（六）维生素需要

维生素不是构成奶牛组织器官的主要原料，奶牛每天的绝对需要量很少，但却是保持代谢正常所必需的。维生素具有参与代谢、免疫和基因调节等多种生物学功能，对牛的健康、繁殖、生产具有重要意义，严重缺乏会导致各种具体的缺乏症，长期临界缺乏则使奶牛的生产表现与健康达不到最佳水平。

维生素分为脂溶性和水溶性两大类。脂溶性维生素包括维生素 A、维生素 D、维生素 E 和维生素 K,一般对于牛仅补充维生素 A、维生素 D、维生素 E 即可,维生素 K 可在瘤胃中合成。水溶性维生素包括 B 族维生素和维生素 C,瘤胃微生物均能合成。但近来研究表明,在现代奶牛生产体系中,仅仅依靠瘤胃合成,某些水溶性维生素可能不能满足高产奶牛的需要。

1. 脂溶性维生素

(1)维生素 A　维生素 A 为合成视紫红质所必需,对保持各种器官系统的黏膜上皮组织的健康及其正常生理功能,维持机体生长、发育和正常的繁殖功能具有重要作用。维生素 A 缺乏症的表现为上皮组织皮质化,食欲减退,进而多泪、角膜炎、角膜软化、干眼病、角膜云翳,有时会发生永久性失明。妊娠母牛缺乏维生素 A 会发生流产、早产、胎衣不下,产出死胎、畸形胎儿或瞎眼犊牛。荷斯坦牛血浆中维生素 A 的含量若低于 0.2 毫克/升,可认为已存在缺乏症,当含量降至 0.1 毫克/升时,标志着肝脏中贮存的维生素 A 已减少到临界点。

维生素 A 只存在于奶牛体内,主要来源于植物性饲料中的维生素 A 的前体物质(β-胡萝卜素),可在奶牛体内转化为维生素 A。但一般情况下转化率很低,而且植物性饲料的维生素 A 含量受到植物种类、成熟度和贮存时间等多种因素的影响,变异幅度很大,以脱水苜蓿含量最高,其次是晒干苜蓿、牧草、胡萝卜、红色甘薯、黄色玉米。因此,在大多数情况下,尤其是在高精料日粮、高玉米青贮日粮、低质粗饲料日粮、饲养条件恶劣和免疫功能降低的情况下,都需要额外补充维生素 A。

维生素 A 的单位为单位(U),1 单位(U)=0.300 微克结晶视黄醇=0.344 微克维生素 A 醋酸酯=0.550 微克维生素

A 棕榈酸酯＝0.358 微克维生素 A 丙酸酯。

以日粮干物质为基础计，奶牛对维生素 A 的需要量为 3 200～4 000 单位/千克饲料。不同阶段奶牛需要量不同，犊牛的维生素 A 需要量为 3 800 单位/千克饲料，生长牛为 2 000单位/千克饲料，干奶牛和泌乳牛为 4 000 单位/千克饲料。维生素 A 的安全限量为 66 000 单位/千克饲料。

（2）维生素 D　维生素 D 包含维生素 D_2 和维生素 D_3。维生素 D_2 是由植物油和酵母中的麦角固醇，经紫外线照射后转变而成的。维生素 D_3 是由动物和人皮肤内贮存的 7-脱氢胆固醇（维生素 D_3 原）经日光或紫外线照射后转变而成的，两者结构相似，作用相同。

维生素 D 的主要功能是促进钙的吸收，维持血液中钙、磷状况的稳定，有利于钙、磷在骨中沉积，促进骨组织钙化，保持骨骼和牙齿正常生长，增强体液免疫功能。正常血液中的维生素 D 的浓度为 1～2 毫克/毫升，维生素 D 缺乏会降低奶牛维持体内钙、磷平衡的能力，导致血浆中钙、磷浓度降低，犊牛出现佝偻病、关节粗大，成年奶牛常出现骨软病、跛足病和骨折等疾病。

通常在采食晒制干草和接受足够太阳光照射的条件下，奶牛一般不缺乏维生素 D，青绿饲料、玉米青贮料和人工干草的维生素 D 含量也比较丰富，一般不需额外添加。但高产奶牛、干奶牛和公牛需要补充，以提高产奶量和繁殖性能。

维生素 D 的单位为单位，1 单位（U）＝ 0.025 微克维生素 D_3（晶体）。美国科学院全国研究理事会（NRC）2001 年发布的奶牛饲养标准建议泌乳牛日粮的维生素 D 添加水平为 11 000～12 000 国际单位/千克干物质，而犊牛、生长牛分别为 6 000 和 3 000 国际单位/千克干物质，一般奶牛日粮中的维生素 D 不低于 1 000 国际单位/千克干物质,每头牛每天的摄入量为 5 000～6 000 国际单位。

(3)维生素 E　维生素 E 是一系列称为生育酚的脂溶性化合物的总称,其中 α-生育酚的活性最强。维生素 E 的主要功能是维持生殖器官正常功能,增加卵巢重量,促进卵泡的成熟,使黄体增大,抑制孕酮在体内氧化,从而增加孕酮的作用。此外,维生素 E 具有抗氧化作用,参与细胞膜维护、花生四烯酸的代谢以及增强嗜中性粒细胞和巨噬细胞的免疫功能等。

维生素 E 缺乏可以引起生殖障碍、红细胞溶血、胚胎发生缺陷、产乳热和免疫力下降、白肌病等。在奶牛分娩前后,日粮添加或注射维生素 E 可增强免疫功能。当硒充足时,给干奶期的奶牛添加维生素 E 可降低胎衣不下、乳腺感染和乳房炎的发生率。

饲料中维生素 E 的含量变化很大,新鲜牧草可达 40～118 微克/千克干物质。植物收割后,α-生育酚的浓度迅速下降;延长暴露在空气和阳光中的时间进一步加剧了维生素 E 活性的损失。精料含维生素 E 很少,加热处理大豆几乎破坏了所有 α-生育酚。因此,奶牛饲料中需要添加维生素 E,常用于奶牛的商品维生素 E 添加剂是 DL-α-生育酚乙酸酯。1 单位(U)＝ 1 毫克 DL-α-生育酚醋酸酯。

奶牛维生素 E 的含需要量视不同的生长阶段和生产状态而定,一般奶牛日粮中维生素 E 的含量为 80 单位/千克干物质,每天每头的采食量不低于 1 000 单位。对以新鲜饲草为基础的日粮(鲜草占日粮干物质的 50%),维生素 E 的添加量可减少 60%;当奶牛体内硒缺乏、饲喂保护性不饱和脂肪酸、免疫功能低下(分娩前后)时,应增加维生素 E 的添加量。

2. 水溶性维生素　所有年龄的牛对水溶性维生素都有

生理的需求,但由于瘤胃微生物能够合成绝大部分水溶性维生素(生物素、叶酸、烟酸、泛酸、维生素 B_6、核黄素、维生素 B_1、维生素 B_{12}),而且大部分饲料中这些维生素的含量都很高,因此奶牛真正缺乏这些维生素的情况很少见。犊牛哺乳期间,水溶性维生素可以通过牛奶补充,而使用代乳料或早期断奶时,需要补充水溶性维生素。

(1)生物素 生物素是羧化反应中许多酶的辅助因子,可减少奶牛跛足病的发生。正常情况下,瘤胃微生物能够合成生物素,瘤胃液中生物素的浓度可超过 9 微克/升。在日粮精料比例大时,瘤胃酸度增加,从而抑制了瘤胃合成生物素,此时可能需要添加生物素。日粮中生物素的添加量为 1~2 毫克/千克干物质。

(2)烟酸 烟酸是脱氢酶的辅酶,在线粒体呼吸链和碳水化合物、脂类与氨基酸的代谢过程中具有重要作用。对犊牛而言,烟酸是必需的维生素,代乳料中的建议添加量为 2.6 毫克/千克(按干物质计)。成年牛的瘤胃能合成足够的烟酸,但奶牛在泌乳早期由于产后食欲减退、瘤胃合成不足和产奶需要量大等因素,可能需要补充烟酸。对于高产奶牛,建议于产前 2 周至产后 8~12 周期间每天补充 6~12 克烟酸。此外,烟酸具有抗酯解活性,对预防和治疗脂肪肝和酮病有作用,对患酮病牛的预防量为每天 6 克,治疗量为每天 12 克。

(3)胆碱 胆碱在体内的作用主要是作为甲基供体,缺乏症包括肌无力、脂肪肝、肾出血等。目前估计犊牛对胆碱的需要量为 1 000 毫克/千克(按采食干物质计)。无论是天然存在于饲料中还是以氯化胆碱形式添加到日粮中的胆碱,在瘤胃都被大量降解,小肠几乎检测不到胆碱。因此,补饲未加保护的胆碱一般没有效果。但在日粮蛋氨酸缺乏的情况下,胆碱可以在瘤胃微生物合成蛋氨酸时提供甲基,从而对奶牛生产具有潜在价值。饲喂经过保护的胆碱或瘤胃后灌注胆碱的饲料中每天胆碱的补充量为 15～60 克/天·头。奶牛各生产阶段维生素需要量见表 4-12。

(七)水的需要

1. 水的营养作用　水是生命之源。奶牛生产的所有过程都需要水的参与,机体每天需要大量的水维持生命活动、产奶、为胚胎发育提供体液环境等,各种物质在牛体内的溶解、吸收、运输,以及代谢过程所产生的废物和排泄,体温的调节等均需要水。水占奶牛体重的 65%,牛奶中含水量达 85% 以上。1 头日产奶 20 千克的奶牛,日需水量 50～70 升。因此,科学合理的饮水对奶牛的生命活动、产奶性能具有重要意义。

2. 奶牛的饮水量　奶牛的饮水量受干物质采食量、气候、日粮组成、水质和生理状况等多种因素的影响。奶牛每天的需水量按如下公式计算。

水的需要量(千克/天)＝15.99＋1.58×日干物质采食量(千克)＋0.9×日产奶量(千克)＋0.05×日食盐摄食量(克)＋1.2×日最低温度(℃)

饮用水的温度对奶牛的饮水行为和生产性能有一定影响,在可以自由选择水温的情况下,奶牛愿意饮用温度适中的水(17℃～28℃),而不喜欢饮过凉和过热的水。

3. 保证饮水卫生　水质的好坏不仅影响奶牛的饮水量和生产性能,而且影响牛奶品质和胎儿生长发育,严重的还损害人的健康。因此,一定要保证奶牛的饮水卫生。

表 4-12　不同生产阶段奶牛日粮中各种维生素的需要量

种　类	干奶前期(停奶~产前)	干奶后期(产前 21~产犊)	新生母牛 (0~21)	泌乳早期 (22~80)	泌乳中期 (80~120)	泌乳后期 (>200)
维生素 A(单位)	100000	1000	110000	100000	50000	50000
维生素 D(单位)	30000	3000	35000	30000	20000	20000
维生素 E(单位)	600	1000	800	600	400	200
生物素(毫克/千克)	2.0	3.0	1.0	3.0	3.0	3.0
烟　酸(克/天)	8	10	2.6	12	10	7
胆　碱(克/天)	15	30	1.0	60	50	40

（1）水源清洁无污染　奶牛场的水源应避开农药厂、化工厂、屠宰场等。水源最好是自来水。无自来水，可选井水、河水为水源。选用河水时，需对水进行沉淀、消毒后方可饮喂。一般每立方米水加 6～10 克漂白粉或 0.2 克百毒杀处理；选井水时，最好是深井水，水井应加盖密封，防止污物、污水进入。

（2）水质符合卫生要求　水的质量一般要求符合饮用水的要求，每毫升水中大肠杆菌数不超过 10 个，pH 值 7～8.5，水的硬度在 10°～20° 等。为确保水质良好，应经常对饮水进行监测。高氟地区，可在饮水中加入硫酸铝、氢氧化镁以降低氟含量。

重金属盐和有害化合物对奶牛有较大危害。水中亚硝酸盐过高会影响奶牛生长，出现繁殖障碍，引起流产，严重情况下会造成窒息。奶牛饮用水中的有毒有害物质和污染物的安全剂量见表 4-13。

表 4-13　奶牛饮用水中常见的有毒有害物质和污染物的安全剂量

项　目	上限值（毫克/升）	项　目	上限值（毫克/升）
铝	0.5	铅	0.015
砷	0.05	锰	0.05
硼	5.0	汞	0.01
镉	0.005	镍	0.25
铬	0.1	硒	0.05
钴	1.0	矾	0.1
铜	1.0	锌	5.0
氟	2.0		

来源：NRC(2001)

（3）加强饲养管理，保证饮水器具卫生　饮水器具应保持清洁卫生,每天冲刷,定期消毒。尤其夏季更应注意保持清洁卫生,防止微生物孳生,水质变坏。另外,运动场上的水槽卫生情况也不能忽视,也要每天进行冲洗,定期消毒。

三、奶牛的日粮配合

日粮是奶牛 1 天精、粗饲料的总和。奶牛饲料成本占鲜奶生产成本的 60% 以上,因此必须重视奶牛的日粮配合。

(一)日粮配合原则

1. 要满足奶牛的营养需要 配合日粮首先要根据奶牛营养标准和奶牛的实际生产水平,满足奶牛的营养需要,尤其是能量和蛋白质的需要。一般计算干物质(千克)、产奶净能(兆焦)或奶牛能量单位(NND,1NND=3.138 兆焦的产奶净能)、粗蛋白质(克)、钙(克)、磷(克)的含量。

2. 要营养平衡,精粗比例适当 配合日粮既要满足能量的需要,又要满足蛋白质、矿物质、微量元素和维生素的需要,各种营养物质的比例要平衡。否则,会造成不足或浪费。不仅要注意不同营养物质之间的比例,同时还要注意同一类营养物质之间的比例。即:合理的精、粗干物质比(45~60∶55~40),合理的干草、青贮干物质比(50∶50),合理的钙、磷比(1.3~2∶1)。

3. 原料要优化组合 组成日粮的饲料要尽可能多样化,一方面既要选择营养价值高的优质原料,另一方面又要选择廉价易得的农副产品加工的下脚料,尽可能多地使用不同饲料种类,使不同种类饲料的营养成分相互弥补,达到优化组合的目的。

4. 适口性要好 配合日粮时尽可能选择奶牛喜食的原

料,配合好的日粮要适合奶牛的口味。

5. 体积要适当　配合日粮要有适当的能量浓度,既要满足奶牛的营养需要,又要考虑日粮的体积,保证干物质的充分摄入,使奶牛产生饱腹感,不致食后使奶牛感到腹空或过饱。一般干物质的采食量不低于体重的 2.5%,粗纤维含量不低于日粮干物质的 13%,以 15%~24%为宜。

6. 成本要低　为降低日粮成本,在保证质量的前提下,根据当地的资源特点,尽可能选择价格低廉的饲料原料。

7. 对产品无不良影响　奶牛配合日粮所用原料要保证质量,不喂有毒、有害、发霉、腐败、变质的饲料。

(二)日粮配合方法

奶牛日粮有多种配合方法,如通过计算机进行线性规划求解法、试差法等。在进行日粮配合前首先要了解奶牛的采食量和所处的产奶阶段,然后从奶牛的饲养标准中查出每天每头牛的营养需要量,再从奶牛常用饲料的成分与营养价值表中查出现有饲料的营养成分,根据营养成分进行计算,合理进行搭配,配成符合奶牛营养需要的平衡日粮。

1. 手工计算法　手工计算法首先应了解奶牛的生产水平或生长阶段,掌握奶牛的干物质采食量,查出每天的养分需要量,随后选择饲料,配合日粮。常用的手工计算法为试差法。

例,1 头体重 600 千克,日产奶 20 千克(乳脂率 3.5%)的奶牛,现有苜蓿干草、青贮玉米、豆腐渣、玉米、小麦麸、棉籽饼、磷酸氢钙、过磷酸钙、小苏打和食盐等饲料。下面介绍手工计算日粮配制的方法步骤。

第一步:查奶牛营养需要表(重点是能量、粗蛋白质、钙、磷)。依据《奶牛饲养标准》(中华人民共和国农业部,NY/

T34—2004)(见附录一),结果如表 4-14。

表 4-14 查得的奶牛营养需要量

项　目	奶牛能量单位 （NND/天）	可消化粗蛋白质 （克/天）	钙 （克/天）	磷（克/天）
维持需要	13.73	364	36	27
产奶需要	18.60	1060	84	56
合　计	32.33	1424	120	83

　　第二步：从附录二中查出所用饲料的营养成分含量，结果如表 4-15。由于饲料的含水量差别很大，不同含水量的饲料设计配方时的计算非常复杂，为了便于计算，先把饲料的营养成分含量都校正到干物质水平，即饲料的含水量为零时的营养成分含量。因此，饲料配方中的营养成分（奶牛能量单位、可消化粗蛋白质、钙、磷）均是以干物质为基础。

表 4-15 所用饲料的营养成分含量

饲料名称	原样中 干物质 （%）	奶牛能量单位 （NND/千克）	可消化粗 蛋白质 （克/千克）	钙 （克/千克）	磷 （克/千克）
玉米青贮	22.7	1.59	42	4.4	2.6
苜蓿干草	91.3	1.76	98	23.6	2.2
青干草	90.8	1.38	38	4.5	2.1
豆腐渣	11.0	2.82	195	4.5	2.7
玉　米	88.0	2.67	63	0.2	2.4
小麦麸	88.6	2.16	98	2.0	8.8
棉籽饼	84.4	1.77	159	9.2	7.5
豆　饼	90.6	2.91	308	3.5	5.5

注：表中营养物质含量以干物质为基础。

第三步:计算奶牛食入粗饲料中的营养物质量。

先根据经验配粗饲料的用量。每天饲喂玉米青贮23千克(干物质5.22千克),苜蓿干草2.5千克(干物质2.28千克),青干草3千克(干物质2.72千克)、豆腐渣4千克(干物质0.44千克),可获营养物质量见表4-16。

表4-16 奶牛食入粗饲料中的营养物质量

饲料名称	添加量 (千克/天)	干物质 (千克/天)	奶牛能量 单位 (NND/天)	可消化粗 蛋白质 (克/天)	钙 (克/天)	磷 (克/天)
玉米青贮	23	5.22	8.30	219.28	22.97	13.57
苜蓿干草	2.5	2.28	4.02	223.69	53.87	5.02
青干草	3	2.72	3.76	103.51	12.26	5.72
豆腐渣	4	0.44	1.24	85.80	1.98	1.19
粗料合计	32.5	10.56	17.01	610.83	90.58	25.21
需要量	—	—	2.33	1424	120	83
差 额	—	—	−15.01	−791.72	−28.92	−57.50

第四步 用精料补充不足的营养。精料的量为8千克,初步拟订精料配方为:玉米4千克(干物质3.52千克)、小麦麸1.5千克(干物质1.33千克)、棉籽饼1千克(干物质0.84千克)、豆饼1.5千克(干物质1.36千克)。其营养成分见表4-17。

表 4-17　补充精料的营养成分

饲料名称	添加量 （千克/天）	干物质 （千克/天）	奶牛能量单位 （NND/天）	可消化粗蛋白质 （克/天）	钙 （克/天）	磷 （克/天）
玉　米	4	3.52	9.40	221.76	0.70	8.45
小麦麸	1.5	1.33	2.87	130.24	2.66	11.70
棉籽粕	1	0.84	1.49	134.20	7.76	6.33
豆　饼	1.5	1.36	3.95	418.57	4.76	7.47
精料合计	8	7.16	18.03	926.22	16.38	34.24
粗料合计	32.5	10.56	17.01	610.83	90.58	25.21
总营养	40.5	17.72	35.04	1537.05	106.96	59.45
需要量	—	—	32.33	1424	120	83
差　额	—	—	2.71	113.05	−13.04	−23.55

　　第五步，调整精饲料使满足能量和蛋白质的需要。经过计算得知能量超出 2.71NND/天、可消化粗蛋白质超过 113.05 克/天，钙、磷分别欠缺 13.04 克/天和 23.55 克/天。这种情况下，暂时不考虑钙、磷的情况，先调整精饲料的用量使其满足能量和蛋白质的需要。

　　经过反复调整，当玉米的用量调整至 3.43 千克，小麦麸的用量调整至 1.01 千克、棉籽粕的用量调至 1.02 千克、豆粕的用量调至 1.35 千克时，能量和可消化粗蛋白质基本接近需要量，能量超过需要量 0.06 NND/天，可消化粗蛋白质欠缺 0.27 克/天。如果再进行调整，不仅运算量大，而且结果偏离需要量更大，就此固定精饲料的量（表 4-18）。

表 4-18 调整能量和可消化粗蛋白质

饲料名称	添加量 (千克/天)	干物质 (千克/天)	奶牛能量 单位 (NND/天)	可消化粗 蛋白质 (克/天)	钙 (克/天)	磷 (克/天)
玉 米	3.43	3.02	8.06	190.16	0.60	7.24
小麦麸	1.01	0.89	1.93	87.70	1.79	7.87
棉籽粕	1.02	0.86	1.52	136.88	7.92	6.46
豆 饼	1.35	1.22	3.56	376.71	4.28	6.73
精料合计	6.81	6.1	15.38	812.9	15.09	28.60
粗料合计	32.5	10.56	17.01	610.83	90.58	25.21
总营养	39.31	16.66	32.39	1423.73	105.67	53.81
需要量	—	—	32.33	1424	120	83
差 额	—	—	0.06	−0.27	−14.33	−29.19

第六步,添加磷酸钙、磷酸氢钙、过磷酸钙,调整钙、磷的含量,以满足钙、磷的需要。

一般用磷酸钙(含钙 38.7%、磷 20%)、磷酸氢钙(含钙 23.2%、磷 18%)、过磷酸钙(含钙 15.9%、磷 24.6%)来调整饲料中钙、磷的含量。在上述饲料配方中,存在钙多磷少的现象,需要用过磷酸钙来弥补磷的不足,经计算调试,当过磷酸钙添加 0.118 千克时,钙、磷含量分别为 124.43 克和 82.84 克,基本接近营养需要(表 4-19)。

表 4-19　调整矿物质(钙、磷)

饲料名称	添加量 (千克/天)	干物质 (千克/天)	奶牛能量 单位 (NND/天)	可消化粗 蛋白质 (克/天)	钙 (克/天)	磷 (克/天)
玉　米	3.43	3.02	8.06	190.16	0.60	7.24
小麦麸	1.01	0.89	1.93	87.70	1.79	7.87
棉籽粕	1.02	0.86	1.52	136.88	7.92	6.46
豆　饼	1.35	1.22	3.56	376.71	4.28	6.73
过磷酸钙	0.118	0.12	—	—	18.76	29.03
精料合计	6.93	6.22	15.38	812.9	33.85	57.63
粗料合计	32.5	10.56	17.01	610.83	90.58	25.21
总营养	39.43	16.78	32.39	1423.73	124.43	82.84
需要量	—	—	32.33	1424	120	83
差　额	—	—	0.06	−0.27	4.43	−0.16

　　第七步,补充添加剂。当能量、可消化粗蛋白质、钙、磷满足需要后,再考虑其他添加剂。食盐一般以占精料的 2% 计算,为 139 克;小苏打按占精料的 2% 计算为 139 克,除此之外,奶牛还需要铜、铁、锌、锰、碘、钴、硒等微量元素以及维生素 A、维生素 D、维生素 E 等维生素,从预混料中获得,预混料按精料的 1% 计算为 69 克。

　　按照上述步骤配出的体重 600 千克、日产奶 20 千克(乳脂率 3.5%)的奶牛日粮结构如下(表 4-20)。

表 4-20　体重 600 千克、日产奶 20 千克的奶牛日粮结构

饲料名称	添加量（千克/天）	干物质（千克/天）	奶牛能量单位（NND/天）	可消化粗蛋白质（克/天）	钙（克/天）	磷（克/天）
玉米青贮	23	5.22	8.30	219.28	22.97	13.57
苜蓿干草	2.5	2.28	4.02	223.69	53.87	5.02
青干草	3	2.72	3.76	103.51	12.26	5.72
豆腐渣	4	0.44	1.24	85.80	1.98	1.19
玉　米	3.43	3.02	8.06	190.16	0.60	7.24
小麦麸	1.01	0.89	1.93	87.70	1.79	7.87
棉籽粕	1.02	0.86	1.52	136.88	7.92	6.46
豆　饼	1.35	1.22	3.56	376.71	4.28	6.73
过磷酸钙	0.118	0.12	—	—	18.76	29.03
小苏打	0.139	—	—	—	—	—
食　盐	0.139	—	—	—	—	—
1%预混料	0.069	—	—	—	—	—
总　计	39.78	17.13	32.39	1423.73	124.43	82.84
需要量	—	—	32.33	1424	120	83
差　额	—	—	0.06	−0.27	4.43	−0.16

　　手工设计奶牛饲料配方需要有一定的经验，过程繁琐，运算量大，而且不易做到太精确，只有非常有经验的人才能灵活运用。随着电脑的普及，设计奶牛饲料配方已相当简化。

　　用电脑设计配方可以购买专用的配方软件设计饲料配方，也可用电脑上的 Excel（制表软件）设计配方。

2. 不同情况下的日粮调整

(1)瘤胃酸中毒、真胃移位　合理搭配精、粗比例,适当添加缓冲盐,确保瘤胃功能正常。

(2)产量未达到要求或产量下降速度快　说明日粮结构中饲料的营养无法满足奶牛的需要。可增加干物质采食量,提高碳水化物和蛋白质的含量,也可以在饲料中加入过瘤胃脂肪以增加能量。

(3)乳脂率低　预示饲料组成、饲料物理形式不当或瘤胃功能紊乱。可以降低精料采食量,增加粗纤维水平;注意纤维长度(1.5~2.5厘米),中性洗涤纤维必须保持在 19%~21%以上。

(4)乳蛋白低　可提高干物质采食量,增加饲料中蛋白质含量特别是注意过瘤胃蛋白质中氨基酸的组成。

(5)体膘过瘦　集中饲养,提高饲料能量浓度,注意精、粗比例。

(6)体膘过肥　集中饲养,增加粗饲料喂量,减少精饲料喂量或降低精饲料浓度,调低精、粗比例。

(7)血液中矿物质钙、磷含量失调　调整日粮中钙、磷的含量和比例。一般钙、磷的比例为 1.5~2∶1。

(8)高温季节　提高饲料浓度,减少含粗纤维高的饲料;添加缓冲盐如碳酸钾或氯化钾,每头每天 80 克,碳酸氢钠每头每天 100~150 克。调整每日三槽饲喂量,早、晚高些,中槽比例少些。

(9)冬季天气突变时(温度骤降)　可临时增加能量饲料以缓冲应激程度。

3. 建议精饲料配方　精饲料对于奶牛来说是重要的组成部分,既要满足奶牛的营养需要,又要利用农村现有的饲料原料,降低奶牛饲料成本。现推荐奶牛各阶段的精料配方见表 4-21。

4-21 奶牛各个阶段推荐饲料配方 （%）

饲料名称	犊牛	泌乳盛期			干奶期
		配方 1	配方 2	配方 3	
玉　米	40	44	48	50	60
豆　饼	10	-	25	35	10
胡麻饼	-	29	-	-	-
小麦麸	18	24	22.1	10	16
大麦或燕麦	30				6
高　粱	-			-	6
磷酸氢钙	1	3	2.9	3	-
食　盐	1	每天每头另加150克	2	2	2

注:玉米、燕麦等均粗磨

鉴于奶牛不同生产阶段日粮配合技术性较强,尤其是精饲料配合更是讲究,建议农户直接用正规生产厂家生产的奶牛浓缩料,然后再加上自有的粗饲料或能量饲料,如青贮料、氨化饲料、干草、玉米、小麦麸、豆粕等即可配成奶牛的全价日粮。

四、全混合日粮(TMR)

(一)TMR 技术的必要性及优点

随着奶牛养殖对效益的追求,奶牛养殖的方式也在逐渐向规模化、集约化方向转化,大多数城郊农村奶牛养殖向着规模化养殖发展。但是规模化养殖也带来一些问题:一是饲喂奶牛的劳动强度大；二是不同阶段奶牛要求不同营养水平的日粮，传统的日粮配制工艺难以达到奶牛营养浓度的理论要求，尤其是微量元素和维生素，很难达到均匀一致，人工添加精饲料的喂法更加剧了这种误差，采食微量元素或维生素多的奶牛，可能引起中毒，采食少的可能引起缺乏症，严重的甚至引起不孕不育等疾病；三是奶牛疾病发生率高，人工饲喂精料集中饲喂，容易造成个别奶牛采食过量精料，导致瘤胃酸中毒、真胃移位等消化道疾病及代谢疾病，而精料采食不足则影响奶牛正常生产性能的发挥；四是由于饲料传统加工工艺的缺陷，容易造成奶牛挑食，一方面奶牛所食饲料不能满足生产需要，另一方面造成部分饲料浪费。TMR 技术的出现使以上问题迎刃而解。

所谓 TMR，是英文 Total Mixed Ration 的缩写，中文意思是全混合日粮。是根据不同阶段奶牛的营养需要，在特制的饲料加工设备里将奶牛所需要的粗料、精料、矿物质、维生素和其他添加剂充分混合，使所有的营养物质浓度达到均匀一致，为奶牛提供精、粗比例稳定的全价日粮，满足不同阶段奶牛的生产需要。TMR 技术是现代奶牛养殖当中先进的饲料加工和饲喂技术，在以色列、美国、意大利、加拿大等奶业发达国家已经普遍使用，我国也有少数奶牛场使用，在减轻劳动强度、提高生产效率方面取得了显著的成效。采用 TMR 技术具有以下几方面的优点。

第一，减小工人劳动强度，提高劳动效率。采用 TMR后，工作人员只需将各种饲料原料（精料、粗料和其他饲料）按量装入 TMR 搅拌机即可，搅拌后的日粮用车辆直接分发到奶牛饲槽，不需饲养员用车运输和发放，工人的劳动强度大大降低。TMR 搅拌机拌制一批饲料只需几分钟时间，大大缩短了劳动时间,提高了劳动效率。此外,减少了饲养人员人数,降低了管理成本。

第二,增加奶牛干物质的采食量。TMR 技术将粗饲料切短后再与精料混合,改善了日粮的适口性,增加了奶牛的采食量,还可以避免奶牛对某一特殊饲料的挑食。

第三,可提高奶牛产奶量。研究表明,饲喂 TMR 的奶牛,每采食 1 千克日粮干物质可多产奶 5%～8%,奶牛年均产奶量增加 10%左右。

第四,提高牛奶质量。饲料质量的好坏又直接影响奶品的质量。饲喂 TMR 后,粗饲料、精饲料和其他饲料被均匀地混合,奶牛瘤胃 pH 值保持稳定,为瘤胃微生物创造了一个良好的生存环境,促进微生物的生长、繁殖,提高微生物的活性和蛋白质的合成率,乳脂肪和乳蛋白含量增加。

第五,降低疾病发生率。瘤胃健康是奶牛健康的保证,使用 TMR 后精、粗饲料均匀一致,各种营养成分比例均衡,瘤胃内环境稳定,减少真胃移位、酮血症、产褥热、酸中毒等营养代谢病的发生。此外,TMR 是按照日粮中规定的比例完全混合的,减少了偶然发生的微量元素、维生素的缺乏或中毒现象。

第六,提高奶牛繁殖率。泌乳高峰期的奶牛采食高能量浓度的全混合日粮,可以在保证不降低乳脂率的情况下,维持奶牛健康体况,有利于提高奶牛受胎率及繁殖率。

第七,节省饲料成本。全混合日粮使奶牛不能挑食,营养素能够被奶牛有效利用,与传统饲喂模式相比饲料利用率可提高 4%。TMR 调制技术还能够掩盖饲料中适口性较差但价格低廉的工业副产品或添加剂的不良影响,拓展饲料资源,节约饲料成本。

(二)TMR 设备的不同类型

1. 行走式　分为立式和卧式两种。由动力牵引机车和饲料搅拌机组成。使用时自动装料系统按添加顺序分别装载各饲料原料,在搅拌机里进行搅拌、混合,然后由机车牵引给奶牛投放饲料,投放饲料由设在搅拌机两侧的饲料自动出口,把饲料均匀地投放到料槽里(图4-5)。

图 4-5　行走式 TMR 日粮混合车

2. 相对固定式　分为立式和卧式两种。搅拌机固定,由人工或装载机把各种饲料原料运至搅拌机处,装料由人工和自动传送带完成。工作时按饲料添加顺序将各种饲料依次加入到搅拌机,在搅拌机里混合,搅拌完毕的饲料由出料口放出,由传送带装入运输车辆(自动翻卸的农用车或三轮车),再由运输车辆运送到牛舍饲料道进行人工投放,或先将搅拌好的饲料暂时存放在贮料间,饲喂时由人工进行投放(图4-6)。

图 4-6　固定 TMR 日粮混合机(卧式)

(三)TMR 的制作技术

1. 添加顺序　遵循先干后湿、先精后粗、先轻后重的原则,一般为精料、干草、副饲料、全棉籽、青贮、湿糟类等。如果是立式搅拌车,应先加粗料后加精料。

2. 搅拌时间　适宜的搅拌时间以确保搅拌后全混合日粮中至少有 20%的粗饲料长度大于 3.5 厘米为准。一般情况下,最后一种饲料加入后搅拌 5~8 分钟即可。

3. 感官效果评价　精、粗饲料混合均匀,松散不分离,色泽均匀,新鲜不发热,无异味,不结块。

4. 水分控制　全混合日粮水分控制在 45%~55%。

5. 注意事项

第一,根据搅拌车的说明,掌握适宜的搅拌量,避免过多装载,影响搅拌效果。通常装载量占总容积的 60%~75%为宜。

第二,严格按日粮配方,保证各组分精确给量,定期校正计量控制器。

第三,根据青贮及副饲料等的含水量,掌握控制全混合日粮水分。

第四,添加过程中,防止铁器、石块、包装绳等杂质混入搅拌车,造成车辆损伤。

(四)提高 TMR 饲喂效果的技术要点

第一,奶牛每天至少 21 小时能吃到饲料,以提高饲料摄入量。

第二,TMR 饲喂时应有大约 5%～10% 的剩料,以提高泌乳奶牛的采食量。剩料可喂给月龄大的青年母牛。

第三,确保饲料称量准确,不要图省事。

第四,剩料应每周至少称重 1 次,以确定是否存在足够的剩料。

第五,如果青贮玉米占了粗料的 30%,则 1 天至少应饲喂 2 次,尤其在炎热的夏天。

第六,定时拌料能刺激奶牛采食,增加采食量。

第七,搅拌时间不宜过长,否则将会使粗饲料长度被打得过短,不利于瘤胃健康。

第八,混合机加料占容积的 60%～75% 为宜,加得太满影响搅拌效果。

第九,根据混合机操作规程要求,调整各种原料的加料次序。

第十,定期对混合机进行维护,以确保混合质量。

第十一,开始实施全混合日粮饲喂时,不要过高估计奶牛的干物质采食量,否则将导致日粮中养分浓度不足。开始配制全混合日粮时比预期干物质采食量低 5%,然后慢慢提高到有 5% 剩余料为止。

(五)分群及各群全混合日粮调配

1. 分群方案　全混合日粮饲养工艺的前提是必须实行分群管理。合理的分群对保证奶牛健康、提高牛奶产量以及科学控制饲料成本等都十分重要。对规模牛场来讲,根据不同生长发育及泌乳阶段奶牛的营养需要,结合 TMR 工艺的操作要求制定相应的分解方案。

2. 全混合日粮的调配

第一,根据不同群别的营养需要,考虑全混合日粮制作的方便性。一般要求调制 5 种不同营养水平的全混合日粮。分别为:高产牛全混合日粮、中产牛全混合日粮、低产牛日粮、后备牛全混合日粮和干奶牛全混合日粮。在实际饲喂过程中,对围产期牛群、头胎牛群等,往往要根据其营养需要进行不同种类全混合日粮的搭配组合。

第二,对于一些健康方面存在问题的特殊牛群,可根据其健康状况和采食情况饲喂相应合理的全混合日粮或粗饲料。

第三,根据成年母牛规模和日粮制作的可行性,中、低产牛也可以合并为一群。

第四,头胎牛全混合日粮推荐投放量按成年母牛采食量的 85%～95%投放。具体情况根据各场头胎牛群的实际进食情况做出适当调整。

第五,哺乳期犊牛开食料指的是精料,要求营养丰富全面,适口性好。此外,还应给予少量全混合日粮,让其自由采食,引导其采食粗饲料。断奶后至 6 月龄以前主要供给高产牛的全混合日粮。

(六)饲喂管理要求

第一,奶牛要严格分群,并且有充足的采食位,牛只要去角,避免相互争斗。

第二,饲槽宽度、高度、颈枷大小适宜;槽底光滑,浅颜色。

第三,每天 2～3 次饲喂,固定饲喂顺序,投料均匀。

第四,经常查槽。观察日粮一致性和搅拌均匀度;观察牛只采食、反刍及剩料情况。

第五,每天清槽。剩料 3%～5% 为合适,合理利用回头草。夏季定期刷槽。

第六,不空槽、勤洗槽。如果投放量不足,要增加全混合日粮给量。切忌增加单一饲料品种。

第七,保持饲料新鲜度,认真分析采食量下降原因,不要马上降低投喂量。

第八,观察奶牛反刍。奶牛在休息时至少应有 40% 的牛只在反刍。

第九,传统拴系饲养方式,除舍内饲喂外,应增加补饲,延长采食时间,提高干物质采食量。

第十,采食槽位要有遮阳棚,暑期通过吹风、喷淋,减少热应激。

第十一,夏季成年母牛回头草直接投放给后备牛或干奶牛,避免放置时间过长造成发热变质。同时,避免与新鲜饲料二次搅拌引起日粮品质下降。

第五章　奶牛的饲养管理

按照奶牛的生理特点,可将奶牛分为后备牛和成年母牛,后备牛又分为犊牛期(初生～6月龄)、育成期(6～18月龄)和青年期(又叫初孕牛,18月龄至第一胎分娩)3个阶段;成年牛分为围产期、泌乳盛期、泌乳中期、泌乳后期、干奶期几个阶段。

不同阶段奶牛的生长速度不同。犊牛阶段生长快,以后随着年龄的增长,生长速度减慢,5岁以后的成年牛停止生长。不同阶段的生长重量为:初生重大约占成年牛体重的7%～8%,3月龄时达成年牛体重20%,6月龄达30%,12月龄达50%,18月龄达75%。5岁时生长结束。由此可以看出,3～12月龄的犊牛和育成牛体重增长最快,18月龄至5岁时体重增长较慢,仅增长25%左右。

饲养奶牛的收入,除生产母犊外,主要来自成年母牛的产奶量。奶牛产奶水平的高低取决于遗传和环境两个因素。遗传上的产奶潜力要变为现实的产奶量,必须不断提高饲养技术。因此,养奶牛户者应根据高产奶牛的生理特点,进行合理的饲养管理,以充分发挥母牛的产奶潜力,尽可能获得高的产奶量。

一、育成牛的饲养管理

犊牛从断奶后至产犊前称为育成牛。育成牛可分为小育成牛(7～12月龄)、大育成牛(13～18月龄)和青年牛(19～24月龄)。育成期母牛的性器官和第二性征发育很快,至12月龄已经达到性成熟。同时,消化系统特别是瘤、网胃的体积迅速增大,到配种前瘤、网胃容积比 6 月龄增大 1 倍多,瘤、网胃占胃总容积的比例接近成年。因此,要提供合理的饲养方法,既要保证饲料有足够的营养物质,以获得较高的日增重,又要具有一定的容积,以促进瘤、网胃的发育。这一时期的饲养管理对牛的生长发育和日后的生产性能关系极大。必须按不同年龄和发育特点正确饲养。

(一)育成牛的饲养

1. 7~12 月龄阶段 7~12 月龄是生长速度最快的时期,尤其在 6~9 月龄时更是如此。这一阶段,牛的瘤胃发育很快,瘤胃容积占胃总容积的 75% 以上,已接近成年牛容积,利用青粗饲料能力有明显提高,要充分利用这种能力加大粗饲料的喂量,以刺激瘤胃进一步发育。这个阶段也是身体发育的关键时期,短骨和扁平骨发育最快、变化最大的时期,体躯向高度、长度急剧生长。所以,养奶牛户要利用这一有利时机,加强饲养,获得较大的日增重。这个时期的饲养应注意两点,一是控制饲料中能量饲料的含量,如果能量过高会导致母牛过肥,大量的脂肪沉积于乳房中,影响乳腺组织发育和日后的泌乳量。二是控制饲料中低质粗饲料的用量,如果日粮中低质粗饲料用量过高,有可能导致瘤、网胃过度发育,而营养供应不足,形成"肚大、体矮"的不良体型。

因此,要供给全面的营养物质,日粮必须是以优质青粗饲料为主,一般来说,日粮中 75% 的干物质应来源于青粗饲料或青干草,25% 来源于精饲料,日增重应达到 700~800 克。中国荷斯坦牛 12 月龄理想体重为 300 千克,体高 115~120厘米,胸围 152 厘米。7~12 月龄育成牛的日粮配合如下。

7～8月龄,配合精饲料2千克,玉米青贮10千克,干草0.5千克。

9～10月龄,配合精饲料2.3千克,玉米青贮11千克,干草1.4千克(经过调制的秸秆占50%)。

11～12月龄,配合精饲料2.5千克,玉米青贮11.5千克,干草2千克(经过调制的秸秆占50%)。

精饲料组成可参考如下配方(表5-1),每日营养物质需要量见附表一。

表5-1　7～12月龄牛的精饲料推荐配方

饲料名称	组成比例(%)	饲料名称	组成比例(%)
玉　米	48	食　盐	1
豆粕(饼)	25	磷酸氢钙	1
棉籽粕(饼)	10	石　粉	1
小麦麸	10	添加剂	2
饲用酵母	2		

在正常饲养条件下,9～11月龄,体重可达250千克;11～12月龄体重达270千克左右,体高达113厘米,并出现首次发情。该阶段是性成熟时期,生殖系统发育很快,性器官和第二性征的发育很快,尤其是乳腺系统在体重150～300千克阶段发育最快。6～9月龄母牛卵巢上已出现成熟的卵泡,开始发情排卵。

2. 13月龄至初次配种的饲养　此阶段育成母牛消化器官的容积进一步增大,消化器官发育接近成熟,消化能力日趋完善,可大量利用低质粗饲料。同时,母牛的相对生长速度放缓,但日增重仍要求高于800克。配种前的母牛没有妊娠和产奶负担,而利用粗饲料的能力大大提高,所以只提供优质青粗饲料基本能满足其营养需要,少量补饲精饲料。此期饲养的要点是保证适度的营养供给,营养供给不能过剩,也不能营养不足。前者可使牛体过肥,不易受孕或造成难产;后者可使育成牛发育受阻,体躯狭浅,四肢细高,采食量少或延迟其发情和配种。因此,这个阶段饲养,仍然采用以优质干草和青贮饲料为主,适当补以精料的饲养方案。13~18月龄的日粮配合如下。

13~14月龄,配合精饲料2.5千克,玉米青贮13千克,干草2.5千克(调制的秸秆占50%),糟渣类2.5千克。

15~18月龄,配合精饲料2.5千克,玉米青贮13.2千克,干草3千克(调制的秸秆50%),糟渣类3.3千克。

此期配合精饲料参考配方见表5-2,每日营养物质需要量见附表一。

表5-2　13月龄至初次配种的精饲料推荐配方

饲料名称	比例(%)	饲料名称	比例(%)
玉米	48	食盐	1
豆粕(饼)	15	磷酸氢钙	1
棉籽粕(饼)	5	石粉	1
小麦麸	22	添加剂	2
饲用酵母	5		

14~15月龄育成牛正式进入体成熟时期,生殖器官的功能更趋健全,发育正常的育成牛,体重可达成年牛的70%~75%(350~400千克)。中国荷斯坦牛初配时的理想体重为350~400千克,体高122~126厘米,胸围158厘米。达到这样体重的育成牛即可进行第一次配种;但发育不好或体重达不到这个标准的育成牛,不要过早配种。否则,对育成牛本身

和胎儿的发育均会带来不良影响,并且难产率高。为了促使育成牛在配种时能增加体重,在预定配种日前 2 周,可补喂一些富含维生素 E 的青绿饲料或增加饲料中维生素 E 的含量,以促进发情。在整个育成期都应供给清洁、卫生的饮水,供育成母牛自由饮用。

(二)育成牛的管理

1. 分群饲养　转入育成舍后应分群喂养,保证公、母牛正常发育,培养温驯的性情和适时配种。要求 11~12 月龄达到性成熟,体重 270 千克左右,16~18 月龄体重达 340~380千克。日增重 600~700 克。

2. 加强运动　不论对犊牛、育成牛来说运动都很重要,可以锻炼肌肉和内脏器官,促进血液循环,加快骨骼生长和身体发育,培育高产健康母牛。育成牛每天运动时间不少于 4小时。

3. 刷拭　刷拭牛体可以保持牛体清洁卫生,促进皮肤血液循环,调节体温,促进新陈代谢,增强抗病能力,减少感冒等疾病的发生,增强奶牛的舒适感和对饲养人员信任感,减少应激,对奶牛的发育和增加产奶量有一定的帮助,还能促进人畜亲和,便于管理。刷拭方法:饲养员先站在左侧用毛刷由颈部开始,从前向后,从上到下依次刷拭,中后躯刷完后再刷头部、四肢和尾部,然后再刷右侧,每次 3~5 分钟(图 5-1)。刷下的牛毛应收集起来,以免牛舔食,而影响牛的消化。有条件的地方可以在奶牛运动场里安装挠痒刷(图 5-2),让奶牛自己挠痒净身。有试验资料表明,经常刷拭的牛可提高产奶量5%~8%。

4. 按摩乳房　奶牛是否高产,除了有良好的体况外,乳

图 5-1　刷拭牛体

图 5-2　在运动场里安装挠痒刷

房的发育很重要。妊娠后期乳房组织处在高度发育的阶段，按摩乳房对于乳腺的发育有利，可提高产奶量 10%～20%，促进人畜亲和，以防踢脚，对于初孕牛尤其重要。按摩乳房应从产犊前3个月开始，每天1次，每次5分钟。按摩方法：先用手由乳房下部向上按摩1～2分钟，再用温水（50℃～55℃）洗净，然后用干毛巾擦干，擦干后再用手由乳房下部向上按摩2～3分钟，一直到产前7天为止。在按摩乳房过程中切忌擦拭乳头，以免擦掉乳头周围的蜡状保护物（乳头塞）。

5. 增加光照 延长光照可以加快青年母牛生长发育的速度，促进体格的生长和体重的增加，并能促进乳房的发育。据试验，对处于初情期和性成熟的荷斯坦小母牛分别进行长光照（16小时光照，8小时黑暗）和短光照（8小时光照，16小时黑暗）处理，结果表明，其乳房上皮组织增长分别为68%和35%。

(三)母牛发情鉴定与适时配种

1. 母牛初配时间确定 母牛性成熟是母牛的性器官和第二性征发育完善，母牛的卵巢能产生成熟的卵子，交配后母牛能够受精，并能完成妊娠和胚胎发育的过程。奶牛性成熟的年龄一般在8～12月龄，体重约为成年牛的45%。但性成熟后的牛不能马上配种，因它自身尚处在生长发育中，此时配种不仅影响牛自身的生长发育和日后生产性能的发挥，而且还影响到犊牛的健康成长，难产比例高。所以，要等到牛体成熟后方可配种。有些养奶牛户在12～14月龄时配种的做法是不可取的。

体成熟是指母牛的骨骼、肌肉和内脏各器官已基本发育完成，而且具备了成熟时应有的形态和结构。体成熟晚于性成熟。当母牛在18月龄体重达到成年母牛体重的70%时，达到体成熟，可以开始配种。

牛的性成熟和体成熟，一方面取决于年龄，同时与饲养管理、气候条件、个体发育情况有关。一般饲养管理条件好的早于差的,气候温暖地区早于寒冷地区,所以确定母牛的初配时间要灵活掌握。奶牛的初配年龄,一般在 18 月龄左右,但配种也不能过迟,过迟往往造成以后配种困难,又影响了生产。所以,奶牛的初配时间应以体重(350～400 千克)为主要依据。

2. 母牛的发情周期 奶牛出现初情期后,除妊娠及分娩后 28 天内之外,正常母牛均会周期性地出现发情。从一次发情开始到下一次发情开始之间的时间,称为一个发情周期。荷斯坦牛的发情周期平均为 21 天,范围 18～24 天。正常母牛两次发情间隔时间是一定的。发情周期超过此范围(少于 16 天或多于 24 天),则视为异常,对此尤应注意。

为了及时给产后的母牛配种,缩短产犊间隔时间,要注意母牛产后的第一次发情。母牛经过妊娠、分娩,生殖器官发生了迅速而剧烈的变化,到重新发情、配种,母牛的生殖器官有一个恢复的过程,所以产后的第一次发情的时间不一致。在气温适宜,产后无疾病,饲养管理好的条件下,产后出现第一次发情的时间就短些。产后开始第一次发情时间,通常在 20～70 天的范围内。一般是在产后 40～45 天发情,有的在产后 25～30 天即开始第一次发情。如果产后 60～90 天还没有发现发情,就要对母牛的健康、营养状况、卵巢和子宫进行检查和治疗,预防空怀和不孕。有些牛在产后因身体虚弱,或是大量泌乳,出现只排卵而无明显的发情征状的隐性发情,特别是在高产牛中更为多见,有的牛群高达 45%。对到发情期而不发情的母牛,应加强卵巢内卵泡发育检查。

为了能达到每年 1 胎,就必须在产后的 85 天内受胎。在产后 20 天内恢复发情和配种的少数母牛,配种的受胎率只有

25％；产后 40～60 天配种的平均受胎率为 50％；产后在 60 天以上配种的受胎率约稳定在 60％左右。实行产后的早期配种，虽然增加了精液的消耗，但对缩短产犊间隔更有保证，能提高生产率。一般认为在产后的 40～50 天发情配种最为适宜。

3. 母牛的发情鉴定 发情鉴定是提高受胎率的关键。研究表明，90％的所谓不发情牛并非是真不发情，而是由于发情鉴定疏忽造成的。

（1）观察鉴定 通常奶牛发情持续 18 小时，根据外部表现可分为以下阶段。

① 发情早期 母牛刚开始发情，征状是鸣叫、离群，沿运动场内行走，试图接近其他牛，爬跨其他牛；阴户轻度肿胀，黏膜湿润、潮红，从阴户流出黏液，透明如蛋清样，不呈牵丝的黏液；嗅闻其他牛后躯，不愿接受其他牛爬跨，产奶量减少。

② 发情盛期 持续约 18 小时，特征是站立接受其他牛爬跨，爬跨其他牛，鸣叫频繁，表现兴奋不安、食欲不振或拒食，产奶量下降。黏液呈半透明、乳白色或夹有白色碎片，呈牵丝状。

③ 发情即将结束期 母牛表现拒绝接受其他牛爬跨，食欲正常，产奶量回升。发情结束后第二天可看到阴户有少量血性分泌物。这是母牛发情的最后征状，表明发情期已过。错过配种期的奶牛，等 16～19 天后奶牛再次发情时配种。但有的母牛此时配种还能怀孕。

（2）发情奶牛的鉴别 牛群中 1 头母牛与同群牛互相爬跨，被爬跨母牛不动，爬跨牛为发情牛或两者都为发情牛；1 头母牛后有 2 头以上母牛跟随，被跟随母牛为发情牛；1 头母牛被其他牛爬跨，表现出不安、向前走动，极力摆脱，拒绝等，该母牛不是发情牛,爬跨者为发情牛。

(3)发情鉴定的辅助方法　有的母牛发情表现不明显,要使用一些辅助方法。

① 指示包指示法　在母牛尾根部粘上发情指示包,粘有发情指示包的牛被其他牛爬跨时,指示包破裂,使牛尾部染色。

② 试情公牛　在母牛群里放入试情公牛,试情公牛经过特殊处理(阴茎异位术或结扎输精管及戴"颌下标记球")。试情公牛每5天肌内注射500毫克丙酸睾酮油剂1次,连注3次,在试情公牛的颌下带上"颌下标记球",标记球的贮液囊内有染液,当公牛接触或爬跨发情母牛时,将染液涂于母牛体上而被发现。

③仪器鉴定法　当观察某头奶牛有发情征状时,为了提高奶牛发情鉴定的准确率,可采用仪器检测帮助鉴定。该仪器是根据发情牛阴道内导电性能发生改变的原理发明的。使用时,将带环形电极的一端插入奶牛阴道内,打开电源开关,显示屏上显示阴道内的导电数值,根据显示数字就可以判断奶牛的发情阶段,该仪器大大提高了发情鉴定的准确率(图5-3)。

(4)注意事项　通过观察奶牛排出的黏液还可以判断奶牛子宫的状态。如排出的黏液呈半透明的乳胶状,挂于阴门或粘附在母牛臀部和尾根上,并有较强的韧性,为母牛妊娠的排出物;如流出大量红污略带腥臭的液体,为产后母牛排出的恶露;如排出大量白色块状腐败物,并有恶臭,为母牛产后胎衣不下腐烂所致;排出带黄色的污物或似米汤稀薄无牵丝状的白色污物,为患生殖道炎症的母牛。因此,要经常观察,发现情况,要查明原因,采取措施,使其尽快恢复正常或痊愈。

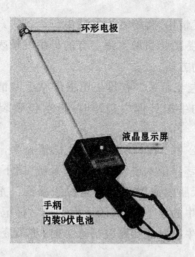

图 5-3 奶牛发情检测器

4. 配种时间

(1)最佳配种时间 母牛排卵以后,使卵子及时遇到活力旺盛的精子,就可以保证较高的受胎率。主要要求确定好排卵时间和配种时间。母牛发情期配种时间主要由以下因素决定:①排卵时间,发情结束后 5～15 小时排卵;②卵子保持受精能力时间,排卵后 6～12 小时;③精子在母牛生殖道内保持受精能力时间约为 24～48 小时。

有经验表明,在发情征状结束前 1 小时到结束前 3 小时范围内,其受胎率最高可达 93.3%,可见授精的最佳期只有 3～4 小时。因此,要使受胎率高,必须要使卵子和精子的新鲜度高,也就是说排卵后不久就使精子到达输卵管。以下情况之一应予输精:①母牛神态不安转向安定,发情表现开始减弱;②外阴部肿胀开始消失,子宫颈稍有收缩,黏膜由潮红变为粉红色或带有紫褐色;③卵泡体积不再增大,皮变薄有弹力,泡液波动明显。

大约 80％母牛的发情盛期持续 15～18 小时,发情结束后 10～17 小时排卵,所以一般认为母牛的正确配种时间应该是在发情结束或即将结束时进行。在实际工作中的经验是早上发情的牛在当天下午配种,下午发情的牛在第二天早上配种。如果一个发情期输精 1 次,一般在母牛拒绝爬跨后 6～8 小时内输精受胎率较高。如果一个发情期输精 2 次,可在母牛接受爬跨后 8～12 小时第一次输精,间隔 8～12 小时进行第二次输精。一般老弱母牛或在夏季炎热天气,配种时间相对提早,所以人们常说"老配早,少配晚,不老不少配中间"。

(2)产后最佳配种时间　母牛产后第一次配种时间既不宜过早又不宜过晚,如配种过早由于子宫的内环境还没有完全恢复,机体对疾病的抵抗力差,配种时可能因消毒不严而使子宫受到感染,会引起奶牛的难孕;如配种过晚不仅延长了产犊的间隔,降低了经济利用率而且也容易造成母牛不易受孕。根据牛的生殖特点,最好能 1 年产 1 胎。实践证明,奶牛在产后 60～90 天配种比较适宜且受胎率最高,对少数体况良好、子宫复原早的母牛可在 40～60 天内配种。实行早期配种,第一次输精的母牛大约有 45％能够受胎。若发现母牛产后超过 72 天仍不发情,应及时进行检查,以便及时治疗。

5. 人工授精

(1)冻精的保管与贮存　输精用的精液封装于 0.25 厘米的塑料细管中,贮存在高真空保温的液氮罐内。液氮罐虽然是结实的金属罐,但仍应避免碰撞而使保温效果下降。液氮罐应放置在清洁、干燥、通风的木质垫板上,周围不能有化学品。罐内应保持有足够量的液氮存量。罐的液氮水平面应保持在 18 厘米以上,降至 16 厘米以下时,应添加液氮,5 厘米的水平是极限。应以标尺定期检查液氮水平,也可用蓝红二色指示管或固定式磅秤判别液氮水平。每一头公牛的精液,应放置在同一分装桶内,并有分装清单,清单上包括公牛号、数量和取用记录。以缩短取出时间,保证冻精质量不受升温的损害。为保持液氮罐的清洁,减少污染,在清洗液氮罐时,预备好的清洁液氮罐应并列放置,快速转移,冻精裸露在罐外的时间不能超过3~5秒钟。

(2)冻精的取用 取冻精时,冻精不可提到罐口3.5厘米线之上,寻找冻精时间不应超过10秒,若超过10秒钟,应将分装桶放回液氮罐内,然后再提起寻找,以保持冻精的冷度。

冻精取出后,颗粒精液在1~2毫升2.9%柠檬酸钠液中,水浴加温在40℃±0.2℃解冻;如果是细管精液,直接投放在40℃±0.2℃温水中解冻。精液镜检在38℃~40℃的温度下进行,精子活率不低于30%(直线运动精子数颗粒精液在1 200万以上,细管精液在1 000万以上),才可用于输精。解冻精液要采取保温措施并在最短时间内输精完毕。

(3)输精 输精前用1%~2%来苏儿液洗净母牛后躯,用消毒毛巾充分擦干,进行阴道检查,若无异常,即可输精。输精方法有开膣器输精和直肠把握子宫颈输精两种。

① 开膣器输精法 借助开膣器将母牛的阴道扩大,借助一定的光源(电筒、额镜、额灯等)找到子宫颈外口,把输精管插入子宫颈内1~2厘米处,注入精液,随后取出输精管和开膣器。此法虽然简单、容易掌握,但输精部位浅,易感染,受胎率低。目前很少采用。

② 直肠把握子宫颈输精法 此法与直肠检查相似,1只手戴上薄膜手套,伸入直肠,掏出宿粪,寻找子宫颈(子宫颈在耻骨前沿上部),并握住子宫颈的外口端,使子宫颈外口与小

指形成的环口持平。用伸入直肠的手臂压开阴门裂,另 1 只手持输精器插入阴门。为防止输精器插入尿道,在开始插入阴道时输精器向上倾斜(图 5-4),当插入阴道 8~10 厘米后再转成水平推进,借助伸入直肠内的手的固定和协同把输精器插入阴道深部,调整输精器位置,使输精器进入子宫颈口,缓缓越过子宫颈内侧的皱褶,输精器穿过子宫颈时有阻力感,当输精器抵达子宫体或子宫角基部时,握输精器的手用拇指向前推出精液(图 5-5)。本法的关键在伸入直肠的手寻找并把握子宫颈,前后移动配合把输精器插入子宫颈口,把握子宫颈的手位置要适当,既不可靠前,也不可太靠后,才有利于两手的配合,否则难以将输精器插入子宫颈深部。当输精器前推遇到阻力时,要调整位置,不可强插,以免把阴道或子宫颈内壁捅破。

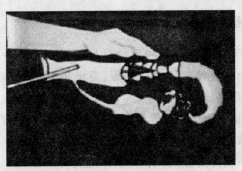

图 5-4 输精器向上倾斜插入阴道

直肠把握子宫颈输精法是国内外普遍采用的输精方法,优点是母牛无疼痛,不易感染,即使阴道有炎症也可输精;输精部位深,受胎率高,比开腟器法高出 10％～20％,大幅度提高了奶牛的繁殖率和经济效益;同时,输精前触摸母牛子宫和卵巢的变化,可进一步判断发情或妊娠情况,避免因孕牛假发

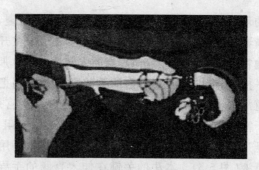

图 5-5   输精器插入子宫体后再输精

情误配而造成的流产。缺点是初学者不易掌握。在炎热的气候条件下,母牛的发情时间较短,全天进行输精都有效。在这种条件下,养奶牛户自己进行人工授精操作往往可获得较好的结果。

(四)奶牛是否妊娠的判断

1. 外部观察法   配种后的母牛一般在经过一个发情周期后,未出现发情的可能已妊娠,而出现发情的,则未妊娠。这对发情周期比较正常的母牛非常具有参考价值,但不能作为主要依据。因为当饲养管理不良时虽未妊娠也可能表现不发情,少数已妊娠的母牛也可能出现假发情。母牛妊娠 3 个月后,性情变得安静,食欲增加,体况变好。妊娠 5～6 月后,腹围有所增大,右下腹常可见到胎动,乳房显著发育。

2. 阴道检查法   阴道的某些变化,常作为妊娠诊断的依据之一,主要观察阴道黏膜色泽、黏液性状,及子宫颈的形状和位置等。

(1)阴道黏膜色泽   妊娠后阴道黏膜由粉红变为苍白,无光泽,表面干燥。

（2）黏液性状　　妊娠2个月后，子宫颈附近有浓稠黏液。妊娠3～4个月，黏液量增加并更浓稠似糊状；同时，阴道收缩，插入开腟器有阻力，子宫颈口被灰暗浓稠的液体封闭。

（3）子宫颈的变化　　妊娠后，子宫颈口紧闭，被灰暗浓稠的液体封闭，形成子宫栓。子宫颈口的位置，随妊娠时间的增加，从阴道正中向下方移位，有时也会偏向一侧。

3. 子宫颈液诊断法

（1）煮沸法　　用少量子宫颈黏液，加蒸馏水4～5毫升，混合，煮沸1分钟，呈块状沉淀者为妊娠，上浮者为未妊娠。此法可检出妊娠30天以上的母牛。

（2）苛性钠煮沸法　　取少量子宫颈黏液，加1‰苛性钠液2～3滴，混合煮沸。分泌物完全分解，颜色由淡褐色变为橙色或褐色者为妊娠。此法可检出妊娠15天以上的母牛。

（3）比重测定法　　妊娠母牛子宫颈黏液比重为1.013～1.016，未妊牛子宫颈黏液比重小于1.008。取少量子宫颈黏液，放入比重为1.01的硫酸铜溶液中，呈块状沉淀者为妊娠，上浮者为未妊娠。

4. 激素检查法

（1）激素反应法　　妊娠母牛，主要作用于母牛生殖系统的激素是孕酮，可抑制雌激素。注入少量外源性雌激素，孕牛无反应，未妊娠牛则有发情表现。因此，母牛配种后18～20天，肌内注射雌激素2～3毫克，5天内不发情者可诊断为妊娠；未妊娠母牛注入外源雌激素，可表现出明显的发情现象。

（2）孕酮水平测定法　　即通过测定母牛血浆或乳汁中孕酮的含量确定妊娠与否。妊娠早期牛奶中孕酮含量增加，妊娠在35～82天的母牛，乳中孕酮含量大于4.22×10^{-6}克/毫升为妊娠牛，小于3.56×10^{-8}克/毫升为未妊娠牛，$3.56 \times$

10^{-8}克/毫升～$4.22×10^{-6}$克/毫升为可疑牛（孕酮的测定方法用酶联免疫法）。

5. 化学检查法

(1)硫酸铜法　取常奶和末把奶各 1 毫升，放入玻璃平皿中，滴入 1～3 滴 3%硫酸铜液，迅速混合均匀，呈现云雾形状沉淀者为妊娠，无反应的为未妊娠。

(2)碘酊法　取配种后 20～30 天的母牛鲜尿 10 毫升于试管内，然后滴入 2 毫升 7%碘酊溶液，充分混合，待 5～6 分钟后再观察试管中溶液颜色，暗紫色为妊娠，不变色或稍带碘酒色为未妊娠。

6. 直肠检查法　直肠检查法是判定母牛是否妊娠的可靠方法，同时还可确定大致日期、妊娠内的发情、假妊娠、某些生殖器官疾病以及胎儿的发育情况。所以这种方法在生产上得到了广泛应用。其诊断依据是妊娠后母牛生殖器官的一些变化。在诊断时，对这些变化要随妊娠时期的不同而有所侧重。如妊娠初期，主要是子宫角的形态和质地变化；30 天以后以胎泡的大小为主；中后期则以卵巢、子宫的位置变化和子宫中动脉特异搏动为主。

(1)检查方法　未妊娠母牛的子宫颈、子宫体、子宫角及卵巢均位于骨盆腔；经产牛有时子宫角可垂入骨盆腔入口前缘的腹腔内。未孕母牛两侧子宫角大小相当，形状相似，向内弯曲如绵羊角；经产牛会出现两角不对称的现象。触摸子宫角时有弹性，有收缩反应，角间沟明显，有时卵巢上有较大的卵泡存在，说明母牛已开始发情。

妊娠 20～25 天，排卵侧卵巢有突出于表面的妊娠黄体，卵巢的体积大于对侧。两侧子宫角无明显变化，触摸时感到壁厚而有弹性，角间沟明显。

妊娠 1 个月,两侧子宫角不对称,孕角变粗、松软、有波动感,弯曲度变小,而空角仍维持原有状态。用手轻握孕角,从一端滑向另一端,有胎泡从指间滑过的感觉。若用拇指和食指轻轻捏起子宫角,然后放松,可感到子宫壁内似有一层薄膜滑开,这就是尚未附植的胎膜。技术熟练者还可以在角间韧带前方摸到直径为 2～3 厘米的豆形羊膜囊,角间沟仍较明显。

妊娠 2 个月,孕角明显增粗,相当于空角的 2 倍,孕角波动明显,角间沟变平,子宫角开始垂入腹腔,但仍可摸到整个子宫。

妊娠 3 个月,子宫角间沟完全消失,子宫颈被牵拉至耻骨前缘,孕角大如婴儿头,有的大如排球,波动感明显;空角也明显增粗。孕侧子宫中动脉基部开始出现微弱的特异搏动。

妊娠 4 个月,子宫及胎儿全部沉入腹腔,子宫颈已越过耻骨前缘,一般只能触摸到子宫的局部及该处的子叶,如蚕豆大小。子宫中动脉的特异搏动明显。此后直至分娩,子宫进一步增大,沉入腹腔,甚至可达胸骨区,子叶逐渐增大如鸡蛋;子宫动脉两侧都变粗,并出现更明显的特异搏动,用手触及胎儿,有时会出现反射性的胎动。寻找子宫中动脉的方法是,将手伸入直肠,手心向上,贴着骨盆顶部向前滑动。在岬部的前方可以摸到腹主动脉的最后一个分支,即髂内动脉,在左右髂内动脉的根部各分出一支动脉,即为子宫中动脉。通过触摸此动脉的粗细及妊娠特异搏动的有无和强弱,就可以判断母牛妊娠的大体时间阶段。

妊娠 5 个月,子宫颈移至耻骨前缘下,子宫完全垂入腹腔,触摸子宫时壁薄,有明显波动感,有时还能触摸到胎儿和胎盘,孕角子宫中动脉有明显颤动。

妊娠 6～7 个月,子宫下沉到腹腔深部,一般摸不到胎儿,子宫中动脉颤动极为明显。

妊娠 8～9 个月,子宫颈退至骨盆内或入口处,能摸到胎儿,两侧子宫中动脉颤动明显。

奶牛不同阶段卵巢、子宫的发育情况见表 5-3。

(2)值得注意的问题

第一,母牛妊娠 2 个月之内,子宫体和孕侧子宫角都膨大,对胎泡的位置不易掌握,触摸感觉往往不明显,对初学者在判断上容易造成困难。必须反复实践才能掌握技术要领。

第二,妊娠 3 个月以上,由于胎儿的生长,子宫体积和重量的增大,使子宫垂入腹腔,触摸时,难以触及子宫的全部,并且容易与腹腔内的其他器官混淆,给判断造成困难。最好的方法是找到子宫颈,根据子宫颈所在的位置以及提拉时的重量判断是否妊娠,并估计妊娠的时间。

第三,牛怀双胎时,往往双侧子宫角同时增大,在早期妊娠诊断时要注意这一现象。

第四,注意部分母牛妊娠后的假发情现象。配种后 20 天左右,部分母牛有发情的外部表现,而子宫角又有孕象变化。对这种母牛应做进一步观察,不应过早作出发情配种的决定。

第五,注意妊娠子宫和子宫疾病的区别。因胎儿发育所引起的子宫增大和子宫积脓、积水有时形态上相似,也会造成子宫的下沉,但积脓、积水的子宫提拉时有液体流动的感觉,脓液脱水后是一种面团样的感觉,而且也找不到子叶的存在,更没有妊娠子宫动脉的特异搏动。

表 5-3　奶牛不同妊娠阶段卵巢、子宫的判断依据

器官名称	21~24 天	40 天	60 天	90 天	180 天	210 天
卵巢	2.5~3.0厘米直径，发育完整的黄体	—	—	—	—	—
子宫	—	①子宫角不对称；②孕角有波动感；③孕角直径4~6厘米	①孕角直径6~9厘米；②按压孕角胎液移动；③胚胎反弹，可触感	①孕角直径12~16厘米；②沿宫角可能摸到胚胎及小子叶；③子宫下沉进盆腔	子宫下沉在腹腔内	开始上浮
宽韧带	—	子宫中动脉直径0.4~0.6厘米	子宫中动脉直径0.4~0.6厘米	①子宫中动脉直径0.5~0.7厘米；②有震颤感	①子宫中动脉0.7~0.9厘米；②搏动感	①子宫中动脉0.8~1.0厘米；②流水感

7. B超检查法　B超是利用高频率声波(2～10兆赫兹)来形成各组织和内脏器官的图像并据此来判断是否发生病变的一门技术,在人医临床应用较多。近年来,兽用B超研制成功并应用于奶牛的疾病诊断和妊娠诊断,具有轻便、安全、快速、分辨率高、诊断准确等特点。

在奶牛妊娠检查方面,使用兽用B超明显缩短了妊娠判断的时间并且增强其准确性。在奶牛配种12天后能检测到子宫体积增大,子宫内液体增多;配种24天后可检测到胎儿并能够确诊妊娠,比直肠检查法缩短36天时间,及时发现未妊娠牛并采取措施,大大缩短了奶牛的空怀时间,提高母牛的繁殖效率,减少损失;配种55～77天可鉴别胎儿性别,在生产中有更广泛的用途(图5-6)。

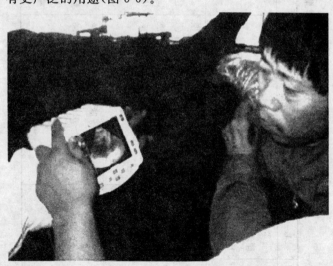

图5-6　利用兽用B超检查奶牛妊娠情况

(五)预产期的推算

母牛的预产期是从最后一次配种至犊牛出生日为止的天数,一般为 270～285 天,平均为 285 天。为了推算方便,奶牛的平均妊娠日期按 280 天计算,采用"月减 3,日加 6"的推算方法,即配种月份减 3,配种日期加上 6 的推算方法,就为预产期。如果月份不够减,就借 1 年(12 个月)再减,如果预产期超过 30 天,应减去 30,余数为预产日,预产月份则加上 1 个月。例如,1 头奶牛 2006 年 1 月 28 日配种,则预产月份为 1－3＋12＝10,月份 1 减 3 不够减需要借 12。预产日期为 28＋6＝34,超过 30 天,应该减去 30,余数为 4,即预产期为 4 日,预产月份加上 1,这头牛的预产期为 2006 年 11 月 4 日。

二、初孕牛的饲养管理

初孕牛是指育成牛妊娠之日至产犊前一阶段(16～24 月龄),始末体重分别为 350 千克和 480 千克。初孕牛肩负胎儿生长和自身生长双重任务。饲养管理的要点是保证胎儿的健康发育,并保持母牛一定的膘情,以确保母牛产犊后获得尽可能高的泌乳量。母牛妊娠期的饲养管理一般分为妊娠前期和妊娠后期两个阶段。

(一)妊娠前期的饲养管理

妊娠前期一般是指奶牛从受胎至妊娠 6 个月之间的时期(16～21 月龄),此时期是胎儿各组织器官发生、形成的阶段。

1. 妊娠前期的饲养　妊娠前期胎儿生长速度缓慢,对营养的需要量不大,但此阶段是胚胎发育的关键时期,对饲料的质量要求很高。妊娠前 2 个月,胎儿在子宫内处于游离状态,依靠胎膜渗透子宫乳吸收养分,这时如果营养不良或某些养分缺乏,会造成子宫乳分泌不足,影响胎儿着床和发育,导致胚胎死亡或先天性发育畸形。因此,要保证饲料质量高,营养成分均衡,尤其是要保证能量、蛋白质、矿物质和维生素 A、维生素 D、维生素 E 的供给。在碘缺乏地区要特别注意碘的补充,可以喂适量加碘食盐或碘化钾片。初产母牛还处于生长阶段,所以还应满足母牛自身生长发育的营养需要。胚胎着床后至 6 个月,对养分的需求没有额外增加,不需要增加饲料喂量。

16～21 月龄的日粮配合如下。

16～18 月龄:配合精饲料 2.5 千克,玉米青贮 13.5 千克,干草 3.5 千克(调制的秸秆可占 50%,下同),糟渣类 4 千克。

19～20 月龄:配合精饲料 2.5 千克,玉米青贮 14～16 千克,干草 3.5 千克,糟渣类 4 千克。

21 月龄:配合精饲料 3.5 千克,玉米青贮 12 千克,干草 3.5～4 千克。

这个时期的初孕牛体况不得过肥,以看不到肋骨较为理想。发育受阻的初孕牛,混合精饲料喂量可增加到 3～4 千克。

母牛舍饲时饲料应遵循以优质青、粗饲料为主,精饲料为辅的原则;不喂发霉变质饲料。配合精饲料参考配方见表 5-4。

表 5-4　头胎母牛妊娠前期精饲料配方

饲料名称	组成比例(%)	饲料名称	组成比例(%)
玉　米	48	磷酸氢钙	1
豆粕(饼)	22	石　粉	1
小麦麸	25	添加剂	2
食　盐	1		

2. 妊娠前期的管理　母牛配种后 20～30 天和 90 天应进行妊娠检查,以确定其是否妊娠。检查最常用的方法为直肠检查法或 B 超检查,技术熟练的人员通过这两次检查即可确定母牛是否妊娠。对于配种后又出现发情的母牛应仔细进行检查,以确定是否是假发情,防止误配导致流产。

确诊妊娠后要特别注意母牛的安全,重点做好保胎工作,预防流产或早产。初孕牛往往不如经产母牛温驯,在管理上必须特别耐心,应通过每天刷拭、按摩等与之接触,使其养成温驯的性格,以利人牛亲和,严禁打骂牛。妊娠牛要与其他牛只分开,单独组群饲养。运动时,要防止相互挤撞、滑倒、猛跑和转弯过急。冬季防止在冰冻地面或冰上滑倒,不饮冰水。

对舍饲牛,要保证有充分采食青、粗饲料的时间,饮水、光照和运动也要充足,每天让其自由活动 3～4 小时,或驱赶运动 1～2 小时。适当的运动和光照可以增强牛只体质,增进食欲,保证产后正常发情,预防胎衣不下、难产和肢蹄疾病,有利于维生素 D 的合成。每天梳刮牛体 1 次,保持牛体清洁。每年春、秋修蹄各 1 次,以保持肢蹄姿势正常,修蹄应在怀孕的 5～6 个月进行。要进行乳房按摩,每天 1 次,每次 5 分钟,以促进乳腺发育,为产后泌乳奠定良好的基础。

要保证牛舍和运动场的卫生,供给充足清洁的饮水供母牛自由饮用,有条件的可安装自动饮水器。

(二)妊娠后期的饲养管理

妊娠后期一般是指奶牛从妊娠 7 个月到分娩前的一段时间(22～24 月龄),此期是胎儿快速生长发育的时期。

1. 妊娠后期的饲养　妊娠牛后期是胎儿迅速生长发育和需要大量营养的时期。胎儿的生长发育速度逐渐加快,到分娩前达到最高,妊娠期最后 2 个月胎儿的增重占到胎儿总重量的 75% 以上,需要母体供给大量的营养,尤其是蛋白质营养。因此,需要加大营养供给量。同时,母体也需要贮存一定的营养物质,使母牛有一定的妊娠期增重,以保证产后正常泌乳和发情。妊娠期增重良好的母牛,犊牛初生重、断奶重和泌乳量均高,犊牛断奶重约提高 16%,断奶时间可缩短 7 天。初产母牛由于自身还处于生长发育阶段,饲养上应考虑其自身生长发育所需的营养。但此时奶牛体躯向宽深发展,采食量受到限制,所以应提高营养浓度,日粮中粗蛋白质含量达到 18% 左右,每日精料喂量为 4～5 千克,并保证充足的维生素 A 和钙、磷等。这时如果营养缺乏会导致胎儿生长发育减缓、活力不足,母牛体况较差。但也要注意防止母牛过肥,对于初产母牛保持中上等膘情即可,过肥容易造成难产,而且产后发生代谢紊乱的比例增加。体况评分是帮助调整妊娠母牛膘情的一个理想指标,分娩前理想的体况评分为 3.5。

22～24 月龄日粮配合如下。

22 月龄:配合精饲料 4.5 千克,玉米青贮 8 千克,干草 4.5 千克。

23～24 月龄:配合精饲料 4.5 千克,玉米青贮 6 千克,干草 5.5 千克。

配合精饲料参考配方见表5-5。

表5-5　头胎母牛妊娠后期精饲料配方

饲料名称	组成比例(%)	饲料名称	组成比例(%)
玉　米	50	石　粉	1
小麦麸	25	磷酸氢钙	1
豆粕(饼)	5	食　盐	1
花生饼	10	小苏打	1
棉仁饼	5	预混料	1

2. 妊娠后期的管理　妊娠后期管理的重点是为了获得健康的犊牛,同时保持母牛有一个良好的产后体况。为此要加强妊娠母牛的运动锻炼,特别是在分娩前1个月这段时间,这样可以有效地减少难产。但应避免采用驱赶运动,防止早产。在运动场要提供充足、清洁的饮水供其自由饮用。分娩前2个月的初产母牛应转入干奶牛群进行饲养。对妊娠180～220天的牛应明确标记、重点饲养,有条件的单独组群饲养。为检查本期内的饲养效果,可于产犊前称重1次,并进行体况评分。

妊娠后期初产母牛的乳腺组织处于快速发育阶段,应增加每日乳房按摩的次数,一般每天2次,每次5分钟,至产前半个月停止。按摩乳房时要注意不要擦拭乳头。乳头的周围有蜡状保护物,如果擦掉有可能导致乳头龟裂,严重的可能擦掉"乳头塞",这样会使病原菌侵入乳头,造成乳房炎或产后乳头坏死。

要计算好预产期,预产期前2周将母牛转移至产房内,产房要预先做好消毒工作。

(三)围产期母牛临产前的饲养管理

围产期也称临产前后期。是指母牛产前、产后各 15 天以内的时间。围产期的饲养管理,包括临产前饲养管理、分娩期饲养管理和产后期饲养管理。本节只介绍临产前的饲养管理,其他两个问题放到下一节里介绍。

1. 临产牛的饲养　妊娠后期,胎儿增长特别快,胃肠受到压迫,消化功能减弱,在喂养上以优质干草为主,减少难消化、体积大的秸秆饲料的喂量,提高日粮精料水平。此阶段日粮干物质占母牛体重的 2.5%~3%,每千克日粮含奶牛能量单位 2~2.3 个,粗蛋白质为 13%,钙 40~50 克,磷 30~40克。日粮组合,混合精饲料 3~6 千克,优质干草 4 千克,青贮饲料 15 千克,糟渣类和块茎类饲料 4~5 千克。在产前 2 周将日粮的含钙量由占干物质的 0.6%调整至 0.2%的低水平,可有效地防止产后瘫痪的发生。

近些年,随着饲喂技术的提高,使用全混日粮(TMR)技术的实践证明,高钙日粮对围产期奶牛没有影响,反而促进采食量的提高、产后奶牛体膘下降减轻,产奶高峰期持续时间延长。这种饲喂技术仅适用于有 TMR 技术、管理规范的牛场,其他牛场和饲养户不可随意使用。

围产期在奶牛精饲料中应添加维生素 E,每天每头 0.5~1 克。或者间隔 3~4 天按标签说明肌内注射亚硒酸钠-维生素 E,以降低产后胎衣不下的比例。母牛在产前 4~7 天,如果乳房过度膨胀或水肿过大时,可适当减少或停喂精料及多汁料和食盐,如乳房不硬则可照常饲喂各种饲料。产前 2~3天,日粮中应加入小麦麸等轻泻性饲料,防止便秘;每日补喂维生素 A 和维生素 D,可提高初生犊牛的成活率,也会降低胎衣不下和产后瘫痪的发生。

饲料必须新鲜清洁、质地良好。不可饲喂腐败霉烂或混有麦角、毒草的饲料,冬季不可饮用冰碴水(水温不低于10℃~12℃)和饲喂冰冻的青贮块根类饲料,以免引起流产、难产及胎衣滞留等疾病。

2. 临产前的管理 围产期母牛发病率高,为此要加强护理。母牛在产房应由专人护理。在转群前,宜用2%火碱喷洒消毒产房。铺上清洁干燥的垫草,母牛后躯及四肢用2%~3%来苏儿溶液洗刷消毒后,即可转入产房,并做好转群记录登记工作。

三、成母牛的饲养管理

成母牛的饲养管理包括奶牛分娩时助产与产后护理,产奶盛期饲养管理、产奶中期饲养管理、产奶后期饲养管理和干奶期的饲养管理。根据不同阶段的生理特点,采取不同饲养管理措施,给予不同营养水平的饲料,充分发挥其产奶遗传潜力,尽可能获得高产。同时经济地利用各种饲料,达到最大限度提高经济效益的目的。

(一)奶牛分娩时的助产与产后护理

1. 分娩征兆

(1)乳房膨大 产前半个月左右,乳房迅速膨大;产前2~3天,乳房体发红、肿胀,乳头皮肤绷紧。临产时有些母牛从乳房向前到腹、胸下部还可出现水肿,用手可挤出初乳,有些甚至出现漏乳现象。

(2)外阴部肿胀 产前1周外阴部开始肿胀,阴唇皱褶消失,阴道黏膜潮红,黏液增多而湿润,阴门因水肿而裂开。

（3）子宫颈变化　　子宫颈扩张、松弛、肿胀，颈口逐渐开张，颈内黏液变稀流入阴道。子宫栓溶化成透明黏液，在分娩前 12 天由阴门流出。子宫颈扩张 2～3 小时后，母牛开始分娩。

（4）骨盆韧带松弛　　临产前 1～2 天荐坐韧带松弛，荐骨活动范围增大，外观可见尾根塌陷，经产牛更明显。

（5）行为变化　　临产母牛表现活动困难，食欲减退或消失，起卧不安，常回首腹部，尾部不时高举，频频排粪、排尿，但量很少。

（6）尻根两侧凹下、塌陷　　经产母牛更明显。可在产前 1～2 周出现，产前 1～2 天程度更甚。

2. 奶牛的产犊过程

（1）开口期　　即从子宫间歇性收缩起，到子宫颈口完全开张，与阴道的界限完全消失为止。母牛表现不安、走动、摇尾、踢腹等。开口期平均约为 6（1～12）小时。

（2）胎儿产出期　　即从子宫颈完全开张起，到胎儿产出为止。此时阵缩、努责都将出现。母牛表现烦躁、腹痛、呼吸和脉搏加快。牛在努责出现后自行卧地，经多次努力，胎儿由阴门露出，羊膜破裂后，经强烈努责，胎儿产出。

（3）胎衣排出期　　即从胎儿产出到胎衣完全排出为止。胎儿产出后，约需 2～8 小时，将胎衣排出。如超过 10 小时仍未排出或未排尽，按胎衣不下处置。

3. 助产　　助产的目的是尽可能做到母子平安，仅在不得已时才舍子保母，同时还必须力求保持母牛的繁殖力。因此，在进行产道检查和助产时，术者的手臂、母牛的外阴及周围，必须进行严格消毒。胎膜水泡露出后约 10～20 分钟，母牛常常会卧下，应帮其向左侧卧，以免胎儿受瘤胃压迫而难以产出。正常分娩是胎儿两前肢夹着头先出来，这属于正常胎位，一般可自然产出。如胎儿头、鼻露出后羊膜仍未破，可以用手扯破；如破水时间长或胎儿露出时间较长，而母牛努责微弱，则要抓住两前肢，并用力拉出胎儿。倒生时更应及早拉出。拉出胎头时，另一手掌要捂住母牛阴唇及会阴，避免撑破。胎头拉出后，应放慢动作，以免子宫内翻或脱出。正常产出一般需要 0.5～4 小时。如母牛努责无力，需要拉出胎儿时，应与母牛的阵缩同步，牵引方向与母牛的骨盆轴方向一致。矫正胎儿异常时应在母牛努责间歇期进行。破水过早，产道狭窄，胎儿过大时，可向阴道灌注肥皂水或植物油润滑产道。

胎儿产出后，先用毛巾擦干胎儿口腔中和鼻腔中的黏液，并用 5%～10% 的碘酊消毒脐带断口。若脐带未自行脱断，应在距胎儿腹部 4～5 厘米处结扎剪短或扯断。若为双胎，应在第一胎出生后对脐带做 2 道结扎，从中剪断。若胎儿吸进羊水可倒提后肢，拍打胸部使其吐出即可恢复呼吸。母牛会自行舔干胎儿身上黏液，若母牛无力时，也可人工擦干。

胎衣应在胎儿产出后 2～8 小时排出，超过 10 小时不排出时，按胎衣不下处置。即使胎衣排出，也要检查是否完整，如子宫内有残留部分，应及时处置。及时取走胎衣，防止被母牛吃掉，引起消化功能紊乱。此后母牛还会从阴道排出恶露，这是正常生理现象，一般 15～17 天即可停止。产后 1 周时间内每天用 1%～2% 来苏儿溶液擦洗外阴。

4. 产后奶牛的护理　注意外阴的清洁和消毒，尾根、外阴黏附有恶露时要及时清洗，褥草要勤换，保持干净卫生。用温水洗擦乳房，不能让犊牛吸吮乳汁。

(二)产后奶牛的饲养管理

1. 产后母牛的喂养　母牛产后全身虚弱,感到十分疲劳和口渴,应给予15~20千克温热小麦麸盐水汤(其配方是:10升水中加小麦麸1~1.5千克、食盐50~100克、红糖0.5~1千克、益母草或益母草膏1千克)或稀粥料,以补充分娩时体内水分的消耗和恢复体力,防止奶牛产后便秘。如果奶牛产后及时喂饮一定量羊水,有利于奶牛胎衣顺利排出。

产后2~3天,喂给质量好、容易消化的优质干草2~3千克,数量由少到多,适当补给小麦麸、玉米,控制催奶;产后4~5天,根据情况逐渐增加精料、多汁料、青贮料和干草的给量,精料每日增加0.5~1千克,直到7~8天达到给料标准,日采食干物质中精饲料比例逐步达到50%~55%,一般日喂混合精饲料6~10千克。至产后15天,青贮料达20千克以上,干草3~4千克,多汁饲料3~4千克。在增加精料过程中还要观察牛的粪便和乳房的情况,如果水肿仍不消退,应适当减少精料和多汁料。母牛产后1周内应供给温水,不宜饮凉水以防患病。

2. 产后母牛的管理　产后奶牛在精心护理的同时,随时观察奶牛的活动情况及生理变化,发现异常,及时处理。胎衣排出后,在天气晴朗时,让奶牛适当地活动,尽快恢复体质。

为了使奶牛尽早恢复体质,防止由于大量泌乳而引起产后瘫痪等疾病,对于产奶牛,特别是对高产奶牛,在产后4~5天内不可将奶全部挤净。一般在产后1小时第一次挤奶,约挤奶2千克,以够犊牛吃即可。第二天挤出全奶量的1/3,第三天挤出1/2,第四天挤出3/4,第五天全部挤出。每次挤奶前应消毒乳房,把头3把奶单独挤在1个容器里,集中弃掉,不可随意乱倒。

一般来说,奶牛产后到下次配种前要经历以下过程,如果发现奶牛某个阶段推迟或持续时间过长,则要检查日粮组成和日常管理是否存在问题。原因一经查明,要及时纠正或处理。

第一,产后 3 小时内注意观察母牛产道有无损伤出血。

第二,产后 6 小时内注意观察母牛努责情况,若努责强烈要检查子宫内是否还有胎儿,并注意观察子宫有无脱出,以便及时治疗。

第三,产后 12 小时内注意观察胎衣排出情况。

第四,产后 24 小时内注意观察恶露排出的数量和性状,排出多量暗红色恶露为正常。

第五,产后 3 天内注意观察可能出现的瘫痪症状。

第六,产后 7 天注意观察恶露排净程度。

第七,产后 15 天注意观察子宫分泌物是否正常。

第八,产后 30 天左右通过直肠检查子宫康复情况。

第九,产后 40~60 天注意观察产后第一次发情,及时配种。

(三)产奶盛期奶牛的特点及饲养管理

母牛产犊后 21~100 天为产奶盛期,也有人认为是 16~100 天为产奶盛期。这个阶段,奶牛代谢旺盛,呼吸、脉搏都高于正常范围,最大的特点是产奶量上升很快,高产奶牛在40~70 天达到产奶高峰。但是由于分娩应激的存在,奶牛在产后食欲较差,干物质采食量较低,奶牛食入的营养往往不能满足产奶的需要。此时,奶牛会动用自身体内的脂肪,这就是人们常讲的奶牛营养负平衡,尤其是高产奶牛,营养负平衡几乎是不可避免的。因此,造成奶牛体重明显下降。到产后50～70天,体重下降到低谷。以后随着采食量的增加,体重逐渐上升,直到泌乳后期体况才得到恢复(图5-7)。

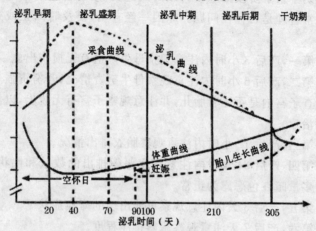

图 5-7　奶牛不同泌乳阶段泌乳、体重与采食量的变化曲线

产奶高峰是每个产奶牛都出现的,一般在分娩后的 40～70 天(高产奶牛一般在产后 56～70 天,低产牛在产后 20～30 天)达到产奶高峰,一般奶牛产奶高峰可持续 1 个月以上,高产奶牛可持续 100 天以上。这个时期,日粮干物质要求占体重 3.5% 以上,每千克干物质含 2.4 个 NND,粗蛋白质 16%～18%,钙 0.7%,磷 0.45%,精粗比 60:40,粗纤维不少于 17%。日粮组成:玉米青贮 20 千克,块根块茎 3～5 千克,干草 4 千克(自由采食),糟渣 4 千克。精饲料喂量,除每头每天喂给维持体况的精饲料 4 千克外,每产 2.5 千克牛奶,增喂精饲料 1 千克。要尽可能增加采食时间,增加干物质采食量,以减缓体重的下降。如果饲料营养跟不上,奶牛就会动用体储,其中包括体脂肪,动用体脂肪太多、太集中,就会引起

奶牛的"酮病"。因此,这个阶段的目标是尽可能地增加奶牛干物质的采食量,减少因泌乳造成的能量透支和体重下降。

产奶高峰对提高奶牛整个泌乳期产奶量来说非常重要,要尽可能使奶牛的产奶高峰期达到最高并保持最长时间。如果饲料质量差或饲养管理不当,奶牛采食量上不去,营养缺乏,就影响奶牛产奶量上升,产奶高峰推迟或达不到该头牛的最大产奶量(峰值),则该头奶牛整个泌乳期的产奶量就受到严重影响。据统计,高峰期产奶量每降低 1 千克,整个泌乳期就损失产奶量 150～200 千克(图 5-8A);如果饲料质量差,采食量不足,或奶牛体况差,或上个泌乳期干奶期方法不正确,乳房受到伤害,或患乳房炎,泌乳受到影响,无法达到应有的高峰产量,这种情况下,奶牛的产奶量损失就更大(图 5-8B)。

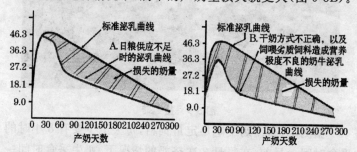

图 5-8　奶牛营养缺乏或饲养管理不当引起产奶量损失

为避免乳脂率下降,日粮中应含有足够的粗纤维,粗纤维应不低于 17%(占日粮干物质)。同时,还应提高过瘤胃蛋白质比例,加喂蛋氨酸、赖氨酸和苏氨酸含量高的蛋白质饲料或添加剂。一般体重 600 千克、日产奶量 40 千克的泌乳母牛饲料组成为:精料 12 千克,青贮饲料 25 千克,干草 4 千克。

为了防止瘤胃内酸度太高,日粮中添加的小苏打比平时适当多一些。此外,为保证营养全面,还要添加有利于消化的氧化镁、维生素和微量元素。除饲料中添加奶牛必需的矿物质元素外,在运动场的饲槽内放置盐砖,盐砖含有奶牛必需的矿物质盐类,按一定的比例配好压制而成,奶牛随时可以舔食,以补充饲料中矿物质盐类的不足(图5-9)。

图5-9 盐 砖

据测定,高产奶牛吃足定量饲料,每天至少要有8小时的采食时间。目前,在每日3次挤奶的情况下,奶牛采食时间一般不足8小时,干物质采食量不足,健康受到影响,产奶潜力得不到充分发挥。

总之,在产奶盛期,要细心喂养,注意观察牛的采食及乳房情况,合理投料,延长采食时间,增加饲喂次数,按摩乳房,供给充足饮水。充分挖掘产奶盛期的潜力,达到最高的产奶量,并使产奶高峰尽可能地维持长久,延缓产奶量的下降速度。

(四)产奶中期的饲养管理

产后 101～200 天为产奶中期。该阶段产奶量每月以 4％～6％的速度下降,这是必然趋势。此阶段的主要任务是减缓下降速度,保持稳产(如果产奶量没有下降反而上升,只能说明在产奶盛期奶牛的产奶潜力没有得到充分发挥)。此时,再盲目地多给精料来催奶是不明智的,催奶不成反而催肥,这不是我们愿意看到的结果。

产奶中期奶牛的营养需要较以前有所减少,但奶牛的食欲旺盛,为避免奶牛增肥,应减少精饲料的喂量,降低日粮的能量浓度。这个时期喂料的多少应跟着产奶量走,按体重和产奶量进行饲养,精、粗料比例为 40～45∶60～55。但也不能使奶牛过瘦,应根据奶牛的膘情好坏灵活掌握,此阶段奶牛的理想体况评分是 3.25 分(参阅本章体况评分部分)。

这时母牛处在妊娠期,为保护胎儿的生长发育,又使产奶量稳定生产,应抓住这个特点,让其多吃干草,适当补充精料和多汁饲料,使产奶量和乳脂率维持在较高水平。这一阶段日粮中干物质为体重的 3％左右,每千克干物质含 2.13 个 NND,粗蛋白质 13％,钙 0.45％,磷 0.4％,精粗比例 40∶60。日粮组成:玉米青贮 20 千克,干草 4 千克,块根块茎多汁饲料 4 千克,糟渣 4 千克。精饲料喂量,每生产 2.5 千克牛奶,喂给 1 千克。精饲料配方:玉米 50％,小麦麸 12％,豆粕 20％,玉米蛋白 10％,饲料酵母 5％,磷酸钙 1.6％,碳酸钙 0.4％,食盐 0.9％,微量元素与维生素添加剂 0.1％。饲料配合要多样化,适口性要好,适当增加运动,加强乳房按摩,保证充足饮水。凡体重下降较多和体弱的母牛,应适当增加蛋白质饲料,使牛不能过瘦,为产奶后期做准备。

(五)产奶后期的饲养管理

产奶后期指产后 201 天至干奶前。此阶段产奶量下降幅度大,每月下降幅度达 10% 以上。随着精料的减少,精、粗饲料的比例达到 40:60。从饲料能量的转换率及饲养的经济效果来看,这时泌乳牛各器官仍处于较强的活动状态,饲料的消化代谢及转化效率比较高,对膘情差的奶牛可在饲养标准基础上再提高 15%～20%。但不可养得过肥,应控制奶牛膘情在七成膘不到八成膘,理想体况评分是 3.5 分。

此阶段奶牛已到妊娠中后期,胎儿生长发育速度加快。为了母体体况恢复和胎儿的发育,仍需要供给较多的营养物质,并保证营养均衡,尤其是要保证足够的蛋白质饲料。

这一阶段日粮干物质占体重的 3%～3.2%,每千克干物质含 2 个 NND,粗蛋白质 12%,钙 0.45%,磷 0.35%,精、粗比为 40:60,粗纤维含量不少于 20%。日粮组成:青贮玉米 20 千克,干草 4 千克,混合精料 6～8 千克。混合精料配方:玉米 51%,豆饼(粕)10%,小麦麸 25%,棉仁饼 6%,向日葵饼 5%,磷酸钙 1.5%,碳酸钙 0.5%,食盐 0.9%,微量元素和维生素添加剂 0.1%。

产奶后期要注意奶牛的管理,注意冬季防寒,夏季防暑。特别是妊娠牛,冬天不可吃冰冻的青贮玉米,不可饮用冷水,防止受冷刺激发生流产。北方寒冷地区冬季喂青贮饲料时,要现取现喂,不可在室外存放,以防结冰;如果有喂不完的青贮饲料可在室内存放,但存放时间不要太久;如果是裹包青贮,冬季最好饲喂室内存放的青贮包,待春季气温回升后再饲喂室外存放的青贮包。

(六)高产奶牛的饲养管理

高产奶牛是指那些泌乳量特别高(头胎牛 7 500 千克以上,经产牛 9 000 千克以上)、乳成分组成好,乳脂率(3.4%～3.5%)和乳蛋白含量高(3%～3.2%)的奶牛,全群平均泌乳量应在 7 500 千克以上。这些奶牛必须同时具有健康的体况,旺盛的食欲,发达的消化系统和泌乳器官。

高产奶牛由于泌乳量特别高,很容易患代谢疾病和生殖疾病。因此,除应采取一般奶牛的饲养管理措施外,还应根据高产奶牛的生理特点,采取特殊的饲养管理措施。

1. 高产奶牛的生理特点

(1)采食与反刍时间长　高产奶牛由于所需要的养分多,所以采食和反刍的时间均比低产奶牛明显延长,瘤胃蠕动次数也相应增加,反刍后每分钟咀嚼 60 次左右。

(2)饮水量大　高产奶牛由于采食量大,消化食物所需要的水分大量增加,而且维持泌乳所需要的水分也增加。因此,高产奶牛饮水时间比低产奶牛长,泌乳高峰时每头牛每天需水量在 100 升以上。

(3)机体功能强,消化代谢旺盛　高产奶牛基础代谢率高,心跳、呼吸等生理指标均比中低产奶牛显著增快,体温变化不大,这充分反映高产奶牛机体功能强。高产奶牛采食量和饮水量大,新陈代谢旺盛,排粪时间也相应增加,排粪量大且较稀。

(4)泌乳速度快　高产奶牛的乳头比低产奶牛松弛,排乳速度快。

(5)饲料利用率高　与中低产奶牛相比,高产奶牛对各种饲料的利用率明显提高。这主要是由于高产奶牛将采食的绝大部分营养物质用于泌乳,而饲料营养用于泌乳的效率最高。

(6)体况和体质要求高 高产奶牛每天需要采食 80～100 千克的饲料(约折合干物质 20～25 千克)来满足自身的生理需要,整个消化系统始终处于高度紧张的状态,而且呼吸、心跳等整个机体代谢功能也随之增强。因此,奶牛必须具有良好的体况和体质才能保证高产。

2. 高产奶牛的饲养 高产奶牛一个典型的特点是采食量大,对营养物质的需求量高,虽然精饲料喂量大,但营养负平衡仍比较严重。因此,饲养的重点是尽量降低营养负平衡,保证瘤胃功能的正常,维护奶牛健康,获得稳定高产。

(1)保持饲料营养平衡,严格控制精、粗饲料比 在配制高产奶牛饲料配方时,必须严格按照奶牛饲养标准来制定,以满足高产奶牛在各个阶段的营养需要。尤其要注意干物质的采食量、能量、粗蛋白质、粗纤维、矿物质和多种维生素的营养平衡。

在粗饲料和精饲料的搭配上,要严格控制精、粗饲料的比例。高产奶牛为了维持高的泌乳量,需要大量能量,而增加能量最简单有效的途径就是提高日粮中精料的比例,这就极易导致精、粗比失衡。精料比例过高会导致奶牛消化功能障碍、瘤胃角化不全、瘤胃酸中毒、酮病和蹄叶炎的发生率大幅度提高。因此,在整个泌乳盛期应尽量将精饲料比例控制在40%～60%以内,即使在泌乳高峰期,精料比例也不宜超过60%。

(2)确保优质粗饲料的供给 对于高产奶牛保证优质粗饲料的供给比精饲料的供给更为重要。这是由于优质粗饲料可以维护高产奶牛的健康,而精饲料虽然可以增加泌乳量,但过量饲喂对奶牛的健康损害很大。

科干草、禾本科干草或带穗玉米青贮,而很少使用糟渣类等高水分饲料,整个日粮干物质中粗纤维的比例为15%～17%。这样不仅能满足高产奶牛稳定高产的营养需要,还能使日粮精、粗比控制在50∶50左右,非常有利于奶牛健康。国内由于优质干草数量少,粗饲料多为质量中等的羊草和普通玉米青贮,为了维持高产必然需要加大精料比例,大量使用糟渣类和青绿多汁饲料,这就导致日粮中粗纤维比例低(一般只有14%～15%),不利于高产奶牛的健康。在我国目前不能广泛使用优质牧草的情况下,应大力推广采用玉米整株带穗青贮,以提高粗饲料品质。

(3)使用过瘤胃蛋白和过瘤胃脂肪酸 最新的研究表明蛋白质的可溶性和可消化性非常重要。瘤胃微生物每天约能提供2.5～3千克蛋白质。如果体内需要的蛋白质超过这个量,就必须由在瘤胃内没有降解的日粮蛋白质在小肠中消化吸收来补充,这些在瘤胃内没有降解的蛋白质就是过瘤胃蛋白质。高产奶牛需要大量的过瘤胃蛋白质,而我国奶牛饲养中所用的蛋白质饲料主要是饼粕类饲料和糟渣类饲料,粗饲料质量又差,很难满足过瘤胃蛋白质的需要。因此,需要在高产奶牛日粮中大量添加过瘤胃蛋白质。目前应用较多的过瘤胃蛋白质有保护性氨基酸或蛋白质、全脂膨化大豆和全棉籽,禁止使用动物性过瘤胃蛋白质。

高产奶牛对能量的需要量也比中低产奶牛高得多。国外发达国家高产奶牛的能量饲料以压扁或简单破碎的高水分玉米和大麦为主,加上全脂大豆和全棉籽中含有大量的油脂,粗饲料多为优质干草或牧草,虽然仍不能满足泌乳盛期能量的需要,但可有效降低能量负平衡的程度,保证高产泌乳潜力的发挥,同时不影响奶牛健康。而我国奶牛的能量饲料以玉米、次粉与小麦麸为主,粗饲料以秸秆为主,品质较差,根本无法满足高产奶牛对能量的需要,泌乳盛期能量负平衡非常严重,这会影响随后的泌乳量、下一泌乳期的泌乳量和奶牛健康。因此,需要在日粮中添加一定量的油脂以提高日粮能量浓度,减轻高产奶牛的能量负平衡。常用的油脂有植物油、保护性过瘤胃脂肪酸(脂肪酸钙、棕榈酸钙等)和全脂膨化大豆、全棉籽或菜籽等(禁用动物性油脂)。由于添加油脂会影响奶牛瘤胃微生物的发酵活力,添加量不宜过高,以占日粮的3%为宜。

(4)满足矿物质和维生素的需要 高产奶牛对矿物质和维生素的需要量也比中低产奶牛高得多,仅通过精料和粗料很难满足需要,必须在日粮中额外添加适量的矿物质和维生素。添加量要根据饲养标准同时结合当地的实际情况以及环境条件确定。在高产奶牛日粮中添加较高的硫酸钠(0.8%)可提高泌乳量和饲料利用率;高温季节应增加日粮中氯化钾的添加量,可有效缓解热应激。在我国,硒、硫、铜和锌的缺乏情况相对较多,如在某些地区土壤中硒非常缺乏,应在饲养标准的基础上再提高硒的添加量。高产奶牛患生殖疾病的可能性增大,提高日粮中维生素E和维生素A的添加量有助于减少发病率。胡萝卜素在日粮中一般不需要额外添加,但在高产奶牛分娩前30天和分娩后92天在日粮中添加7克胡萝卜素制剂,可将整个泌乳期泌乳量提高200千克左右。

(5)使用非常规饲料添加剂

①缓冲剂 高产奶牛由于在整个泌乳期精饲料采食量都比较大,因此需要在日粮中添加适量的小苏打、氧化镁等缓冲剂,以改善高产奶牛的采食量、产奶量和牛奶成分,维护奶牛健康,减少瘤胃酸中毒的发生,调节和改善瘤胃微生物发酵效

果。小苏打喂量一般占混合精料的 1.5%,氧化镁喂量占混合精料的 0.6%~0.8%。

② 抗应激剂 应激是指奶牛对运输、预防免疫、高温、潮湿、寒冷、产犊、泌乳等不良刺激因素做出的一种应急反应。高产奶牛对于高温、寒冷、分娩和泌乳等应激比较敏感。因此,在发生上述情况前,应将日粮中具有抗应激作用的微量元素锰、铁、铜、锌、碘、钴的含量比正常水平增加约 1 倍,可有效增强高产奶牛的抗应激能力。近几年的研究发现有机铬(吡啶羧酸铬)对高产奶牛具有良好的抗应激作用,还能改善能量代谢,提高对锰、铁、铜、锌的利用率,激活多种酶的活性,适宜添加浓度为每千克含铬 0.2 毫克。

③丙二醇类 在高产奶牛日粮中添加或直接灌服丙二醇类物质,如丙二醇、乙烯丙二醇、异丙二醇等,可有效减少并预防酮病的发生。

④异位酸类 在高产奶牛精料中添加 1% 的异位酸类添加剂可显著提高泌乳量,同时提高乳脂率和饲料转化效率。这类物质主要包括异戊酸、异丁酸和异己酸等。

⑤沸石 在奶牛精料中添加 4%~5% 的沸石,可提高泌乳量 8% 左右。

⑥稀土 添加稀土可将泌乳量提高 10% 以上,同时乳脂率也有所提高。稀土的有效添加量为 40~45 毫克/千克精料。

3. 高产奶牛的管理 高产奶牛新陈代谢特别旺盛,饲料采食量大,易患各种疾病。因此,在普通奶牛管理的基础上,还应重点注意以下事项。

(1)适当延长干乳期 高产奶牛为了维持高产,在泌乳阶段必须采食大量精料,这就使瘤胃代谢长期处于紧张状态。

这种特殊状态如果在干乳期内不能得到有效缓解,瘤胃功能不能恢复正常,将严重影响下一个泌乳期的泌乳量和奶牛健康。近几年随着人们对高产奶牛生理研究的深入,认为高产奶牛至少要有60天左右的干乳期,这样才可以使瘤胃有充足的时间恢复正常功能,有利于奶牛健康和下一个泌乳期产奶量的提高。

(2)适当延长挤奶时间 高产奶牛的日产奶量比中低产牛高30%~50%。虽然高产奶牛泌乳速度快,但泌乳所需要的时间也要比中低产奶牛长,所以应适当延长挤奶时间。如果采用手工挤奶,可采用双人挤奶,能有效提高泌乳量,保证挤奶时间。

(3)保证充足的采食时间 传统的奶牛饲养一般精料在挤奶时供给,日喂3次。但高产奶牛由于采食量特别大,据测定,高产奶牛吃足定量饲料,每天至少要有8小时的采食时间。因此,采用传统饲养方法,高产奶牛采食时间一般不够,导致干物质采食量不足,影响奶牛健康和泌乳潜力的发挥。同时,精料多次饲喂更有利于高产奶牛瘤胃的健康。因此,对于高产奶牛应延长饲喂时间,增加饲喂次数。一般要求高产奶牛每天能自由接触日粮的时间不少于20小时,每天饲喂5~6次。

(4)加强发情观察,适当推迟产后配种时间 高产奶牛在泌乳盛期的发情表现往往不明显,必须密切观察发情表现,以免错过发情期,延误配种。

与中低产奶牛相比,高产奶牛的繁殖性能较低,产后配种的受胎率较低,产后适当延迟配种可有效提高配种的受胎率,避免多次配种造成的生殖道感染。适宜的初次配种时间为产后60天左右。延迟配种虽然会延长产犊间隔,但有利于提高整个利用年限内的总泌乳量。

(5)保证充足的饮水 高产奶牛需水量非常大,1头日产奶量 50 千克的奶牛,每天需要 45 升水来补充泌乳损失的水;采食 25 千克干物质需要 75～100 升水来代谢饲料。1 头高产奶牛每天水的基础需要量就高达 120～145 升,如果遇上热天,水的需要量更多。因此,必须保证充足的饮水,否则会严重影响干物质采食量和泌乳量。有条件的牛场最好安装自动饮水器,并在运动场设置饮水槽,供其自由饮用。不具备自由饮水条件的养奶牛户,每天给奶牛饮水的次数要在 5 次以上,夏季水槽里的水要及时更换,保持饮水卫生。

(6)控制日粮水分含量 虽然高产奶牛要保证充足的饮水,但日粮中的水分含量不能太高,如果水分太高,会降低总干物质的摄入量。饲喂高水分(水分大于 50%)青贮料或多汁饲料时,水分每增加 1%,干物质采食量将降低 0.02%,这主要是由于较湿的饲料发酵所需时间长,瘤胃排空速度慢。但日粮水分也不是越少越好。日粮水分过少会使其适口性变差,同样影响采食量。应尽量控制总日粮干物质的含水量在50%～75%,水分大的青贮或青绿饲料应经晾晒,降低水分含量。饲喂半干优质青贮、优质苜蓿草和加大精饲料的营养浓度是调控奶牛瘤胃环境的有效措施。

(7)合理贮存青、粗饲料 青、粗饲料必须在适宜的条件下进行贮存。如果以干草形式贮存,必须早期刈割,采取快速烘干或晾干,使水分降到 15% 以下再贮存在阴凉、干燥的地方。水分过高一方面会使干草品质快速下降,另一方面容易引起发霉。在多雨季节或其他因素使得晾制干草困难或不可能的地区,可以采用塑料裹包半干青贮法制成青贮饲料保存,效果良好。

(8)建立稳定可靠的优质青粗饲料供应体系　高产奶牛发挥高产泌乳潜力的关键是摄入足量的高质量青、粗饲料。高质量的青、粗饲料包括全株玉米青贮,早期刈割的黑麦草、苜蓿鲜草、干草以及粗纤维含量低的其他优质牧草,每头成年奶牛每年约需相当于 4 500 千克干草的优质青、粗饲料。优质青、粗饲料如果供应不足或不稳定,将会严重限制高产奶牛泌乳潜力的发挥。如果用精饲料代替优质青、粗饲料,短期内虽然效果很好,但对奶牛的健康影响很大,会导致瘤胃酸中毒,奶牛利用年限大大缩短等严重后果。因此,必须建立稳定、可靠的优质青、粗饲料供应体系,保证青、粗饲料全年的稳定、均衡供应。

(9)采取更为细致的分群饲养　高产奶牛各个时期的泌乳量差异很大,对日粮营养的需求变化也很大,如果采用混群饲养,很难做到根据泌乳量调整饲料喂量和日粮营养浓度,结果要么处于泌乳盛期和中期的牛采食不足,要么处于泌乳后期或其他时期的牛采食过多,导致体况过肥。因此,只要条件具备,应尽可能把牛群分得更细。应首先将泌乳牛、干乳牛和围产期的牛分开,再根据泌乳量的高低和泌乳期的不同阶段将泌乳牛群细分,干乳牛群和围产牛群也应根据体况进行细分。由于头胎牛需要比经产牛多花 10%～15% 的时间采食,所以还应该把头胎牛与经产牛分开。

全混合日粮(TMR)是与分群饲养相配套的饲喂高产奶牛的方法。全混合饲料是根据各个阶段奶牛的营养需要,将奶牛所需要的各种饲料(优质干草、青贮饲料和精饲料等)充分均匀地混合在一起,获得各种营养物质全面、均衡的日粮,防止奶牛择食、偏食,防止过食精料。利用全混合饲料让奶牛自由采食,可使奶牛得到较高的干物质采食量,较好地保持瘤胃内环境的稳定性,可以提高饲料的消化率,能够满足奶牛对各种营养物质的需要,达到较高产奶量并维持较长时间。

(10)做好高温季节的防暑降温工作和寒冷地区的防寒保暖工作　高产奶牛对气候的变化要比中低产奶牛敏感得多。因此,夏季要做好防暑降温工作,可以采用在牛舍安装喷雾装置,结合纵向正压通风,降低温度,减轻奶牛的热应激,同时提供足量的清洁饮水。冬季要做好防寒保暖工作,特别要避免寒风直接吹袭乳房,以保证奶牛的稳定高产。

目前,农村个体养牛户对高产奶牛的饲养现状,令人担忧。除多喂些精料外,几乎没有什么特殊的技术措施,尤其是在产奶盛期,高产奶牛营养负平衡十分明显,严重者体质瘦弱变形,甚至在产奶中、后期都不能得到完全恢复。奶牛长期处于十分疲惫的状态,轻者造成利用年限缩短,重者引起多种代谢病、肢蹄病和繁殖障碍等。有的奶农认为高产奶牛的体弱是催奶造成的,所以他们有意识地限制精饲料给量,实际上这只是一种消极的做法。因为产奶是奶牛的第一需要,如果食入的营养物质不能满足产奶的需要,奶牛就要动用体脂肪和体蛋白,而这种以掠夺体能为代价获得的高产是不划算的。因此,在饲喂高产奶牛时,需要投入更大的精力。

(七)干奶期的饲养管理

干奶期一般为 2 个月,可分为两个阶段:一是干奶前期,二是干奶后期即围产前期。奶牛经过长达 10 个月的泌乳期后,停止产奶休养一段时间是十分必要的,它可以保证妊娠后期胎儿的快速增长、母牛恢复体况的营养供给,也使乳腺组织得到很好的调整,是下一胎次稳定高产的重要保证。每头牛的产奶量、体质不一样,适应能力有强有弱,所以牛的干奶方法要因牛而异。

1. 干奶前期　是指从停止挤奶至产奶活动完全停止,乳房恢复松软正常这一期间,时间为 1～2 周。干奶前期的饲养原则是在满足干奶牛营养的前提下尽早停止产奶活动。为使其停止产奶,对体况好的奶牛,此期主要喂优质干草,最好不喂青贮、苜蓿和多汁饲料。要防止肥胖,以免影响分娩。对体况欠佳奶牛,应以泌乳牛营养需要为准。对于一般体况的奶牛,可以青、粗饲料为主,适当搭配精料(占体重 0.6％左右)。混合精料的喂量视粗饲料的质量和奶牛膘情而定。一般按日产奶 10～15 千克的标准饲养。日粮组合,优质青干草 8～10 千克,青绿饲料 15～20 千克,混合精料 3～4 千克。

2. 干奶后期　指干奶前期结束至分娩前。干奶后期的饲养原则是要求膘情差的母牛适当增重,到临产前保持中等体况。产前 4～7 天,如果乳房过度肿大,要减少或停止精料和多汁料;如果乳房正常,也可以饲喂多汁料。产前 2～3 天,日粮中加入轻泻饲料,如小麦麸,以防止便秘。

干奶期奶牛需要特殊的饲养管理,如果饲养管理不当,不仅直接影响到本胎次的健康状况,而且对下个泌乳期的产奶量也有极大影响。因此,应把干奶牛的饲养管理放在重要位置。传统的方法认为,干奶期是奶牛为下一个泌乳期贮备能量的时期,日粮中精饲料的喂量相对较高。近年来的研究认为,泌乳期奶牛的饲料利用率比干奶期高,所以奶牛改善体况应该是在泌乳期,而不是在干奶期多喂精料。

随着 TMR 技术的应用和饲喂技术的提高,不再提倡加大干奶期奶牛精料的的采食量;相反地,应该在泌乳后期适当少喂一些精料,以便在结束泌乳转入干乳时,既能保持良好的体况,又不过分肥胖。而在干奶期间,不再负担恢复体况这一任务,只喂些维持饲料,精料尽量少喂。这样做的目的是使奶牛的消化道本身在上一泌乳期使用较长时间的精饲料日粮之后,得到一个调整的机会。在整个泌乳期,厚重的精饲料使瘤胃承受相当大的压力和负担,在干奶期多喂些粗饲料,尤其是干草,对改进瘤胃生理健康起着极其重要的作用。母牛产犊前后容易出现的乳房炎、酮病、乳热症、肥胖综合征、真胃移位等疾病都与干奶期饲喂能量过多和粗饲料不足有关。如果奶牛在产奶后期的体况已得到恢复,在干奶期最好的饲料日粮莫过于只喂干草,不喂精料。然而在我国广大农村,其粗饲料的质量还很难达到这种水平。在条件不具备时,不要盲目采用这种方法,以免弄巧成拙。

对干奶牛要注意保胎,不要让孕牛躺卧在湿冷的地板上或是坎坷不平的地方。天冷时,清洗牛体时要小心,以防感冒。禁喂冰冻、霉烂的饲料,冬季饮水水温应在 10℃～12℃。要适当运动,活动时要与其他牛群分开,以免相互顶撞,产前停止活动。干奶 1 天后开始按摩乳房,促进乳腺发育,每天 1 次,不要按摩乳头,产前出现乳房水肿停止按摩。坚持刷拭牛体,促进血液循环,以利于乳腺发育和提高下一泌乳期的产奶量。

3. 停奶时间与干奶方法

(1)确定适宜的停奶时间 每头牛干奶期的长短应以保证乳腺功能得到充分调整、母牛在分娩前能达到中、上等营养膘情为原则,以能保证下一胎次的生产。奶牛干奶期一般为 60 天左右;对高产、一胎牛、体弱和营养差的牛,可适当延长至 70～75 天;而中、低产、体质好的牛则可缩短至 45～50 天。值得强调的是,对高产牛,无论日产量有多高,都应果断地断奶,以免影响下一胎次生产。

(2)干奶方法

① 逐渐干奶法 在 1～2 周的时间内将产奶活动停下来,一般的做法是先控制营养供应,以减少泌乳活动的物质基础。即减少精料,撤去青饲料、多汁料(包含块根及青贮)及糟渣类,增加干草喂量;关闭自动饮水器,控制饮水量。改变挤奶次数,以打乱正常的泌乳和排乳反射活动,即从原来的每天 3 次挤奶,改为 2 次,再由 2 次改为每天挤奶 1 次,然后隔天挤奶 1 次,继而隔 2～3 天挤 1 次,直到日挤奶量 3～4 千克时,才停止不再挤奶。

这种干奶方法,因时间拖延过长,对牛体健康不利,目前生产上应用不多。但是对一些高产牛泌乳性能好,不容易干奶者,或曾有乳房炎病史及检出有隐性乳房炎者,采用此法干奶较为安全。

② 快速干奶法 是目前生产中应用最多的一种方法,在 5～7 天内将奶干完。在开始干奶的第一天,撤掉日粮中的全部多汁饲料和精饲料,只喂干草;控制饮水,减少挤奶次数。第一天由挤奶 3 次改为 2 次;第二天挤奶 1 次或隔日 1 次,当日产奶量降至 8～10 千克以下时,即不再挤了。在挤奶操作上最关键的是要做到每次"挤净",尽可能减少残留乳,特别是在最后一次挤奶时,更要注意加强热敷按摩,认真挤净最后一把奶。当奶挤完后,将乳房和乳头擦拭干净,然后把抗生素软膏注入每个乳头孔内(图 5-10)。常用的有金霉素眼膏,或干乳抗生素软膏,每个乳头孔注入 1 支即可。然后用 4% 次氯酸钠或 0.3% 洗必泰溶液(或其他消毒药)药浴乳头,或者用火棉胶封闭乳头,可以大大减少乳房炎的发生。

③ 一次性药物干奶法 即在计划停奶之日,除减少饲料供给和控制饮水等措施同快速干奶法外,所不同的是不管母

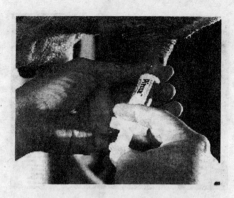

图 5-10　乳头孔中注入干奶剂进行干奶

牛产奶量多少,只采取 1 次挤净后,就封闭乳头,不再挤奶。但必须由技术最好的挤奶员来操作,特别注意对乳房的热敷和按摩,务必"挤净"全部牛奶,尔后每个乳区用青霉素 100 万单位,链霉素 0.5 克,蒸馏水稀释 20~24 毫升,进行乳区灌注,然后用抗生素软膏注入乳头孔内进行封口。目前,许多兽药厂家都生产有干奶专用药物,将干奶剂或其他干奶药物注入乳头孔中,乳头外浸蘸保护剂(图 5-11),保护乳头免受细菌的侵扰,减少乳房炎的发生。

　　无论采取哪种方法干奶,当以上操作结束后,要认真观察母牛乳房变化。前 2~3 天乳房明显充胀,这是正常的现象,不要按摩,更不得挤奶;3~5 天后积奶渐渐被吸收;7~10 天乳房会逐渐干瘪、体积明显变小,乳房内部组织变松软,这时母牛已停止泌乳活动,干奶成功。但当乳房出现局部的红、肿、热、痛症状,则是乳房炎的表现,应及时治疗,待炎症消失后再干奶。停奶后要适当地增加运动量,以增强体质。同时控制多汁饲料的饲喂量,减轻乳房的负担,以尽快干奶。

图 5-11　注入干奶剂以后再用保护剂浸乳

4. 干奶应注意的事项

(1)注意保持乳房清洁卫生　干奶过程中,奶牛乳房充胀,甚至出现轻微发炎和肿胀,极容易感染疾病。此时应保持牛舍清洁干燥,勤换垫草,防止母牛躺卧在泥污和粪尿上,以保持乳房清洁卫生。

(2)注意观察母牛反应　干奶过程中,大多数母牛都无不良反应,但也有少数母牛出现发热、烦躁不安、食欲下降等应激反应。要及时发现,及时处理,防止继发其他疾病。对反应剧烈的母牛可采用肌内注射镇静剂配合广谱抗生素对症治疗。

(3)防止胀坏乳房　在干奶过程中,一旦出现乳房严重肿胀、乳房表面发红发亮、奶牛发热、乳房发热等症状,如果再坚持不挤奶,就会将乳房胀坏。出现这种情况,要暂停干奶,将乳房中的乳汁挤出来,对乳房进行消炎治疗和按摩,待炎症消失后,再行干奶。

(4)加强管理　与大群产奶牛分养,禁止按摩、碰撞、触摸乳房。保持牛舍空气新鲜,夏季防暑,冬季防寒,禁喂霜冻霉变饲料,冬季饮水温度不低于 10℃,防止母牛出现疾病,造成干奶失败或母牛流产。

四、犊牛的饲养管理

(一)初生犊牛的护理

1. 清除黏液 出生后要首先清除口、鼻中的黏液,如犊牛已吸入黏液,可提后肢倒吊起来,拍打胸部,使之吐出黏液,并用干净毛巾擦净身上的黏液。也可由母牛自己舔干,以利呼吸。

2. 断脐带 消毒的剪刀在距脐孔 10～12 厘米处剪断,用 5％碘酊浸泡消毒,防止发炎。

3. 注意保暖 冬季和早春产犊,应让母牛舔干犊牛体表,并转到暖室饲养。

4. 及时哺乳 母牛产后 5～7 天内所分泌的乳汁叫初乳,含有较高的蛋白质,特别是含有丰富的免疫球蛋白、矿物质、镁盐、维生素 A 等,这些物质可提高犊牛的免疫力,促使胎便的排出。产后吃初乳越早越好。犊牛产后 1 小时,当犊牛站起,并出现吸乳反射时,要进行第一次哺乳。健康的犊牛,第一次初乳喂量为 1.5～2 千克(图 5-12)。这次喂量不应太多,以免引起消化紊乱,所用喂乳器具必须符合卫生要求,初乳哺喂时的温度应保持在 35℃～38℃。过 5～6 小时,再让吃上 1～1.5 千克初乳。犊牛刚出生能较好地吸收初乳中的免疫球蛋白,出生后 24 小时,对免疫球蛋白就不能再吸收了。如果犊牛出生 24 小时内吃不上初乳,体内抗体水平下降,抵抗疾病的能力减弱,容易患犊牛大肠杆菌病,引起腹泻甚至死亡。

注意母牛乳房及乳头卫生。挤奶前要事先洗净,去掉粪尿污物,乳头也要消毒,并先用手把每个乳头的奶挤出3把,不要让犊牛吃,单独处理,弃掉。

图 5-12　初生的犊牛及时喂初乳

初乳可喂 5～7 天,日喂量为体重的 1/8～1/6,每日 3 次,分 3 等份,温度为 36℃～38℃。每天应定时、定量、定温,不可让犊牛饮用冷初乳。因为冷奶不易完全到达皱胃及时凝固,易引起胃肠疾病。最初犊牛不会在桶内喝奶,饲养人员要训练犊牛吸奶。方法是可让牛臀部紧靠墙角,饲养人员用双腿夹住牛的颈肩部,一手拿盆或小桶,另一手拇指按住犊牛鼻梁,食指和中指蘸奶伸进犊牛口中,逐渐将犊牛嘴唇浸到奶液面教它吃奶。经过 2～3 天训练,犊牛即可自己吸乳(图 5-13)。

1 头母牛可产初乳 100 千克左右,而犊牛可饮用 20～25千克,剩余的初乳可冷藏保存,也可用发酵法保存下来。发酵初乳方法有自然发酵法和加酸发酵法。

自然发酵法是将初乳过滤倒入清洁桶内,盖上桶盖,在室内放于阴凉处,在 20℃以下环境可自然发酵。初乳黏度大,应用洁净木棒每天搅动 1～2 次,以防凝固。一般在 10℃～15℃

图 5-13　训练犊牛吃奶

条件下 4～6 天,15℃～20℃条件下 2～3 天可发酵好。发酵初乳可保存使用 30～40 天。过期或有异味变质者不要再喂。

当气温超过 20℃时,宜采用加酸发酵法。所谓加酸发酵法,是在初乳中加入 1‰丙酸、乙酸或甲酸,制作与自然发酵相同。在 25℃以上气温条件下可保存 2 周。发酵好的初乳微黄色,有乳酸香味,呈豆腐脑状。

初乳经发酵处理后干物质及主要成分有不同程度的减少,有益菌总数增加 15.6 倍,其中主要是对犊牛有利的乳酸菌,大量乳酸菌进入肠道可抑制有害细菌,使犊牛腹泻明显减少,体尺和体重也普遍高于或不低于常乳培育的犊牛,而且费用降低了。饲喂时以 2～3 份发酵初乳加 1 份水稀释,喂量与不发酵初乳喂量相同。

5. 犊牛舍(产房)的温度　犊牛舍适宜温度为 15℃～25℃。当犊牛的环境温度低于 10℃时,维持需要增加。相反,当环境温度高于 27℃时,如果不能自由饮水,犊牛容易脱水。

(二)哺乳期犊牛的饲养管理

从出生至断奶的 3 个月内,犊牛生长发育迅速,但此阶段也是犊牛易发病的危险期,做好该阶段的饲养管理至关重要。

1. 初乳期的饲养管理

(1)初乳的喂量　初乳的喂量要根据犊牛的体重定量喂给,一般喂量占犊牛体重的10%。初乳期犊牛可采用以下哺乳方案:①出生后 30～60 分钟喂初乳 1.5～2 千克;②1～3日龄喂初乳 3～4 千克;③3～5 日龄,喂初乳 3.5～5.5 千克。犊牛喂奶的量跟体重和气候条件有很大关系,具体喂量见表5-6。

表 5-6　不同体重和温度条件下犊牛每天的喂奶量　(千克)

年　龄	温　暖			凉　爽			寒　冷		
	(20℃以上)			(0℃～20℃)			(0℃以下)		
体重(千克)	<32	40	>42	<32	40	>42	<32	40	>42
1～3 天(初乳)	3	3.5	4.5	3.5	4.5	5.5	3.5	4.5	5.5
4～7 天	3	3.5	4.5	3.5	4.5	5.5	3.5	4.5	5.5
第二周	3	3.5	4.5	3.5	4.5	5.5	4	5.5	6.5
第三周	3	3.5	4.5	3.5	4.5	5.5	4	5.5	6.5
第四周	3	3.5	4.5	3.5	4.5	5.5	4	5.5	6.5
第五周	3	3.5	4.5	3.5	4.5	5.5	4	5.5	6.5
第六周	3	3.5	4.5	3.5	4.5	5.5	4	5.5	6.5
第七周	3	3.5	4.5	3.5	—	—	4	—	—
第八周	3			3.5	—		4	—	—

(2)初乳期的护理

第一,犊牛饲养的环境及所用器具必须符合卫生条件。对新生犊牛一定要加强护理,精心饲养。

第二,犊牛饮用的鲜奶品质要好。凡患有结核病、布氏杆菌病、乳腺炎的母牛奶都不能喂犊牛,也不能喂变质的腐败奶。

第三,每天多次观察犊牛精神状态,测体温、心跳和呼吸,发现异常及时检查和处理。正常犊牛体温 38.5℃~39.5℃。当犊牛体温升到 40℃ 为低热，40℃~41℃ 为中热，41℃~42℃ 为高热。每天把体温记录下来，并绘制成体温曲线图，对发热的犊牛应查明原因。初生犊牛心跳 120~190 次/分；哺乳犊牛心跳 90~110 次/分；育成犊牛心跳 70~90 次/分；正常呼吸次数 20~50 次/分。炎热夏天呼吸次数增加。

2. 常奶期间的饲养管理　犊牛生后 7 天开始喂常奶，每日喂量为犊牛体重的 8%~12%。随着日龄的增长，喂奶量逐渐减少，并进行早期补饲，及早补饲有利于促进瘤胃发育。发育良好的瘤胃对于奶牛来说是非常重要的，对于犊牛可以提供充足的营养，保证犊牛健康发育。另一方面，健康的瘤胃是奶牛终身的财富，为以后高产打下基础。为了促进犊牛消化系统发育，提早建立瘤胃微生物区系，增强消化力，使犊牛提前反刍。

为诱导犊牛采食精料，喂奶之后还可将少许牛奶洒在精料上，或将精料煮成粥加在牛奶中饲喂，或将少许精料放在手指上让犊牛吮舐。一般 2 周龄以后，犊牛便可自行采食精料。从这时开始在饲槽内可以给犊牛喂开食料，供犊牛采食。

(1)开食料的配制与利用　开食料又称犊牛代乳料，是根据犊牛营养需要用精料配制，它的作用是促使犊牛由以奶为主向采食植物性饲料过渡。饲料的形态可做成粉状或颗粒状，从犊牛 2 周龄时可让其采食。至 30 日龄时每天采食 250~300 克，至 2 月龄时每天能采食 500~600 克(图 5-14)。

开食料的配方很多，其原料为植物性饲料和牛奶的副产品，如脂肪、干乳酪、干乳清等，乳制品的比例可达 50%~80%，再加入维生素、矿物质、微量元素、维生素 A、维生素 D 及抗生素等，粗脂肪含量为 7.5%~12.5%，干物质为 72%~75%，每天总蛋白质的喂量不低于 160~170 克。

图 5-14 犊牛采食代乳料

(2)人工乳的配制与利用 为了节约鲜乳,一般在犊牛出生后 10 天左右,用人工乳代替全乳。人工乳成分,要求每千克干物质中含有脂肪 200 克,粗蛋白质 240~280 克,碳水化合物 450~490 克,灰分 70 克。

由于新生犊牛对淀粉的消化力弱,应将淀粉控制在5%~10%,可以用作人工乳的饲料有大豆、鱼粉、小麦、豌豆等。例如用充分煮熟的大豆粉,用酸或碱处理后加入到人工乳中喂犊牛。用此料喂犊牛,从出生至 6 周龄可平均日增体重 500克。用大豆粉配制的人工乳配方见表5-7。

表 5-7 用大豆粉制作 50 千克液体人工乳配方

原料名称	用量(千克)	原料名称	用量(千克)
豆　粉	5.00	多种维生素	0.037
氢化植物油	0.75	丙 酸 钙	0.304
乳　糖	1.46	蛋 氨 酸	0.004
5%金霉素溶液	0.008	水	42.437

大豆粉的处理方法是:加入 0.05％氢氧化钠溶液将大豆粉拌成糊状,在 37℃下焖 7 小时,再用盐酸中和至中性。

在补充精料的同时也可给犊牛补饲多汁饲料和粗饲料。犊牛在 20 日龄时可开始补喂胡萝卜。胡萝卜在喂前要切碎,喂量由少到多,开始日喂 20 克,到 2 月龄时增加至 1～1.5 千克,3 月龄为 2.3 千克。从 2 周龄开始训练犊牛采食优质柔软的青干草和青贮,但青贮喂量不宜超过青干草的 50％(干物质),每天的采食量要逐渐增多,到犊牛断奶时,青贮可喂到1.5～2 千克。

犊牛及早得到补饲,刺激了瘤胃的发育,尽快建立微生物群落,增强了犊牛采食消化能力,不仅瘤胃容积增大,而且内层黏膜上的绒毛也增高(图 5-15,图 5-16)。肠道也得到较早发育,提高了胃肠的消化功能,可以减少喂奶量,为早期断奶做准备。

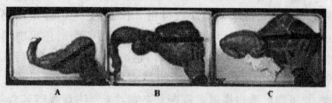

图 5-15　6 月龄犊牛的瘤胃体积比较
A. 只喂牛奶　B. 喂牛奶补充谷物饲料
C. 喂牛奶补充谷物和干草

(3)饮水　犊牛仅靠吃奶中的水分满足不了机体的需要,生后 1 周要训练饮水。最初可在牛奶中加入 1/3～1/2 的热水,以后在犊牛吃完奶 1～2 小时,给温开水 0.5 升,半个月后逐渐改为新鲜清洁的普通饮水,以用自动饮水器最理想。

图 5-16　6 月龄犊牛瘤网胃内壁黏膜的发育比较

A. 只喂牛奶　B. 喂牛奶补充谷物饲料

C. 喂牛奶补充谷物和干草

3. 断　奶

(1)常规断奶　一般犊牛长到 3 个月左右,即可断奶。断奶期是犊牛从以哺乳为主,逐渐转到全部采食精饲料和饲草的过渡时期。这对犊牛来说,是一个很大的改变,必须精心饲喂。

在断奶前半个月,要开始逐渐增加精、粗饲料喂量,减少牛奶喂量。每天喂奶的次数可由 3 次改为 2 次,开始断奶时可由 2 次改为 1 次,然后隔日 1 次。到临断奶时还可喂给掺水牛奶。先喂 1∶1 掺水牛奶,再逐渐增加掺水量,最后几天全部由温开水代替牛奶。如断奶前犊牛采食粗饲料能力过差,断奶期可适当推迟。刚断奶的犊牛,要注意观察其食欲,饲料变化不得过于突然,要逐步使其适应以青、粗饲料为主的日粮。

用低奶量饲养犊牛时,犊牛所需的能量、蛋白质、矿物质、微量元素和多种维生素等成分,必须以常规饲料加以满足,防止发生营养缺乏。另外,还要考虑犊牛所处的环境温度。如犊牛处在低温或高温条件,需按营养标准补加营养。一般每年上半年出生的犊牛生长发育效果较好,而下半年出生的犊牛因受高、低温影响,部分生长发育不够理想的,哺乳期可适当延长。

(2)早期断奶　随着饲养技术水平的提高,规模奶牛场一般实行早期断奶。犊牛早期断奶技术已广泛应用于生产中,它具有节约商品奶和劳动力、降低培育成本和促进犊牛消化器官的发育等优点,更具有发挥母牛生产力的特点。根据我国目前饲养奶牛的实际情况,奶用犊总喂奶量在 200 千克以下,2 月龄断奶为早期断奶。也有的提前到 30～40 日龄。早期断奶的方法有以下两种。

① 全乳与开食料混合使用法　该方法断奶时间在 6 周龄,全期共用鲜奶 150 千克,开食料 17～23 千克。在 1～7 日龄喂初乳,每天 5 千克;8 日龄开始每天喂全乳 4～4.5 千克,10 日龄开始喂开食料和干草,开食料从每天 100～150 克逐渐增加。开始时可在犊牛喂奶快结束时,把开食料倒入奶桶中,让犊牛吃,经 4～5 天后犊牛习惯了,再直接干喂。其间选优质干草供自由采食,供给新鲜清洁饮水。在断奶前后喂奶量逐渐减少到停喂,以免料奶变化太快,引起犊牛消化不良。断奶后逐渐增加开食料喂量,到 3 月龄时,开食料喂量增加到 2 400～2 500 克,然后转入普通精料。换料时也要逐渐进行,其间干草供自由采食,饮水量应逐渐增加。

② 全乳、代乳品和开食料混合使用　采用该方法可用代乳品替代部分鲜奶,鲜奶用量可控制在 100 千克以内。方法是 1～7 日龄喂初乳,8 日龄开始每天喂全乳 2.5 千克,代乳品和少量开食料喂 400 克,10 日龄起自由采食干草。至 21 日龄开始适当减少乳量和代乳品,至 28 日龄喂开食料达到 700～800 克时,逐渐停止鲜奶和代乳品喂量。1 月龄左右断奶。改为一般精料。

犊牛早期断奶,尽早喂料和干草,不仅可以节省鲜奶的饲喂量,还可以促进犊牛瘤胃的发育,增强后期利用粗饲料的能力,全乳中铁和维生素 D 含量较少,全部使用鲜奶不能满足犊牛营养发育的需要,会导致营养摄入不平衡,所以必须用适当的饲料,如开食料来补充。早期断奶犊牛与高奶量哺育犊牛相比,早期发育上稍有落后,但后期可利用补偿代谢赶上,不会影响产奶。

4. 犊牛的日常管理

(1)带耳号　新生犊牛要及时戴上耳号。耳号是识别牛群系谱的依据,也是进行育种评价的依据,对母牛和犊牛的生产管理和生产性能测定都有很大的帮助。按照中国农业部最新推荐的全国奶牛统一耳号编制方法,耳号一般由地区编号、牛场编号、出生年和自身序号四部分组成。

例如,北京大兴某奶牛场有 1 头荷斯坦母牛出生于 2005年,在本奶牛场出生的顺序是 89 个。假设北京市编号为 11,该奶牛场在北京的编号为 0003,该奶牛在全国的统一编号为110003050089。

(2)隔离　犊牛出生后应与母牛分开,实行单栏喂养(图5-17),防止自行吃母乳和相互乱舔,以防养成舔癖,使被舔犊牛造成乳头炎和脐炎。舔吃牛毛还会在胃内形成毛球,影响消化和健康,有时会危及生命。

农村散养户以分散管理为主,有让母牛带犊牛的习惯。这样虽然管理起来省事,但是对犊牛和母牛都不利:一是犊牛以牛奶作为惟一营养来源,不能培养犊牛及早采食饲料的能力,影响瘤胃发育;二是犊牛偷吃奶,每次吃奶都会引起母牛产生排乳反射,但犊牛的吃奶量有限,每次乳房不能排空,影响母牛乳房的泌乳性能,降低整个泌乳期的产奶量;三是犊牛喂奶量不易控制,易产生过食现象;四是如不及早隔离

图 5-17　犊牛隔离饲养

饲养,犊牛和母牛相互产生依赖性,到以后断奶时应激反应较大,影响母牛产奶和犊牛采食。因此,犊牛出生后一定要隔离饲养。

奶牛养殖小区的犊牛可采用两种方式管理:一是每个单元分散管理,各单元的犊牛由自家饲养管理,这种方式虽然易于照顾,但费时费力,而且需要有一定的管理经验;二是集中管理,较大的小区或奶牛场可建造"犊牛岛",把小区里的犊牛集中起来,由有经验的饲养员统一饲养管理,这种方式对养牛户来说省时省力,但需交纳一定的费用。

(3)哺乳卫生　每次喂完后,要用干净的毛巾将犊牛口周围残留的奶汁擦干净。哺乳用具用后要及时清洗,定期消毒,放置妥当。

(4)舍内环境卫生　犊牛舍内要干燥通风,防止阴冷潮湿、忽冷忽热,垫料要勤换,定期消毒。

(5)运动　通过运动接触阳光,增强体质。随着日龄的增长,延长舍外活动时间。

(6)刷拭　用软刷轻轻刷拭牛体,使牛感到舒适,又可以调教犊牛,做到人畜亲和。刷拭还可以促进血液循环,保持机体卫生。严禁恫吓和打牛。

(7)去角　成年母牛带角不利于管理,如果发生争斗,容易造成抵伤,所以要给母犊去角。去角的最佳时间为7～14日龄,此时去角对牛造成的应激较小,不会造成犊牛的休克,对采食和日后生长发育的影响也较小。去角常用的方法有苛性钠法和电去角法。

① 苛性钠法　先剪去角基部周围的被毛,在角基部周围涂上一圈凡士林,然后手持苛性钠棒(手握端用纸包裹)在角根上轻轻地擦磨,直到皮肤发滑及有微量血丝渗出为止。约半个月后该处便结痂不再长角(图 5-18)。此方法是用化学腐蚀的方法将角生长点细胞杀死,停止生长。此法适应于较小日龄的犊牛。利用苛性钠去角,原料易得,易于操作,但在操作时要防止操作者被烧伤,在去角初期须与其他犊牛隔离开来,同时避免雨淋,防止苛性钠流到犊牛的眼睛和面部,给犊牛造成损伤。

图 5-18　药物去角法

② 电去角法　电去角是利用高温破坏角基细胞,达到不

再长角的目的。先将电去角器通电升温至480℃～540℃,然后将去角器按压在角基部10～15秒,直到其下部组织烧得光亮为止,但不宜太深太久,以免烧伤下层组织(图5-19)。此方法是用烧烫的方法将角生长点细胞杀死,停止生长,适应于日龄较大、但不超过90日龄、牛角还没长出的犊牛。去角后应注意经常检查,在夏季由于蚊蝇多,有化脓的可能。如有化脓,在初期可用3%双氧水冲洗,再涂以碘酊。

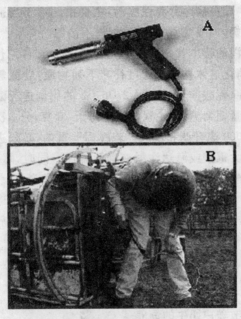

图5-19 用电去角器给奶牛去角

A. 电去角器 B. 去角

(8)定期称重 犊牛哺乳期内还应定期进行称重,按时记录喂奶及饲料量。有条件的还要搞好体尺测量。

(9)注意观察 要经常观察犊牛的食欲、精神状况及粪便等。犊牛每天排粪 1～2 次,犊牛粪呈黄褐色,吃草后变为黑色。凡排水样便、黏液便、血便都是患病的表现,应及时报告兽医治疗。

(10)**防治常见病**　腹泻和肺炎是犊牛常见的两种病。

① **腹泻**　犊牛腹泻的病因有病原微生物引起的腹泻和营养性腹泻。病原微生物引起的犊牛腹泻又可分为细菌性腹泻,如大肠杆菌病;病毒性腹泻,如牛的病毒性肠炎;寄生虫病,如犊牛球虫病。营养性腹泻,主要由饲喂不当引起,如饲喂冰冷的奶,饲喂变质的坏奶,饲槽不洁等。

对腹泻的犊牛首先减少全乳喂量,减少或停用代乳品、开食料,使消化道休息。此时可补充下列物质:碳酸氢钠、氯化钠、氯化钾、硫酸镁,可按 1:2:6:2 的比例进行配制,还可再加入少量葡萄糖、维生素。犊牛每天 20 克,分 2 次喂服,每次用水 1000 毫升调和饮入。若腹泻严重的,必须进行补液,并配合庆大霉素或海达注射液静脉滴注。同时,每头每天配合内服乳酶生 2 克,酵母 5 克,也可用乳酸菌素片。

② **肺炎**　多由感冒转化而来,也可能原发于细菌性感染,如肺炎双球菌、链球菌性肺炎。应注意早期诊断及时采用抗生素进行治疗。

五、散养户奶牛的饲养管理

(一)散养户奶牛的饲养

农村散养户是以家庭为单位进行庭院式的养殖,规模小,奶牛饲养在自家的院前院后,利用自家的闲置房舍。这样的养殖方式便于管理,可以充分利用家庭成员的闲散时间,采取比较灵活的方式。但家庭养殖奶牛人、畜同院,奶产品存在安全隐患。因此,要加强饲料和奶产品的卫生管理。

1. 分群饲喂　散养户奶牛虽然规模小,但不同阶段的奶牛营养需要差别很大,需要分开饲喂,不必分太细,大致可分为犊牛、产奶牛和干奶牛。

2. 农牧结合,种草养牛　农户养奶牛,突出的问题是日粮结构不合理,粗饲料中缺乏优质干草,精饲料中蛋白质饲料不足。提倡农牧结合,种草养畜。养奶牛与饲料地配套,做到每头奶牛有 3 333～4 000 平方米(5～6 亩)的饲料地。

3. 充分利用农副产品饲料　豆腐渣、甜菜渣、甘蔗渣、红薯渣、红薯秧、南瓜秧、花生秧、豆秧、豆角皮、西瓜皮、谷糠、白菜叶、萝卜叶、嫩玉米穗轴(芯)、青草等都可作为奶牛的饲料。

4. 保证采食量　农村往往根据人的 1 日 3 餐来安排牛的饲喂次数,实际上奶牛更喜欢吃"零食",每 1～2 个小时采食 1 次。因此,应该让奶牛自由采食或增加饲喂次数,每天饲喂 4～5 次。

5. 提倡喂全混日粮　农村传统喂奶牛方法,是将精料与粗料充分拌匀后喂牛,以增加采食量。现在有的养奶牛户利用手工的方法或简单的搅拌工具,将粗饲料、精饲料、矿物质饲料拌成全混饲料,取得了良好的饲养效果。

6. 保证饮水　产奶牛 1 天需要 55～75 升的水。让奶牛饮清洁的水源,夏季不要饮过凉的井水,冬季不要饮冰水。适宜的饮水温度是 $10℃～12℃$,有条件的可把水适当加热后饮用。充分利用废秸秆和取暖的火炉加热冷水,农户加工豆腐、淀粉的水、新鲜的泔水也可以饮用,但腐败的水不可让奶牛饮用。要让奶牛得到充足的饮水,有水槽的让奶牛自由饮水,没有饮水槽的要增加饮水次数,冬季 1 天饮水 4～5 次,夏季每天饮水 6～7 次。

(二)散养户奶牛的管理

1. 合理划分院落布局 虽然家庭养殖是利用家庭闲置院落,人、畜同院,但也要做到相对分离。院子大的最好分成前院、后院,中间用墙隔开。人居住在前院,进出方便;牛养在后院,在后院开门,避免奶牛经常穿行前院,后院开门也便于出粪;草料可放在前院,设置配料间、草房。如果后院不能开门,则牛要养在前院,人住在后院,便于牛出入,减少污染范围(图 5-20)。家庭院落小的也要把奶牛相对固定在一个区域内,最好人、畜两道分开,减少交叉,人住在地势较高的一侧,牛圈有排水沟,不可有积水。

图 5-20 家庭养牛要合理布局,人和牛分开

2. 坚持防疫 春、秋两季要检测布氏杆菌病、结核杆菌病 1 次,取得健康合格证,防止人兽共患病的发生。由当地畜牧兽医部门完成。

3. 定期驱虫 投药时期在母牛分娩后 48 小时以内。方法为口服,药量按体重计算,每千克体重服 68.8 毫克。据国外试验,用噻苯咪唑给奶牛驱除消化道线虫,可使牛奶增产。日本北海道的 21 个牧场驱虫的奶牛,比不驱虫的平均每头每个泌乳期多产奶 409.3 千克,乳脂量增加 12.6 千克。

4. 保持牛舍及家庭卫生 坚持每天清扫院子和牛圈,随时清理牛粪。有条件的要建造化粪池或沼气池。牛圈要铺垫料供奶牛躺卧休息,垫料用干燥干净的秸秆,经常更换,不要让奶牛在低洼泥泞或湿冷的水泥地上躺卧休息,以免引起疾病和乳房炎。牛圈周围要经常撒上生石灰。坚持定期全面消毒,冬季每周消毒 1 次,夏季 2～3 天消毒 1 次,有疫情时每天消毒,定期喷洒药物,消灭蚊蝇。

5. 适当运动 散养户奶牛每天要有一定的运动时间,牛圈要有足够的空间,不要太拥挤。要建造运动场,运动场地面最好建成砖铺地面或三合土地面,要有一定的坡度利于排水,低处设置水槽,给奶牛创造一个舒适的环境。

6. 夏季注意防暑降温,冬季注意保暖 奶牛怕热不怕冷,在运动场高凸处搭建凉棚,让奶牛在阴凉干燥的地方休息,同时又可保持良好的通风。家附近有树的,夏季可把奶牛拴系在树阴下乘凉。

7. 定时定点饲喂 夏季饲喂时间集中在早、晚,白天少喂,料槽内尽量少剩料,以防腐败变质和引诱苍蝇。

8. 定时挤奶 使奶牛养成习惯,形成条件反射,有利于提高产奶量。

9. 加强奶站卫生管理 为了消除奶产品安全隐患,有些农村散养户是在固定时间集中到奶站去挤奶。奶站是全村奶牛聚集的地方,如管理不当,容易引起传染病的交叉感染。因此,必须制定严格的消毒程序,要用自家带的干净毛巾擦洗乳房,用流动温水冲洗,挤奶后要用消毒杯药浴乳头20秒。每次挤完奶后挤奶器也要冲洗消毒。患有乳房炎的奶牛不要到奶站挤奶,隔离挤奶后进行无害化处理,不可混装于大奶罐中。

10. 妥善放置秸秆饲料 农村奶牛养殖饲草以玉米秸秆为主,1头成年奶牛每年要消耗大约6 000千克青贮玉米和3 600千克玉米秸秆。秋后农村养牛户要贮存大量的秸秆。但是秋、冬季节也正是气候干燥的季节,玉米秸秆特别容易着火。因此,农村养牛户要加强防火意识,秸秆饲料要放在与人居住相对较远的地方,院前院后有空闲地方的可放在院外,有条件的可划分一部分地方圈起围墙单独存放秸秆(图5-21),但要注意看护,防止小孩在附近玩火,过节燃放烟花爆竹的时候,要远离草垛。如果需要,可以购买灭火器。

11. 充分利用青贮玉米 青贮玉米是营养价值丰富、适口性好的饲料,养奶牛户要尽量进行玉米青贮。庭院要节约地方,进行深窖青贮或塔式青贮,但要考虑取用方便。有的养奶牛户把窖进出口处建成斜坡,既有利于填装,又有利于取用(如图5-22)。家里有空地的养奶牛户可把青贮窖建在院墙周围,青贮窖深3米、宽2.5米,长15米,可装青贮玉米75~80吨。青贮窖上面存放玉米秸秆,充分利用空间,大大提高了庭院的利用效率。

六、不同季节奶牛的饲养管理

(一)春季奶牛的饲养管理

春季气温逐渐回升,日照逐渐延长,最适合奶牛的生理要

图 5-21　秸秆饲料要注意防火

图 5-22　充分利用院前院后的空闲地做青贮饲料

求。在正常情况下奶牛产奶量开始上升,因此,要抓住这个黄金季节,发挥奶牛产奶的最大潜力。

在开春季节,要进行一年一度的防疫检疫工作。春季是细菌、蚊蝇孳生的季节,各种细菌芽胞和蚊蝇虫卵正处在萌生阶段。此时进行环境消毒灭菌,效果最好。

加强蹄部护理。在舍饲条件下奶牛活动量小,蹄角质长得快,容易引起肢蹄病或肢蹄患病引起关节炎。奶牛肢蹄长易划破乳房,造成乳房损伤及其他感染疾病(特别是围产前、后期)。因此,一般在每年春、秋两季由专业的修蹄师对奶牛的蹄叶进行修剪,对蹄叉里面的污物进行清理(图5-23)。同时,检查蹄的健康状况,有蹄病的及时治疗。据试验表明,修蹄的奶牛产奶量可提高5%。另据国外研究证明,在开春放牧前给奶牛修蹄,每年产奶量可增加200千克。

图5-23 修 蹄

(二)夏季奶牛的饲养管理

奶牛体格大,皮毛厚,瘤胃在发酵过程中产生大量热量,但奶牛的汗腺不发达,散热性能不好,周围环境温度的高低直接影响奶牛的生产性能。奶牛怕热不怕冷，适宜的环境温度是-3.8℃～18℃，当牛舍内温度超过26℃时，就阻碍体表热量向外散发，奶牛就会感到不舒服；当气温达到30℃时，奶牛的采食量受到影响；当气温达到32℃时，奶牛的产奶量和繁殖性均能受到影响。夏季光照强、气温高达38℃以上，尤其是南方炎热多雨，相对湿度达到60％以上，奶牛处于应激状态，采食量、繁殖状况和产奶量都受到严重影响，新陈代谢发生障碍，抵抗力减弱，发病率增高。因此，夏季高温、高湿成为我国南方奶牛生产中的一大难题。夏季奶牛的饲养管理应以防暑降温为主，把高温带来的不良影响减到最低限度。

1. 夏季奶牛的饲养

第一，调整日粮。日粮配合要达到少而精的原则，增加高能高蛋白质饲料，缩小日粮体积，选择质量优、易消化、适口性好的饲料，以优质粗饲料为主（优质干草3千克，优质玉米青贮20千克，新鲜啤酒糟10千克左右）。不喂劣质粗饲料，因为消化这些饲料会产生更多的热量。适当增加精料比例，适当拌些水（以攥成团、不流水为好），以便于奶牛采食。增加日粮中缓冲物质的添加量，小苏打由日常的0.4％增加至0.7％、钾增加至1.3％～1.6％，钠占0.4％～0.6％，氧化镁占0.7％～1.1％。如有条件，可喂些甜菜粕、甜菜、胡萝卜、土豆、菜类、瓜类等多汁饲料，可促进消化，提高牛奶产量。

第二，调整饲喂比例和饲喂时间。更多的干物质在凉爽时饲喂，提早早槽的饲喂时间，加大早槽与晚槽的饲喂比例，把日粮的2/3放在早晨7时前和晚上21时后饲喂，夜间在运动场饲槽中加喂青贮和糟渣类饲料，延长饲喂时间。

第三，饮水。夏季奶牛需水量增加，成年奶牛每天5～6次，一般饮水量达到50～70升，个别泌乳奶牛可达100升，必须保证奶牛有足够的饮水。据测定,泌乳牛每产1千克奶需饮水4升。如果饲喂的日粮太干,可以用水拌料,使饲料的含水量达到45%～50%,以提高采食量。在饮水中放入0.5%的食盐,补充盐分消耗,保证牛体正常代谢,并促进奶牛消化。

除饲喂时饮水外,休息时在运动场也应设置水槽让奶牛自由饮水(图5-24)。为防止饮水腐败,每天要刷洗水槽1次,更换饮水。增加饮水器具,保证充足的饮水,增加饮水次数和饮水时间。有条件的可安装自动饮水器,随渴随饮。总之,无论采取什么方式供水,都必须保证奶牛饮水充足。

图5-24 保证充足清洁的饮水

为防止奶牛热应激,可给奶牛饮凉水,或在饮水中添加一些抗热应激的药物,如小苏打、维生素C等。有条件的给奶牛饮凉绿豆汤,对奶牛缓解"热应激"、提高奶牛的产奶量会起到良好的作用。

2. 夏季奶牛的管理

第一，打开通风口或门窗，促进牛舍空气流通。有条件的可在牛舍安装电风扇，让每头牛都能吹到风。

第二，建造喷淋凉棚。许多奶牛活动场上都建有凉棚，晴天时奶牛可以乘凉，雨天可以防止雨淋。如果建造喷淋凉棚，奶牛在凉棚下淋浴，则降温效果更好。其方法是凉棚下面建成水泥地面，棚顶安装喷雾和吹风两种装置，喷雾和吹风交替进行，先喷淋5分钟，让奶牛周身湿透，然后吹风25分钟，反复进行。喷雾时，奶牛身上洒上一层水膜，吹风时水分蒸发，带走奶牛身上的热量，降温效果非常好。这种降温方法适合北方干燥地区，以色列大多数奶牛场都安装这种装置。

喷淋装置在中午最炎热的时候启用，早上和傍晚不需使用。喷淋凉棚须由专人负责管理，若管理不好，往往是泥泞不堪，不利于奶牛卫生，反而成了疾病的传染源。为了防止奶牛滑倒，可在水泥地面上铺上橡胶垫。

挤奶厅也可以安装喷淋降温系统，在牛头上方喷淋30秒，风扇吹5分钟，交替进行，降温效果明显。

第三，在屋顶及四周墙壁进行粉刷喷白，利用白色对阳光的反射，减少辐射热量。有条件的可以进行种养结合，在凉棚周围种植藤蔓植物，如葡萄等，降温效果更好。

第四，降温池。修建一水泥池，水池两端呈缓坡状，池内注入1~1.5米深的清水，池上搭建凉棚，也可安装喷淋系统。奶牛在炎热的夏季可以进入池内洗澡，上面的喷淋系统向下喷水，对奶牛降低体温非常有效，且对乳房健康没有明显影响，但是要注意保持池水的清洁卫生。

第五，消灭蚊蝇。夏季牛场蚊蝇多，不仅干扰奶牛休息，还容易传染疾病。因此，要采取措施，消灭蚊蝇。具体做法是：①牛舍加纱门纱窗，以防蚊蝇进入舍内；②定期在牛舍内及牛舍周围喷洒药物消灭蚊蝇，以防止蚊蝇孳生；③保持牛舍内牛床、过道等干净、干燥，粪便及时清理；④牛场及牛场周围不要积水，污水池、化粪池要建在牛场围墙外，加盖密封，不仅安全，而且可以防止蚊蝇孳生。

第六，做好卫生消毒工作。盛夏期间，细菌等病原微生物繁殖快，要经常打扫牛舍，清除牛舍粪便，保持牛舍及周围清洁卫生，定期用高效消毒剂严格消毒。勤刷洗饲槽和水槽，不饮久放变质的水。

第七，及时防治乳房炎、子宫炎、流行热及食物中毒等，同时要积极采取措施，预防其他疾病。对产后母牛生殖器官经常检查，发现疾病及时治疗。

第八，每天冲洗和经常刷拭牛体，以利牛体散热。

采取以上一系列措施可以减少奶牛疾病的发生，减少夏季应激，使夏季产奶量保持稳定。

(三)秋季奶牛的饲养管理

秋季开始降温，日照变短，特别是晚秋，天气渐冷。这个季节的温度非常适合奶牛生产。但是，由于奶牛刚刚熬过酷夏和雨季，如果在夏季防暑降温工作做得欠缺，牛的体质非常差。所以此时饲养管理的任务以恢复体质为主，不要急于催奶，尤其是少数体弱、高产牛，要重点照顾，在尽快恢复牛群体质的前提下，使产奶量逐步回升。

秋季也是进行青贮的大忙季节，要组织好人力、物力，争取在较短时间内，保质保量完成此项工作。

早秋季节，雨季刚过，牛的蹄质较软。此时进行修蹄最为方便。

为避开翌年暑天产犊,牛群在 10 月 1 日至 11 月 15 日之间应停止配种。

(四)冬季奶牛的饲养管理

奶牛对寒冷有较强的适应能力,所以防寒工作相对容易许多。正因如此,防寒工作往往不被人们重视。如果防寒工作做得不好,奶牛要消耗大量的饲料产热抗寒,也是一笔很大的浪费。奶牛防寒工作要注意以下几个方面。

1. 增加饲料　在寒冷的季节,奶牛要增加 10% 的日粮,以供奶牛抵抗寒冷用。

2. 饲草饲料要多样化　要求日粮中有饲草 3～5 种。奶牛日粮配合:一要喂一定的优质干草;二要喂青贮饲料;三要给予一定的青绿多汁饲料,如胡萝卜、甘薯、冬牧 70 黑麦草等。粗饲料喂量要使奶牛吃饱不限量,精饲料喂量要根据奶牛的个体体况和产奶量确定。

3. 饮水　冬季应给奶牛饮温水,水温不低于 10℃～12℃,严禁给奶牛饮冰水、雪水。实践证明,冬季奶牛饮温水比饮冷水产奶量可提高 5%～10%。采取的方法:①饮用深层井水,有条件的打深水井(征得当地主管部门的同意),由于地温的作用,深层井水的温度为 10℃～12℃,适合奶牛饮用,这种方法简单易行,缺点是必须现取现饮,不能久放;②水槽加温,在水槽底部安装一个 4 500～5 000 瓦的电加热器,通电加热,保持水槽温度在 10℃～12℃。这种方法的优点是能保持水温在 10℃～15℃,缺点是耗电量大,增加饲养成本;③安装恒温饮水槽,利用泡沫材料保温的功能,把饮水槽外壁做成两层,中间填充泡沫材料隔热,饮水槽顶部也用保温材料,在上挖一直径为 25～30 厘米的饮水口,供奶牛嘴伸进水槽里饮水。饮水口的下面做一边长大于饮水口的方形泡沫塑料盖，利用活动环轴安装在饮水口的内部。当奶牛饮水时，嘴按下泡沫塑料盖，打开，饮水；当奶牛饮水完毕，泡沫塑料盖在水浮力的作用下，上浮封住饮水口，保持水温。该水槽如果再安装温控电加热器，就可以保持水温恒定在 10℃～12℃，这种方法可以大大节约水箱加热用电量(图 5-25)。该水槽不仅冬季保持水温不降低，而且在夏季可以保持水温不升高；缺点是一次性资金投入大。

图 5-25　恒温饮水槽

4. 注意防风　虽然奶牛对单纯的寒冷有较强的抵抗力，但奶牛最怕流动的空气和穿堂风的侵袭。在单纯寒冷的天气里，奶牛的产奶量稳定，但在刮大风的天气，奶牛的产奶量下降幅度较大。为了防止穿堂风和贼风的袭击，冬季要把北面的门、窗户堵严，有冷空气入侵、气温突然下降时，及时调节通风孔等。在运动场的北面应设防风墙。除此之外，要及时清除粪尿，保持圈舍清洁干燥，消除低温潮湿的不利环境。对于围产期的母牛、新生犊牛和高产牛，要保证牛舍温度在 15℃

左右。

5. 注意地面保暖　奶牛每天有相当长时间卧在地面上反刍、休息,如果卧在冰冷的水泥或潮湿的地面上,就会对娇嫩的乳房产生较大刺激,影响产奶量。解决这个问题的方法是在牛舍内设自由卧床,并铺设较厚的褥草,给奶牛一个较好的环境。尤其是在下雪天,绝不要因为奶牛比较抗寒而忽略这些环节。

6. 抓好冬季配种　冬季配种,有利于奶牛获得高产。奶牛通常是夏配春生,冬配秋生。若能于冬季配种,可避开炎热夏季产犊,提高产奶量和奶质量,提高奶牛的健康水平。

7. 注意刷拭牛体　要坚持每天早晚各刷拭 1 次,每次 3～5 分钟,要周密刷拭全身各部位,不可疏漏。刷拭宜在挤奶前 30 分钟进行,否则由于尘土飞扬污染牛奶。经常刷拭牛体可提高产奶量 5%～8%。

8. 增加光照　光照与奶牛产奶量有密切的关系,长光照可以促进奶牛泌乳。我国北方 12 月份光照时间不足 10 小时,影响奶牛的产奶量,应补充光照。美国密执安大学研究发现,在奶牛泌乳的最初 60 天内,让牛每天接受 16 小时的光照能提高产奶量 10%;另据报道,冬季奶牛光照增加至 16 小时可比自然光照条件下多产奶 10%,对泌乳前期和泌乳后期补充光照的母牛,其产奶量平均增加 6%～7%。长光照促进奶牛产奶量的增加与长光照促进催乳素(PRL)和类胰岛素促生长因子-I(IGF-I)的分泌有关。

9. 加强运动　冬季天气寒冷,奶牛习惯吃饱后就躺下,不愿走动,这样会降低产奶量。因此,应加强奶牛的运动,每天奶牛的运动时间不应少于 1～2 小时。在阳光充足的时候,把牛赶入空闲地里,让其自由活动,可以提高产奶量。据俄罗斯科学家试验,让奶牛每天运动 1～2 小时,每小时走 3～3.5 千米,可使产奶量增加 10%～15%,还能提高奶牛的生殖率。但不要在小的运动场或牛舍内强迫牛运动,这样会引起奶牛不安,产奶量也会下降。

10. 防治疾病 按免疫程序进行疫苗免疫接种。入冬后要驱虫。发现疾病要早治疗,确保奶牛健康,促进多产奶。

七、提高母牛繁殖率的综合措施

(一)科学饲养管理

母牛产后出现乏情的主要原因是营养跟不上,母牛体况不能及时恢复,影响子宫的恢复和发情。失重期超过 90 天的母牛与失重期 70 天的母牛相比,子宫恢复和配种时间要延长 25～26 天。据上海市光明乳业集团统计(2005),失重期超过 90 天的初产母牛产后 70 天首次发情的小于 35%,经产奶牛 80 天首次发情的小于 40%。所以,奶牛要加强饲养管理。对于 70 天以后乏情的母牛,适当减少挤奶次数,多喂青绿饲料,如仍不发情,可以进行人工催情。

(二)做好发情鉴定并适时配种

在产后 40～60 天对发情母牛进行配种,对未发情母牛进行健康检查及直肠检查,看有无卵泡发育,以防漏配。

(三)进行子宫输药,减少子宫炎的发病率

母牛产后 45 天内子宫发病率 30% 左右。经直肠检查后,根据卵泡发育情况进行输精前的子宫输药,及时治疗及预防子宫炎。

(四)减少死胎和流产

奶牛人工授精的流产发生率为10％左右,胚胎移植的流产发生率为15％左右。流产的原因分传染性流产和非传染性流产两大类,传染性流产是传染病的一种症状,大多数流产为非传染性流产。非传染性流产的原因有:营养性流产,损伤性流产,中毒性流产,药物性流产,症状性流产。根据流产的月龄及胎儿的变化,流产可分为以下几种类型。

1. 隐性流产 又称早期胚胎死亡,发生在妊娠早期1～2个月,约占流产中的25％。

2. 早产 即排出未经变化的死胎,发生在妊娠中后期。这是最常见的一种流产,约占流产中的49.8％。

3. 干胎 胎儿死亡后滞留在子宫内,由于子宫颈口关闭,胎儿水分被吸收发生干尸化,死胎多发生于妊娠4～5个月,约占流产中的24％。

4. 胎儿浸溶 胎儿死亡后由于非腐败菌侵入子宫,胎儿的软组织被溶解流失,而骨骼滞留在子宫内,死胎月龄与干胎相近,约占流产中的0.9％。

5. 胎儿腐败 胎儿死亡后由于腐败菌侵入子宫,使胎儿发生腐败分解,产生大量气体使胎儿增大造成难产,是最危险的一种流产,临床上极少见,约占流产中的0.3％。

这就要求农户在饲养奶牛的过程中,提高妊娠母牛的营养水平,进行合理的管理,禁止饲喂腐败变质、冰冻饲料以及有毒植物,不饮冰碴水,防止剧烈运动和长途运输过程中护理不当等问题的发生(详见第七章)。

(五)应用新技术提高繁殖率

为了提高母牛的繁殖力,应根据当地兽医和家畜繁育部门的技术实力情况,运用同期发情、超数排卵、胚胎移植等繁殖新技术,充分发挥良种母牛的繁殖潜力。同时,控制产犊性别,增加母犊比例,也是提高奶牛繁殖率的有效途径。

八、奶牛的体膘和体况评分

体况评定是目前奶牛饲养管理中的一项实用技术,体况反映奶牛身体能量贮备的状态。不同的生理时期和泌乳阶段有不同的体况标准,不合理的体况将会导致奶牛健康、繁殖率及泌乳持久力的下降。因此,每一个先进的奶牛场(户)都应该重视奶牛体况评分,分别在分娩、泌乳高峰(产后的 6～7 周)、配种前、泌乳后期及干奶期分别进行体况评定,根据体况评分及时对饲养与管理措施做出相应的调整。

(一)奶牛体况评分的几个主要部位

奶牛体膘膘度评分,根据对奶牛背线、腰及短肋、肋骨和臀角及臀部的脂肪进行观察而评定,并特别强调尾根部位脂肪沉积的多与少(图 5-26)。

(二)奶牛体膘膘度评分与不同阶段奶牛的理想体况

奶牛体膘膘度评分是指奶牛皮下脂肪的相对沉积。为了测定这部分的皮下脂肪,已开发了 5 分制评定系统。每 1 分体膘膘度大约为 55 千克体重脂肪沉积。1 分为极度消瘦,2 分仍较瘦,3 分为平均体膘,4 分偏肥,5 分为肥胖。

体膘膘度过低(小于 3)的奶牛很可能缺乏持续力,并导

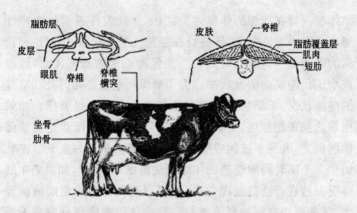

图 5-26　奶牛体况评分的几个关键部位

致产奶量低下。偏瘦的奶牛没有足够的能量贮备以用于有效的繁殖。

产犊时过于肥胖（大于 4）经常导致采食量下降，并易在产犊时出现代谢疾病（如酮病、真胃移位、难产、胎衣不下、子宫内膜炎和卵巢囊肿）。

为了跟踪奶牛体膘膘度变化，应对奶牛体膘膘度每月评定 1 次。理想的奶牛体膘膘度，在产后 30 天内，80％的奶牛体膘膘度评分的下降幅度不应超过 0.5～1 分。如果在泌乳早期奶牛体膘膘度下降过大（如大于 1），则不利于奶牛的健康，导致繁殖效率降低，影响泌乳高峰期产奶量的提高，高峰期持续的时间缩短。

当成年母牛不再处在能量负平衡（产后 50～60 天）时，它将每周增重 2～2.5 千克。因此，产后要使奶牛体膘完全恢复，大约需 6 个月时间。头胎奶牛，由于仍处在生长发育阶段，需额外增重 14～18 千克。

奶牛理想的体况变化是一个范围，不是一个固定值。奶牛体况保持在理想的体况评分之内,才能发挥正常的生产性能。在奶牛泌乳早期,即使处在能量负平衡状态,仍能达到较高的产奶量。体膘良好的奶牛能保持正常的新陈代谢,因而减少了代谢疾病的发病率。为了确保奶牛在产犊时处在良好的健康状况,干奶时奶牛就要达到 3.5 分的理想膘度。如果能够达到理想膘度,干奶期饲养管理的主要目标就是保持体膘的恒定,乳腺系统的收缩、复原以及胎儿的良好生长。泌乳奶牛 1 个泌乳周期理想的体膘变化范围见表 5-8,如果奶牛的体况保持在合适的范围之内,就可以避免许多代谢疾病的发生,才能取得良好的经济效益。奶牛体膘膘度评分应成为奶牛场管理中不可缺少的一项工作,在一个管理良好的奶牛场,只有 10% 的奶牛的体膘在上述范围之外。

表 5-8 不同阶段奶牛的理想体况

泌乳阶段	理想的评分	变化范围
干奶期	3.5	3.25~3.75
产 犊	3.5	3.25~3.75
泌乳早期	3.0	2.50~3.25
泌乳中期	3.25	2.75~3.25
泌乳后期	3.5	3.00~3.50
生长发育的青年牛	3.0	2.75~3.25
青年牛产犊时	3.5	3.25~3.75

一个泌乳周期内,不同的泌乳阶段奶牛的体况随之发生变化,体况标准也不同。围产期,奶牛的理想体况是 3.25~3.75 分;产后 16~100 天,随着奶牛产奶量的提高和高峰期的来临,奶牛的体况出现负平衡,体况分下降至 2.25~2.75分;产奶中期,随着奶牛产奶量的下降和采食量的增加,奶牛的体况又逐渐恢复,至干奶期,奶牛体况又恢复到围产期的状

况,达到 3.25～3.75 分,开始下一个泌乳期。因此,奶牛的体况随着产奶阶段的不同呈现周期性的变化(图 5-27)。

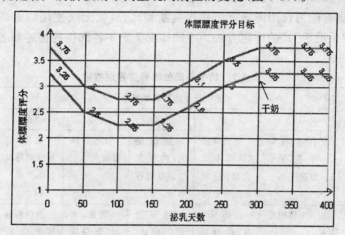

图 5-27　奶牛 1 个泌乳周期理想的体膘变动范围

(三)如何进行奶牛体膘膘度评分

奶牛体膘膘度评分是根据对奶牛腰部、臀部和尾根部位的肌肉进行触摸而确定的。牛应水平站立。首先对奶牛的体膘进行总体观察,然后触摸短肋部位,感觉骨端的肌肉状况。当手从肋骨滑向脊背骨,沿着脊背骨触摸脊柱周边和脊椎骨之间的脂肪多少。从背部移开,沿着韧带到腰角,然后从髂部到臀角。评估一下腰角和臀角部位的肌肉多少及它们之间的碗状凹陷深浅。最后一步,把手从臀角向上至尾根,触摸一下脂肪的多少。

当进行奶牛体膘膘度评定时,不要考虑奶牛骨架大小、泌乳阶段和健康状况,只有当解释奶牛体膘膘度评分时才考虑这些因素,但在评分时就绝对不用考虑以上因素。

当学习奶牛体膘膘度评分时,有必要触摸腰角、臀角、韧带及臀端至脊椎骨和尾根之间等部位的肌肉多少。一旦评定员有能力仅用肉眼就可做出判断和比较,就无须使用以上的"手把手"式的评定方法。不同体况下奶牛各部位的描述如表5-9。

表 5-9　奶牛各部位的膘度评定描述

部位名称	奶牛体膘膘度评分				
	1分	2分	3分	4分	5分
脊柱	末端明显,尖,架子过度往上	仍能观察到,但不太明显,仍较尖但有肌肉	能触摸到,肉眼无法观察到各肋骨	比较难触摸到	圆滑,明显感到都是脂肪
脊椎	个体明显	个体不明显,能触摸到	架子光滑,不明显	圆滑,光滑,部分脂肪覆盖	脂肪明显覆盖,圆滑
短肋		明显	1～2厘米的组织覆盖短肋,肋骨边缘圆滑	肌肉形成一个架子,深度触摸可感觉到短肋	架子形成,圆滑
飞节和臀端	锋利,没有什么肌肉覆盖	明显	圆滑,光滑	飞节周边扁平	飞节周边圆滑,象一个球
髂部	重度凹陷,内凹而中空	略为凹陷,仍然内凹而中空	光滑,但脂肪不多	扁平,部分脂肪沉积	大量皮下脂肪沉积
尾根	锋利,臀角间下陷	臀角上面覆盖部分肌肉,臀角间没有肌肉	光滑,观察不到脂肪沉积	圆滑,明显感到部分脂肪沉积	大量脂肪沉积,凹陷明显

1. 奶牛体膘膘度评分 1 分 奶牛极度消瘦,摸上去肋骨末端锋利,腰部凹陷非常明显。个体脊椎区分明显,腰角和臀角锋利。髋部和大腿部位内凹。肛门部位收缩,阴户明显凸起(图 5-28)。

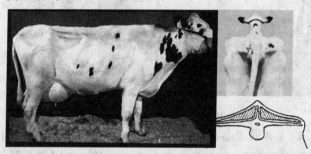

图 5-28 体况评分为 1 分的奶牛体况

2. 奶牛体膘膘度评分 2 分 奶牛仍较瘦,短肋末端能摸到,个体脊椎骨区分不是非常明显,短肋部位并没有形成明显的凹陷,腰角和臀角凸起,但髋部凹陷不是十分严重,阴户凸出不明显(图 5-29)。

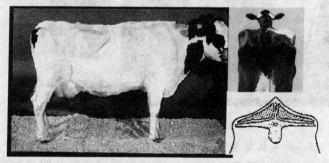

图 5-29 体况评分为 2 分的奶牛体况

3. 奶牛体膘膘度评分 3 分 奶牛处在平均体膘,轻轻按压一下能摸到短肋,骼部的碗状凹陷消失,脊柱圆滑,臀角也圆滑。肛门部位没有明显的脂肪沉积（图 5-30）。

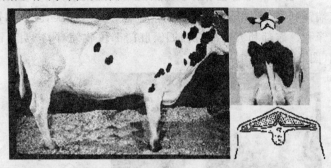

图 5-30　体况评分为 3 分的奶牛体况

4. 奶牛体膘膘度评分 4 分　奶牛偏肥，只有重重压下去时才可摸到短肋，整头奶牛圆滑，没有凹陷，在腰部至臀部脊柱有大量脂肪沉积。前背圆滑，腰骨也较圆滑，腰骨间部位沉积大量的脂肪，臀角部位也开始沉积脂肪（图 5-31）。

图 5-31　体况评分为 4 分的奶牛体况

5. 奶牛体膘膘度评分 5 分　奶牛肥胖，背线、腰角、臀角和短肋部位的骨骼无法看清，在尾根和短肋脂肪明显沉积。大腿曲线向外，前胸、胁部比较粗重，前背圆（图 5-32）。

奶牛体膘膘度评分是提高产奶量与繁殖效率、降低代谢

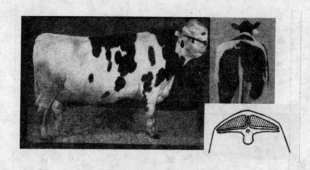

图 5-32 体况评分为 5 分的奶牛体况

疾病和做好饲养管理的重要依据。奶牛不同的阶段有不同的
体况要求,根据不同阶段的体况评分,判断奶牛的营养状况,
找出饲养管理中存在的问题,采取相应的措施进行调整,具体
情况见表 5-10。

表 5-10　奶牛不同阶段的体况标准及采取措施

产奶阶段	衡量标准体况	评分	反映的问题	采取的措施
泌乳后期（产奶约 250 天）进行体况评分最重要的时期，理想的体况评分为 3.5，变化范围 3.0～3.5	3.5 分以上的牛不应超过牛群的 10%	< 2.5	长期营养不良。产奶量低，牛奶质量差	检查日粮能量、蛋白质的比值是否合理。考虑提高日粮的能量浓度
		> 3.5	干奶及产犊时过肥，难产率高。下一个胎次的泌乳早期采食差，掉膘快；酮病及脂肪肝发病率高；繁殖率低	减少精料含量，尤其是在间喂高淀粉全价日粮的时候更应该如此
干奶期理想评分 3.5，变动范围 3.25～3.75	在这个时期得大量体脂，乳早期会导致掉膘	< 2.5	产犊时体况差，为了维持产奶以及牛奶质量，会动用大量的体脂。这时提高日粮的浓度的改善体况已经太迟，会导致致死性的后果	在干奶时提高奶牛的体况情较差奶牛的体况
		> 3.5	由于贮存在骨盆内的脂肪会堵塞产道，导致难产率增高	减少能量的摄入

续表 5-10

产奶阶段	衡量标准体况	评分	反映的问题	采取的措施
产犊时理想评分 3.5,变化范围 3.25~3.75	从产犊开始至泌乳旱期结束这一段时期,体况评分损失最多不应超过 0.5 分	<2.5	不能获取足够的能量满足产奶和维持的需要。饲喂的日粮较差说明在营养不足时可动用的体膘不足乳蛋白含量可能会降低	饲喂高能量浓度的日粮
		>3.5	食欲差,粗饲料利用率低,乳热症发病率高。产奶潜力不能充分发挥	配合日粮时要考虑到干物质采食量已经减少保证日粮蛋白质含量,满足产奶牛产奶需要

• 221 •

续表 5-10

产奶阶段	衡量标准体况	评 分	反映的问题	采取的措施
泌乳早期（产后检查）理想评分 3.0，变化范围 2.5～3.25	体况评分低于 2.5 分的牛不应超过牛群的 10%	< 2.25	乳蛋白含量可能会降低。产奶潜力不能充分发挥。第一次配种受胎率低	如整群牛体况都较差，应该调整日粮配方，确保不再掉膘将体况差、产奶量高的牛区分开来，提高日粮能量浓度
		> 3.5	动用的体组织更快更多，有缺陷的卵子数量增多，导致繁殖率低，饲料转化率增加亚临床和临床性酮病发病率高胎衣不下发病率增加脂肪肝发病率高	将肥牛转到饲喂低能量日粮的牛群

续表 5-10

产奶阶段	衡量标准体况	评分	反映的问题	采取的措施
泌乳中期（结合妊娠检查）理想评分范围 3.25,允许范围 2.75~3.25	高产奶牛损失的膘情不应低于低产奶牛损失的膘情	<2	受胎率低 影响胎儿发育	进行妊娠检查 调整日粮,干奶前至少要达到 2.5 分以上 如体况太差,应提高日粮能量浓度
		>3.5	进入泌乳晚期可能太肥 下一个胎次酮病、脂肪肝发病率高 易见于采用全混日粮饲喂的未分群牛场	减少能量的摄入 或提早转入低产牛群 避免饲喂高淀粉全价料

注:在配制后备牛日粮时,要提供足够的日粮浓度,以维持在第一个泌乳期内的正常生长发育

第六章　挤奶技术和原料奶的初步处理

牛奶鲜活易腐,一日挤奶数次,从养奶牛户到加工厂需经过挤奶、收集、贮藏、运输等一系列环节才能完成生产过程,转化为商品,稍不注意就会造成腐败变质,影响生产效益。养奶牛户必须了解牛奶的特性,规范挤奶操作程序,使牛奶得到正确的处理和妥善的贮藏,以免造成不必要的损失。本章介绍牛奶生产中应注意的生产环节和技术,帮助养奶牛户搞好牛奶生产,创造更大的经济效益。

一、农村养殖奶牛的挤奶现状

目前,农村散养户是我国奶牛养殖的主体,养殖分散,规模小,条件简陋,集约化程度低,机械化挤奶程度低,成为限制我国奶业生产的主要因素。大型规模养殖场一般都建有挤奶厅;对于农村散养户,在奶牛养殖集中的地区,几乎每个村都有奶站,农户赶奶牛到奶站集中挤奶;在偏远地区和部分牧区,手工挤奶仍占相当大的比重。因此,我国牛奶的总体质量不高。实行手工挤奶的地区,由于牛奶挤出后暴露在空气中,受微生物污染的几率较大,加之很大一部分养殖户饲养密度大,设备简陋,牛舍和运动场卫生环境较差,奶牛乳房炎的发生率较高,给牛奶的贮存和加工带来许多困难。近几年,由于消费者和乳品加工企业对奶质量要求的提高,手工挤奶已成为限制牛奶质量和价格的主要因素。因此,迫切要求提高我国奶牛的饲养管理水平和机械化程度。机器挤奶成为衡量奶牛养殖水平的主要依据之一。

在农村奶牛养殖当中,奶站起着举足轻重的作用,是连接奶业生产者和乳品加工企业的纽带。目前我国的奶站有数万家,尽管所有权和组成形式各不一样,但基本的运作模式和管理方法相同,那就是实行集中挤奶,统一价格,统一销售,单独核算。奶品加工企业通过奶站实现了对奶农的管理,有效地解决了农村奶牛养殖分散、规模小、机械化程度低的问题。

二、挤奶方法

挤奶方法有手工挤奶和机器挤奶,手工挤奶是传统的挤奶方法,分布于小型散养户和偏远零散的奶牛养殖户。手工挤奶劳动强度大,生产效率低,要求操作者技术熟练。该法由于奶挤出后暴露在空气中,容易落入细菌和灰尘,且牛奶有极强的吸附异味的特性,影响牛奶质量和存放时间。因此,规模化奶牛生产中手工挤奶是一种辅助的手段。

(一)手工挤奶

1. 挤奶前的准备工作 挤奶前准备好洗乳房用的温水,备齐清洁的挤奶用具,如奶桶、盛奶罐、过滤纱布、洗乳房水桶、毛巾、小凳、秤、记录本等物品。穿好工作服,剪短指甲,洗净双手,以免损伤乳头及乳房。乳房上过长的毛也要剪掉。赶起牛时要温和对待,不要鞭打;牛站起后,要洗刷牛的后躯,避免牛体的碎草、粪土等物落入奶中。

2. 清洗乳房 挤奶前先清洗乳房,这是促进母牛排乳,减轻挤奶负担,获得清洁牛奶所必不可少的工作。清洗乳房应该用 $40℃\sim45℃$ 清洁的温水。洗的方法是:挤奶员站在牛的右侧,用带水毛巾洗乳头孔及乳头,再洗乳房,1 牛 1 巾;然后站在牛的后侧,一手扶住牛的坐骨,一手擦洗牛的乳镜、乳房两侧与大腿之间。要洗得全面彻底,每个部位应擦洗 2～3 次(图 6-1)。最后用纸巾擦干乳房,1 牛 1 纸,不可重复使用。将牛尾绑在牛的后腿上,然后进行按摩乳房操作。值得注意的是,毛巾要按照牛的个数编号,对号使用,防止混用。每次用完后要清洗消毒,晾干。

图 6-1　清洗与按摩乳房

3. 按摩乳房　按摩乳房可刺激乳腺神经兴奋,加速血液循环,刺激乳房乳汁的分泌与排放。按摩方法有以下两种。

(1)一侧按摩法　按摩时挤奶员坐在牛的右侧,两拇指放在乳房右外侧,其余各指放在乳房中沟,自上而下、自下而上地反复按摩,自上而下手势较重,自下而上则稍轻;然后再用两手抱住乳房的左半部,两拇指放在乳房中沟,其余各指放在左外侧,按摩方法同右侧。

(2)分乳区按摩法　按摩时依次按照右前、右后、左前、左后 4 个乳区分别进行。按摩右前乳区时,用两手抱着该区,两拇指放在右外侧,其余各指分别放在邻近乳区之间,重点是自上而下按摩。此时,两拇指须着力压迫其内部,以迫使乳汁向乳池流注。其他各乳区的按摩手势与之相同。

按摩乳房之后乳房膨胀,皮肤表面血管怒张,呈淡红色,皮温升高,触之很硬,这是乳房内开始排乳的象征,应立刻挤奶,不要耽误。挤乳前用 0.3%～0.5% 洗必泰溶液药浴乳头,用纸巾擦干乳头上的药液残留。挤奶前对乳头进行药浴,不仅可以减少牛奶的带菌量,而且对预防隐性乳房炎也效果良好。

奶牛在躺卧或活动时细菌可能从乳头的开口进入,在乳头内部繁殖,含有大量的细菌。因此,挤奶前应该把前 3 把奶废弃,不可挤入奶桶内,挤出的前 3 把奶不可随意乱倒,也不宜随便挤在地上或直接饲喂其他动物,应收集在专用容器内,进行无害化处理。否则,会污染环境而传播疾病(图 6-2)。

4. 挤奶的姿势与方法 挤奶时,挤奶员以小板凳坐在牛的右侧后 1/3～1/2 处,与牛体纵轴呈 50°～60° 的夹角。将奶桶夹于两大腿之间,左膝在牛右后肢飞节前侧附近,两脚向侧方张开,即可开始挤奶。一般是先挤后侧两个乳头,这叫"双向挤奶"法。此外还有单向(先挤一侧两乳头)、交叉(先挤左前右后两乳头,以后再挤右前左后两乳头)、单乳头挤奶法。后一种方法是在挤奶结束时,对一些特殊乳房或已经变了形的乳房(如漏斗状乳房),为榨取其中的余奶而采用的。

挤奶员用手的全部指头把乳头握住,从手底几乎看不见乳头,用全部指头和关节来同时进行,这叫拳握法或压榨法(图 6-3)。此法优点是可以保持牛的乳头清洁干净,挤奶速度快,省劲而方便。压榨挤奶法应使握拳的下端与乳头的游离端齐平,以免奶溅到手上,污染奶汁。一般在开始挤奶的 1

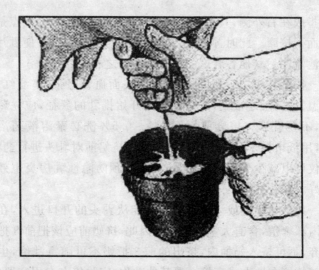

图 6-2　挤出头 3 把奶要废弃

图 6-3　手工压榨挤奶法

分钟,速度为 80～90 次/分,以后奶牛大量排乳,速度为 120 次/分,最后排乳较少,速度又降为 80～90 次/分。每分钟的挤奶量应能达到 1～2 千克。当大部分奶已挤完后,应再次按摩乳房。采取半侧乳房按摩法,即先后按摩右侧和左侧的乳区。动作是两手由上而下、由外向里按压一侧两乳区,用力稍重,如此反复 6～7 下,使乳房内乳汁流向乳池,然后重复挤奶。到挤奶快结束时,进行第三次按摩乳房。这次必须用力充分按摩,尤其对新产牛更要做得细致。方法是用两手逐一分别按摩 4 个乳区,直到完全挤净,点滴不留为止。挤毕可在乳头上涂以油脂,防止龟裂。每次按摩时,要把挤奶桶放在一边,以免按摩时牛毛、皮垢等物落入桶内污染牛奶。

对于乳头短小的母牛,可采取指挤法或滑榨法挤奶,即以拇、食指捏住乳头基部,向下滑动,将奶捋出。此法初学时很易操作,但对乳牛危害极大,它能引起乳头皮肤破裂、乳头变长、乳头腔变曲等严重弊病。此外,此法需用润滑剂来减轻手指与乳头皮肤的摩擦,乳汁是取之最方便的润滑剂,这样就会增加牛奶污染的机会。因此,除乳头特别短小者外,此法应禁止采用。

每次挤完奶后要用 0.5％碘伏消毒液或 0.5％～1％洗必泰消毒液对每个乳头药浴消毒 20 秒,防止感染细菌和乳房发炎(图 6-4);有龟裂现象的,挤完后可在乳头上涂以油脂,再用消毒液处理。

5. 手工挤奶时应注意事项

第一,擦洗乳房后,要立即挤奶,并且每头牛要在 6～8 分钟内挤完,其中包括擦洗乳房和按摩乳房的时间。时间太长,将降低产奶量。因为奶的分泌与奶牛的神经系统和内分泌有密切关系,挤奶前乳房的擦洗和按摩,对乳房产生一种刺激,

图 6-4　每次挤完奶后用消毒液药浴乳头 20 秒

通过神经系统作用于乳房的收缩组织,同时也通过内分泌反射地引起肌上皮和平滑肌细胞的收缩,使奶由乳房排出。这种反射和收缩作用时间是很短的,只能维持几分钟,所以从擦洗乳房到挤奶结束一定要连贯进行,要求在几分钟内挤完,中途不可停顿。如果时间拖得过长,反射性活动已过,奶便返回乳房而很难被挤出,这样就必然降低产奶量。试验证明,缓慢的挤奶可降低奶量 12％左右。

　　第二,挤奶员坐的姿势要正确,既要便于操作又要注意安全。

　　第三,挤奶时精力要集中,禁止喧哗和特殊音响等,勿让生人站在母牛附近,以防奶牛受惊,影响产奶量。有人试验,挤奶时放轻音乐,能提高产奶量。这说明挤奶时创造安静、良好的环境,使奶牛感到舒适,有利于乳汁的良好分泌。

　　第四,严格执行作息时间,并以一定顺序进行作业,不可任意打乱或改变。因改变时间和顺序,会引起奶牛不安。这不仅造成挤奶困难,而且还会降低产奶量。

　　第五,遇有踢人恶癖的母牛,首先态度要温和,严禁拳打脚踢,应不断给予安抚。挤奶时注意牛的右后腿,如发觉牛要抬右后腿时,可迅速用右手挡住。不得已时才用绳将两后腿拴住,然后进行挤奶。

第六,每挤完1头牛的奶,应分别称重,做好记录。患乳房炎的牛应在最后挤奶,挤出的奶单独存放。一切与牛奶接触的用具,在使用前后,均应洗净晾干,保持清洁。

6. 手工挤奶牛奶的预处理　牛奶在挤出的过程中难免会落入一些尘埃、牛毛、粪屑、皮屑、饲料、垫草、蚊蝇及其他杂物。这些杂物的混入不仅使牛奶的外观不洁,而且使奶中的细菌数明显增加,从而加速牛奶的变质。因此,挤下的奶必须及时用纱布过滤,以除去牛奶中的污物,减少细菌数。过滤的方法:将消毒过的纱布折成3~4层,结扎在奶桶口上,挤奶员将挤下的奶经称量后倒入扎有纱布的奶桶中,即可达到过滤的目的(图6-5)。用纱布过滤时,必须保持纱布的清洁,否则不仅失去过滤的作用,反而会使过滤出来的杂质与微生物重新侵入奶中,成为微生物污染的来源之一。在奶牛场要求纱布的1个过滤面不超过50升奶。使用后的纱布,应立即用温水清洗,并用0.5%的碱水洗涤,然后再用清洁的水冲洗,最后煮沸10~20分钟杀菌,并存放在清洁干燥处备用。

7. 牛奶的污染与防治措施

(1)**挤奶前的污染**　奶牛腹部很容易被土壤、牛粪、垫草所污染,牛奶被这些物质污染后,细菌数迅速增加。因此在挤奶前1小时应对牛腹部、乳房进行清理;挤奶前10分钟对乳房进行洗涤按摩。即使是健康牛的奶,也会有一定量的细菌,因为奶牛在挤奶前常被微生物从乳头侵入。根据检验,刚挤出的奶细菌数量最多,随着挤奶的继续进行,细菌数量逐渐减少。因此,为提高奶的质量,应尽可能保持乳头的清洁,每次

图 6-5　手工挤奶后对牛奶进行过滤

挤奶时的头 3 把奶最好单独处理。

　　(2)挤奶时的污染　挤奶时不注意也会受牛体、用具以及挤奶员的手的污染。为减少污染,应做好牛舍的清洁,保持牛体、用具的干净。

　　为了防止牛奶中尘埃及细菌数的增加,在挤奶时不要在牛舍加垫草或喂粗饲料;也不要在挤奶时喷洒驱虫药剂,防止药品的气味进入奶中;挤奶时如利用小口挤奶桶,则侵入牛奶中的尘埃显著减少。奶挤出后应及时过滤。

　　(3)挤奶后的污染　牛奶经过滤后最好及时加工利用,或将牛奶迅速冷却(5℃以下),以抑制牛奶中的微生物的繁殖,保持牛奶的新鲜。在 2℃~4℃下保存以不超过 2 天为宜。

　　(4)剪毛及剪尾　挤奶时,奶牛后驱时常有毛掉入奶桶中,污染牛奶。因此,应经常修剪乳房、胯部毛及剪尾,以减少污染机会。

(二)机械挤奶

1. 机械挤奶的类型 根据不同的奶牛饲养方式和机器挤奶的组成形式,可分为下列几种。

(1)提桶挤奶 真空装置固定在牛舍内,挤奶器和可携带的奶桶组合在一起,依次将奶桶移往牛床处进行挤奶。挤出的牛奶直接流入奶桶,桶中奶再倒入集奶容器(图 6-6)。主要用于拴系牛舍和小型养奶牛户。每头牛的挤奶时间为 6～8 分钟,每人最多可管理 2 套挤奶器,每小时可挤 15～20 头奶牛。

图 6-6 提桶式挤奶

(2)管道式挤奶 真空装置和牛奶输送管道固定在牛舍内,挤奶器无挤奶桶,但增设了固定的牛奶输送管道,挤下的奶可直接通过牛奶计量器和牛奶管道进入自动制冷罐,不与外界空气接触,挤奶器仍可携往各奶牛处进行挤奶。可配置自动化的洗涤装置,每次挤完奶后整个挤奶系统自动进行清洗消毒。此类挤奶装置可省去挤奶时提桶倒奶工作，进一步提高了机器挤奶的生产效率，并能提高牛奶卫生质量。主要适宜中型奶牛场的拴养牛舍（图6-7）。

图6-7　管道式挤奶系统

（3）挤奶厅（台）或挤奶间式挤奶　挤奶厅（台）也属于管道式挤奶中的一种。其特点是真空装置和挤奶器都固定在专用的挤奶厅内。奶牛通过专用的通道进入挤奶厅内挤奶，挤下的牛奶通过管道流入制冷罐冷却贮存。可进一步提高设备的利用率。用提桶式挤奶，每小时能挤15头牛；用管道式挤奶装置挤奶，每小时可挤15～35头牛；在专设挤奶台内挤奶，每小时可挤50～70头牛（图6-8）。

挤奶厅的挤奶装置有：挤奶台、固定位置的挤奶器、牛奶计量器、牛奶真空输送管道、清洗系统、乳房自动清洗设备、自动脱落装置、奶牛出入启闭装置等。根据奶牛在挤奶台上的

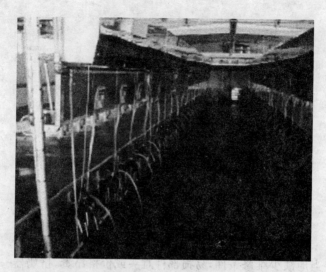

图 6-8 台式挤奶设备

排列形式,挤奶台可分为并列式、鱼骨式和串联式。

(4)移动式挤奶装置　包括推车式和车装管道式,前者真空装置和挤奶器都安装在小车上可以移动,带1～2个奶桶,挤出的奶由较大的集奶桶或集奶罐收集,适应于小奶牛场。后者是装在车上的管道式机械挤奶形式,全部操作随车而动。适于放牧牛群或小型奶牛场(图6-9)。此形式结构简单,投资小,操作方便,如能配以直冷式奶罐则更为理想。

以上几种类型挤奶机各有其适用条件和优点,在选购时要根据牛群的规模和当地实际情况而定。如果养10～30头泌乳牛,可选移动式挤奶机,或提桶小推车式挤奶器;养30～200头泌乳牛,可采用管道式挤奶;养200～500头泌乳牛,可采用2×24坑道式挤奶厅;养500头以上的,可采用两套2×24坑道式的挤奶厅,或平行2×24床位坑道式的挤奶厅。

机械挤奶一次性投资较大,投资者需慎重对待。在选用

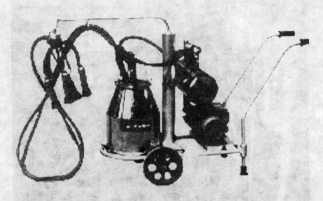

图 6-9　移动式挤奶机

厂家和品牌时,务必注意维修条件和易损部件供应渠道。如果当地缺少维修条件,易损部件难买或价格昂贵,挤奶器一旦出故障,就会影响正常生产。

　　由于农村奶牛的养殖模式是分散饲养,集中挤奶,所以需要对每头牛的牛奶产量进行准确的计量。这就要求选择有计量装置的挤奶设备,如电子计量式挤奶器、玻璃容量瓶式挤奶器或提桶式挤奶器,以便于对每户或每头牛进行计量核算(图6-10)。管道式挤奶器上一般安装自动流量计,每头牛每次挤奶量、挤奶时间均可显示出来。如果是各家各户分散挤奶的,养10~20头的散养户,可选用移动式挤奶机;30~50头的规模户,可选用提桶式挤奶器。

　　对于奶牛养殖小区,挤奶设备的选择可以根据小区的规模大小和资金投入情况来确定。挤奶机大小的选择取决于小区饲养奶牛的数量、起初建设的机械化程度、将来改进规划、劳力与资金的供给情况、能用来挤奶的时间、奶牛产奶量水平。

图 6-10　农村奶站宜采用计量式挤奶器

2. 挤奶厅的组成及设施　挤奶厅包括挤奶大厅、设备室、贮奶间、休息室、办公室等。根据规模的大小,挤奶厅可设待挤区以及牛走廊。此外,还应配套牛奶收集、贮存、冷却和运输等相关机械。主要包括真空泵、压缩机、冷却器、热水器、暖气炉、冰箱以及相关的办公设施。

因为各地的气候不同,挤奶厅的通风系统也不尽相同。尽可能安装可定时控制和手动控制的电风扇。夏季可以用手动控制,在挤奶和清洗时将风扇打开。冬季在挤奶、清洗后用定时器来控制电风扇,直到将挤奶厅地面完全吹干时,通过定时器将电扇关闭。大部分挤奶厅的墙是立柱结构建筑。可以采用带防水的玻璃丝棉作为墙体中间的绝缘材料,如果墙体不用绝缘材料,砖石墙较经济耐用。地面要求做到经久耐用,易于清洁,安全,防水。挤奶厅地面可能要设不止一处的排水口,一般将排水口设在排水沟的一端或墙角处,这样排水效果更好。排水口应比地面或排水沟表面低 1.25 厘米。如果在挤奶厅两边墙边设排水沟,宽度一般为 10～13 厘米;如果只在挤奶厅中央设一排水沟,则宽度为 20～30 厘米。地面应有合适的坡度,以减少积水。挤奶厅的光照需求与所要完成的任务有关,挤奶坑道的光照强度应便于工作人员进行相关的操作。

3. 挤奶厅的辅助设施

(1)奶牛通道 从待挤区进入挤奶厅的通道和从挤奶厅退出的通道应该是直的,这样奶牛的移动速度才快。在进口处有转弯会降低奶牛的移动速度,同时也会干扰挤奶员的操作。如果不得不设置转弯处,应该设在出口处,而不应设在进口处。此外,还要避免在挤奶厅进口处设台阶和坡道。通道宽度应为 82～90 厘米,这样可避免奶牛在通道中转身。通道可以用胶管或抛光的钢管制作。

(2)待挤区 待挤区是奶牛进入挤奶厅前奶牛等候的区域,一般来说待挤区是挤奶厅的一部分,为了减少雨雪对通往挤奶厅道路的影响,最好在通往挤奶厅的牛走道上设有顶棚(图 6-11)。为每头牛提供 1.4 平方米的待挤厅面积。待挤厅地面的角度应设计成从挤奶厅到待挤厅呈一逐步降低的坡度,坡度为 2%～4%为宜。在建设待挤区的时候要考虑挤奶位的多少,奶牛在待挤区中每次挤奶时待的时间不要超过 1 个小时。待挤厅内的光线要充足,使奶牛之间彼此清晰可见。当奶牛在待挤区能看到挤奶厅中的挤奶景象时,从待挤区进入挤奶区就更为容易。在寒冷季节,待挤区与挤奶区之间的大门可以敞开,而用垂直的塑料条做成的垂帘即可满足使用要求。除非在极寒冷的地区,待挤区一般无需保温。准备挤奶的奶牛自身体温散发的热量就能把待挤区的温度保持在适

图 6-11　挤奶厅外的待挤厅

宜的温度。冬季用敞开的中央屋脊和屋檐通风来排除潮湿水气。夏季待挤区要求提供必要的防暑降温设施,如风扇和喷淋设备等,避免奶牛拥挤造成的散热困难。

　　(3)贮奶间　贮奶间通常包括奶罐、集奶组、过滤设备、管道冷却设备以及清洗设备的区域(图 6-12)。贮奶间的大小与奶罐的大小有关。这是存放牛奶、清洗设备的地方,因此要尽可能地减少异味和灰尘进入。最好能采用在进气口带过滤网的正压通风电风扇的通风系统。电风扇的安装位置应远离有异味和灰尘的地方,减少异味从挤奶厅进入贮奶间。合适的维护包括除去贮奶间多余的水分、减少贮奶间热量的聚集,防止奶罐内结冻等。电风扇的循环风量一般为 283～378 立方米/分。如果压缩机在贮奶间,则应选用更大的电风扇。出口可以安装百叶窗。贮奶间应有一个加热单元或采用中央加热系统以保证不结冻。

图 6-12　贮奶间

　　(4)设备间　设备间应大小适中,应确保设备间留有足够的空间以方便操作。设备间内光照、排水、通风要处理好。真空泵、奶罐冷却设备、热水器、电风扇、暖风炉、电动门等均需要电线电器系统。将配电柜安装在设备间的内墙上可减少水气凝集,减少对电线的腐蚀。在配电柜的上下及前面1.5米的范围内不要安装设备。也不要在配电柜周围1米范围内安有水管。

　　(5)贮藏间　小区的挤奶厅包含有贮藏室,用来存放清洗剂、药品、散装材料、挤奶机备用零件特别是橡胶制品。贮藏室应与设备间分开,并且墙壁应采用绝缘材料,以减少橡胶制品的腐蚀和老化。贮藏室内设计温度要低,最好能安装臭氧发生器。建议设置在中央无窗但通风良好、能控制温度升高的地方。此外还要有良好光照、排水环境,还需要有1个电冰箱来存放药品。贮藏室的温度应保持在4℃~27℃。温度过低会破坏药品,温度过高会使橡胶制品老化。

(6)其他附属设施 挤奶大厅的办公室主要用来保存奶牛的生产记录和财务报表等文件资料。记录信息的计算机系统要注意防尘和防潮。挤奶大厅中至少应有一个卫生间和洗脸间。应为工人们考虑设计淋浴、衣橱以及休息区。不要把卫生间的门对着贮奶间开,同时考虑排污设计。

4. 机械挤奶的程序

第一,做好挤奶前的卫生工作,包括牛只、牛床及挤奶员的卫生,其准备工作与手工挤奶相似。

第二,打开挤奶机电源开关,并检查真空度、脉动频率是否符合要求。

第三,清洁奶牛乳房上的灰尘、杂草等,用温水(40℃～45℃)冲洗干净,并用纸巾擦干,1牛1巾(图6-13)。在擦干乳头的同时应对乳头做水平方向的按摩,按摩时间为20秒(4只乳头×5秒钟),以建立排乳反射。

图6-13 用温水洗净乳房并用洁净的纸巾擦干

第四,对各乳头进行药浴,乳头与消毒液接触时间为20秒,用纸巾擦干乳头上的药液残留,以减少乳腺炎的发病率。

第五,挤掉前3把奶,具体做法同手工挤奶。

第六,在45秒钟内将奶杯套在乳头上,开始挤奶。其方法为:手持挤奶器,慢慢靠近乳房底部,接通真空,用拇指和中指拿着乳杯,用食指接触乳头,将第一个奶杯迅速套入最远的乳头上,这时奶管应保持S形的弯度,以减少空气进入乳头杯,并快速套上其余3个奶杯(图6-14)。

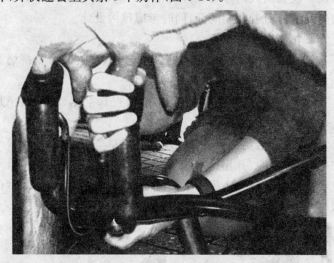

图6-14　将奶杯逐个快速套在乳头上

第七,挤奶过程要注意检查奶杯,并注意调整奶杯的位置。正确的奶杯状态是:各奶杯均匀布局,略向前向下倾斜。奶杯若安装不当常会造成滑脱和奶流受阻(奶流向乳头基部爬升,乳腺池和乳头池间的内部嫩肉被吸下,使乳头管的通道堵塞),这些因素均可引发乳房炎。在挤奶过程中要检查每个乳头奶的流速,并注意防止挤奶机产生不正常的噪声。

第八,大多数奶牛在4~5分钟内完成排乳(前两个区较后两个区更早结束)。当下奶慢的乳区乳汁挤完后,关闭集乳器真空2~3秒钟后(让空气进入乳头和挤奶杯内套之间),卸下奶杯。如果奶杯吸附乳头较紧,则可用手指轻轻压开内套杯的口,放入少量空气,便可卸下(图6-15)。注意避免在真空状态下卸奶杯,否则会使乳头损伤,并导致乳房炎。同时,在关闭真空之前要注意检查乳房中的乳汁是否被挤净,乳房中过多的余奶不仅影响产奶量,而且也容易发生乳腺炎。

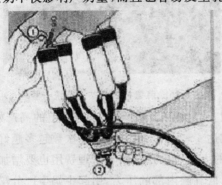

图6-15 挤完奶后先断开真空,再脱掉挤奶杯组

第九,挤完奶后立刻用消毒液药浴乳头。挤完奶后乳头孔张开,药液浸一下乳头有助乳头皮肤松弛,并在乳头上形成一层保护膜,可大大降低乳房炎的发病率。在农村奶站挤奶,几十家共用1个挤奶厅,药浴杯不可共用或互相借用。各家的药浴杯写上姓名,每次用完后要进行清洗,由奶站统一保管(图6-16)。

5. 挤奶次数 牛奶由乳腺细胞生成后在乳房内积累,奶生成的速度与乳房中积累的奶量成反比。产奶量与挤奶的频率有一定关系,每天挤3次奶比2次挤奶可使奶牛提高产奶量15%~20%。均等的挤奶间隔对奶牛获得最高产奶量非常重要,如果每天挤2次奶,每次间隔为12小时;若每天3次挤奶,则每次间隔为8小时。据对美国威斯康星州8家顶级

图 6-16　消毒杯由奶站进行统一管理

奶牛场的调查,1个泌乳期产奶 10 吨以上的高产奶牛每天挤奶平均次数达 4～5 次。但并非挤奶次数越多越好,挤奶次数增多,耗费的人力、电力、饲料和管理费用也要增加,太多的挤奶次数还降低乳腺内部的压力,引起牛奶生产分泌速率下降,诱发奶牛乳腺炎和其他疾病而影响产奶量和奶源质量。因此,奶牛场需要进行经济效益分析以决定挤奶的次数。

在生产中,挤奶次数主要依据泌乳量而定。当日均产奶量低于 20 千克时,每天可挤 2 次奶;日均产奶在 25 千克以上时,每天可挤 3 次奶。挤奶次数一旦确定下来,就要固定,有规律,不要随意更改。每天挤奶时间的改变也会影响奶牛的生物钟而对奶牛产生不利影响。

6. 机械挤奶时需要注意的事项

良好的挤奶程序和熟练的挤奶技术可增加奶牛产奶量,提高原料奶卫生指标,降低奶牛乳房炎感染率。

(1)挤奶前的准备　如果牛体不干净,可先用软水管直接清洗乳房,然后按照“1 牛 1 巾”的原则或使用 1 次性纸巾擦干乳房。杜绝“用 1 桶水、1 块布,擦洗 1 群牛”的做法。充分按摩乳房,使之乳胀进入泌乳状态。挤掉前3把奶,检查判断有无乳房炎发生,同时检查乳房、乳头有无肿胀、受伤等异常情况,以确保原料奶的质量。

(2)避免"空榨" 乳房没有排乳反应就套上奶杯叫空榨,不仅损伤乳头表面,使乳头表面严重充血,发紫发硬,起水疱,乳头变形,更严重的后果是负压作用到乳腺导管内壁时,乳腺导管会被吸破,微细乳腺导管会被吸断,乳房内部出现炎症感染、产血乳的临床症状,导致乳腺组织严重受损,乳腺泡坏死。轻者降低产奶量,重者将永远停止产奶。避免方法是在挤奶开始前,先用40℃～45℃温清水擦洗、按摩乳房。要用足够时间和适当的按摩手法,按摩的时间大约在60～90秒,按摩的手法必须轻柔。当发现乳房开始放奶时,用手挤2～3把奶后,马上开始套奶杯开始挤奶。因为奶牛产生放奶激素的时间只有7分钟左右,拖延了时间套奶杯,排乳不净,会影响产奶量。

(3)避免"超压"挤奶 挤奶作业的真空度超过了使用说明书中标定数值就叫超压挤奶。一般挤奶机的厂家根据犊牛吮吸母乳的吸力,依据国家有关标准,大多把挤奶时的真空度标定在−0.042～−0.05兆帕之间。如果挤奶机在作业中真空度调得过高,不仅会使乳头表皮充血发硬,还会损伤乳腺管。尤其在奶牛乳房放奶即将结束前的一个阶段里,奶流逐渐减少,乳池中的奶液存量供不上奶杯的吮吸流量时,过高的负压也就会作用到乳腺导管的内壁上。所以对挤奶机操作者来说,必须严格按照使用说明书中标定的真空度去调整负压值,才会保证奶牛乳房的安全与健康。

(4)避免"过榨" 奶牛乳房放奶已经结束,但是奶杯还没及时取下停止挤奶,仍然继续吮吸乳头,这就叫过榨。过榨与空榨的过程基本一样,两者后果也基本一致,都会伤害乳头表面的乳腺组织。而损伤的程度随过榨的时间延长而加重,过榨较重者,乳头表面将严重充血,起水疱,乳头下部发紫发硬,乳头变形后不易恢复。另外,过榨时间过长,乳腺组织将受到严重损伤,乳腺导管被吸断,乳腺泡被吸破,造成出血乳、发炎、感染,重者将永远停止产奶。所以在套上挤奶杯后,应注意采用正常负压,防止空吸。

(5)挤奶设备的卫生管理　挤奶设备在维持高水平的乳房健康和牛奶质量方面起着关键作用,必须按照设备检查制度严格检查。

首先,确保挤奶设施的正常运转,真空度是否达到要求,管道是否清洗干净,是否有残留奶。否则,会加重污染奶源和损伤牛乳房,造成乳房炎传染,从而造成原料奶的污染。

其次,要检查挤奶设备的橡胶部分。老化或损坏的要及时更换,防止奶结石和其他沉淀物。挤奶杯的内衬由橡胶制成,使用一段时间后便老化,表面布满缝隙。为了防止细菌在缝隙内繁殖,应定期更新。每天应检查挤奶杯内组件、集奶座内部、液位控制器、集奶器真空管和软管内部的清洁度,清洗污渍、斑点和沉淀。

再次,使用食品级的消毒剂(注意其残留是否影响牛奶的质量)对挤奶设备和管线进行循环消毒3～5分钟,配比浓度参照消毒剂厂家规定要求,消毒后,用无菌水冲洗。

(6)设备清洗　使用机械挤奶时,微生物波动范围最大,可高达每毫升100万个细菌。出现这种情况主要是因为设备清洗不良和牛奶残留物所致。管道内残留每毫升细菌总数可达1 300万个。为保证原料奶质量和清洗效果,挤奶结束后应立即按照奶业生产中常用的 CIP 清洗程序进行清洗。所谓 CIP 清洗程序是英文 Clean in Place 的简写,即就地清洗,它是用来对牛奶管线和灌装设备进行自动清洗的专用设备,可提供酸洗、碱洗以及热洗 3 个程序,设置一定的酸液、碱液浓度及热水温度。

① 管道式挤奶机的清洗

第一,用 35℃～40℃温水冲洗 3～5 分钟,不循环。

第二,用含有杀菌剂的 pH 值 11～12 的碱性溶液循环清洗 10～15 分钟,清洗开始时水温应为 75℃～80℃,循环后排出水温不低于 40℃。

第三,用清水清洗 3～5 分钟,把管道中的碱液冲洗干净,确信清洗后系统中无残留水。

第四,建议每天用 65℃～70℃的酸性清洗剂循环 1 次。

第五,每星期用 40℃～50℃,pH 值为 3～5 的酸性溶液冲洗 1～2 次,冲洗次数视企业用水的硬度而确定。

第六,逐步冷却 10 分钟,清洗时系统内真空度保持在 50 千帕(图 6-17)。

② 提桶式挤奶机和奶桶的清洗　桶式挤奶机和奶桶采用手工清洗,通常有很高的细菌总数。所以,每天要对其进行认真清洗。具体清洗步骤:A. 挤奶后,立即用 35℃清水冲洗所有器皿,除去表面残奶;B. 拆开挤奶机,将奶杯、内衬、提桶盖、连接管等浸泡于专用洗涤剂中 3～5 分钟;C. 最好用热水(70℃～80℃)加专用洗涤剂清洗,并用毛刷刷洗表面,以确保有效清洗;D. 用清水将洗涤剂冲洗干净;E. 将洗净的奶桶、奶罐等器皿倒置于专用支架上(图 6-18),通风干燥;F. 每周清洗真空管路 1 次,以防污染、堵塞,方法是用软管吸入清洗剂,从隔离罐底部流出,避免水被吸入真空泵。

③ 贮奶罐的 CIP 清洗程序　A. 用温水冲洗 3 分钟,清

图 6-17　清洗挤奶设备

图 6-18　挤奶用具要洗刷清洁无污染

洗掉罐体内的沉淀物；B. 用 1‰碱性清洗液在 75℃～85℃条

件下循环 10 分钟;C. 用温水冲洗 3 分钟;D. 用 90℃~95℃
热水消毒 5 分钟;E. 每周用 70℃,0.8%~1%的酸性清洗液
循环清洗 10 分钟(图 6-19)。

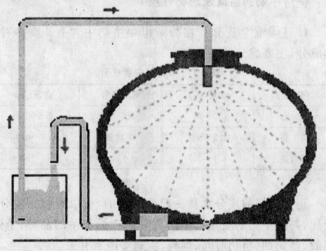

图 6-19 贮奶罐的清洗

按照厂家使用说明,定期对挤奶设备的真空泵、真空调节
器、集奶器、内衬、脉动器进行维修保养,保证挤奶设备对奶牛
和原料奶不会造成影响,从而保证原料奶的产量与质量。

(7)清洗水质量要求 用来清洗挤奶设备的水应达到生
活饮用水质量要求:① 硬度小于 5°~10°(碳酸钙含量,1°=
17.85 毫克碳酸钙);② 细菌总数小于 100 个/毫升;③ 大肠
杆菌小于 1 个/毫升。

三、原料奶的冷却处理与贮存

(一)牛奶的组成及理化性质

1. 主要化学成分　在荷斯坦牛牛奶中含有 100 多种化学成分,主要成分见表 6-1。

表 6-1　牛奶的主要成分

营养成分	含量(%)	营养成分	含量(%)
水　分	86～89	乳　糖	4.5～5.0
脂　肪	3～5	矿物质	0.6～0.75
蛋白质	2.7～3.7		

正常牛奶的成分含量一般是稳定的,所以可根据成分的变化,判断牛奶的质量。牛奶成分的含量与牛的品种、个体、年龄、产奶期、挤奶时间、饲料、疾病等因素有关。

2. 牛奶的理化性质

(1)颜色　正常新鲜的牛奶为白色或稍带黄色的不透明液体。牛奶呈白色,是由于奶中脂肪球、酪蛋白酸钙、磷酸钙等对光的反射和折射所致。呈微黄色是由于奶中存在有维生素 A 和胡萝卜素、核黄素、乳黄素等色素造成。维生素 A 主要来源于青饲料,所以采食较多青饲料的牛所生产的奶,其颜色为稍黄。如果新鲜牛奶呈红色、绿色或明显的黄色,则属异常,应随时处理(要考虑奶牛是否患有乳房炎,并进行乳房炎的检测)。

(2)气味和滋味　牛奶中存在有挥发性脂肪酸和其他挥发性物质,所以牛奶带有特殊的香味。牛奶加热后香味较浓,冷却后则减弱。牛奶很容易吸附外来的各种气味,使牛奶带有异味。如牛奶挤出后在牛舍久置,往往带有牛粪味和饲料味。牛奶与鱼虾类放在一起则带有鱼虾味。牛奶在太阳下暴晒,会带有油酸味,贮存牛奶的容器不良则产生金属味,饲料对牛奶的气味也有很强的影响。因此,饲养奶牛,不仅要注意提高产奶量,而且要注意饲料的配合、环境因素以及贮存容器等,以获得质量优良、滋味纯正的牛奶。

(3)牛奶的比重与密度　牛奶的比重,是指牛奶在15℃时,一定容积牛奶的重量与同容积同温度的水的重量之比。牛奶的密度是指在20℃时的牛奶与同体积的水的质量之比。相同温度下牛奶的密度与比重绝对值差异不大,但因为制作比重计时的温度标准不同,使得密度较比重小0.002。正常牛奶的密度平均为1.030,比重平均为1.032。牛奶中无脂干物质越多则密度越高。一般初乳的密度为1.038～1.040。在奶中掺水后,每增加10%的水,密度降0.003。因此,牛奶的比重或密度,是检验奶质量的常用指标。

(二)牛奶的冷却处理

牛奶从奶牛乳房挤出后的温度一般为37℃左右,含有丰富的营养物质,对人来说是接近完善的食品,对细菌也是最好的培养基,常温下细菌很容易孳生。所以,牛奶挤出后必须进行适当处理与保存。低温是牛奶保鲜的最简单的方法。

刚挤出的牛奶必须立即进行冷却处理,然后进入冷贮罐保存。牛奶冷却的速度必须在2小时内使温度降到4℃左右,才可保持牛乳的新鲜度。否则,牛奶中的微生物会快速繁殖而增加,引起酸度增高,降低牛奶的质量,或使牛奶变质。

1. 牛奶的抗菌性　经实验证明,牛奶具有一定的抗菌性。牛奶的这种抗菌性与温度有很大的关系,它的抗菌持续时间与牛奶被微生物污染的程度和牛奶的温度有关。牛奶的温度越低,其抗菌时间越长。牛奶的抗菌性与温度的关系如表 6-2 所示。

表 6-2　牛奶抗菌性与温度的关系

奶温(℃)	抗菌特性作用时间	奶温(℃)	抗菌特性作用时间
37	2 小时以内	5	36 小时以内
30	3 小时以内	0	48 小时以内
25	6 小时以内	—10	240 小时以内
10	24 小时以内	—25	720 小时以内

2. 牛奶的冷却　牛奶在进入冷贮罐之前需进行冷却处理,以使温度快速下降。牛奶的冷却方法很多,有的使用较简单的设备,生产中常用的有以下几种方法。

(1)水池冷却　这是最普通简易的方法,适宜于手工挤奶。其方法是修建一水池,深度与奶桶颈口的高度一致,容量为被冷却奶量的 4 倍左右。池中装地下水或冷却水,将装奶的奶桶放在水池中进行冷却。在北方由于地下水温低,直接用地下水即可达到冷却的目的。在南方为了使奶冷却到较低的温度,可在池水中加入冰块。为了加速冷却,需经常进行搅拌,并按照水温进行排水和换水。每隔 3 天应将水池彻底洗净后,再用生石灰溶液洗涤 1 次。挤下的奶应随时进行冷却,不要等所有的奶挤完后才将奶桶浸入水池中。此种方法可使奶冷却到比冷却水温高 3℃~4℃。

(2)用冷排冷却牛奶　这种冷却器由金属排管组成。奶从上部分配槽底部的细孔流出,形成薄层,流过冷却器的表面再流入贮奶槽中,冷却剂(冷水或冷盐水)从冷却器的下部自下而上通过冷却的每根排管,以降低沿冷却器表面流下的奶的温度。这种冷却方法适于机械化挤奶的奶站和较大规模奶牛场。

(3)浸没式冷却器　这种冷却器轻便灵巧,可以插入贮奶槽或奶桶中以冷却牛奶。浸没式冷却器中带有离心式搅拌器,可以调节搅拌速度,并带有自动控制开关,可以定时自动进行搅拌,故可使牛奶均匀冷却,并防止稀奶油上浮。浸没式冷却器可使牛奶冷却至 4℃左右,适于奶牛场和小规模的奶品加工厂使用。

(三)牛奶的贮存

冷却后的牛奶应尽可能保存在低温条件下,以防止奶温度升高。为此,牛奶冷却后须贮存在具有良好绝热性能的贮奶罐内。贮奶罐保温层厚度不应低于 50 毫米,室外奶仓保温层厚度不低于 100 毫米,使牛奶在贮存期间保持一定的低温,并使牛奶温度的回升速率降至最低。贮奶罐一般有两种:一种是保温罐,用保温罐贮奶通常要用热交换器先将牛奶降温,然后入罐贮存;另一种是制冷罐,用制冷罐贮奶,可使通过管道挤奶机挤出的奶直接进入制冷罐贮存(图 6-20)。一般在具有良好绝热性能的贮奶罐内,24 小时内奶温升高仅 1℃~2℃。贮奶罐有立式、卧式两种,容量一般为 1 000~100 000升。贮奶罐容量的大小,应根据每天牛奶的总量、运输时间和能力等因素来决定。一般贮奶罐的容量应为日总奶量的 1.5倍。贮奶罐使用前后应彻底洗净、杀菌,贮奶期间要开动搅拌机。

图 6-20 制冷式贮奶罐

四、牛奶的运输

(一)牛奶贮存时间和温度

农村散养户采用手工挤奶收集的奶,由于细菌数较高,未采取冷藏措施的,如果气温在 30℃～37℃,必须在 2 小时内送到奶品加工厂或奶站销售,由奶站装入制冷罐中冷藏;如果气温在 25℃,必须在 4 小时内送往牛奶加工厂;采取冷藏措施的,如果冷藏温度在 15℃左右,必须在 8 小时内送往加工厂;如果冷藏温度在 10℃左右,必须在 12 小时内送往加工厂。奶站里冷藏的牛奶在 4℃左右贮奶罐中的贮存时间一般不要超过 24 小时,应尽快将原料奶运往加工厂。运奶车一般有两种:一种是带保温罐的车,另一种是可制冷的奶罐车(图6-21)。运输时间不超过 1 小时,可采用保温罐车;如果运输时间在 1 小时以上，应采用制冷式奶罐车。原料奶运到加工厂的奶温不应超过 8℃。运输要安全快捷，司机应加强责任心，途中不要随意停留，也不要在途中打开罐口。运输途中应尽可能避免剧烈颠簸，否则会加速脂肪球膜破损，加速解脂酶分解脂肪。

图 6-21　运输牛奶的制冷式奶罐车

　　每次使用后应对奶罐车和运奶罐彻底刷洗干净，特别要注意奶罐与管子接头处的清洗，并注意清洗用水的来源和水质符合规定要求。

　　清洗奶罐车及奶罐建议用 CIP 程序进行清洗：① 用温水冲洗 3 分钟；②1％碱性清洗液在 75℃～85℃条件下循环 10 分钟；③用温水冲洗 3 分钟；④用 90℃～95℃热水消毒 5 分钟；⑤每周用 70℃，0.8％～1％的酸性清洗液循环清洗 10 分钟；⑥用温水冲洗 3 分钟（图 6-22）。

图 6-22 奶罐车采用自动清洗设备清洗

(二)牛奶运输中应注意的事项

第一,防止奶在途中温度升高。特别在夏季,运输途中往往使温度很快升高,所以运输时间最好安排在夜间或早晨,或用隔热材料遮盖奶桶。

第二,保持清洁。运输时所用的容器必须保持清洁卫生,并严格杀菌;奶桶应有特殊的闭锁扣,盖内应有橡皮衬垫,不要用布块、油纸、纸张等做奶桶的衬垫。

第三,防止震荡。奶罐尽可能装满并盖严,以防止震荡。

第四,严格执行责任制,按路程计算时间,尽量避免在途中停留,以免鲜奶变质。

第五,为防止牛奶变质,应采用制冷式奶罐车。

第七章 奶牛发病的规律与保健措施

一、奶牛发病的规律

奶牛由于生理状况不同,在生长发育的各个阶段,其发病特点各异。这种随不同发育阶段、不同生理状况所呈现的发病差异,构成了奶牛发病的规律性。

第一,牛群结构与发病的关系。在奶牛场内,成年牛、育成牛和犊牛应有一定的比例,各发育阶段的牛在牛群中所占比例的多少,称之为牛群结构。

据北京市奶牛中心肖定汉对 8 018 头奶牛的统计,其牛群结构分别是:成年牛占 58.5%,育成牛占 25.5%,犊牛占 16%。经对全场牛只发病统计,各牛群的发病率分别是:成年牛占 68.2%,育成牛占 0.4%,犊牛占 31.4%。即成年牛发病率最高,犊牛次之,育成牛发病率最低。

第二,牛群发病的特征。据北京市某牛场对奶牛发病分类统计,奶牛以产科病发生最多,占 36%,消化系统疾病占 32%,呼吸道疾病占 18%,外科疾病占 7.7%,其他疾病占 6.3%。

通过对牛群发病数字的统计,成年奶牛主要的消化系统疾病有前胃弛缓(占消化系统总发病数的 21%)、瘤胃臌胀和瘤胃积食。近年来,真胃移位的发病率有增高的趋势。犊牛主要是犊牛腹泻,占总发病数的 46%。

产科病主要发生于成年牛。其中乳房炎最多,占产科病总发病数的 56%,其次为胎衣不下,占 27%。

呼吸道疾病主要发生于犊牛,其中以上呼吸道炎症、感冒为多。

外科疾病常见于成年牛,其中以蹄病最多,占外科病总发病数的93%。

综合上述可以看出,牛群发病的特征是:成年牛主要疾病是乳房炎、蹄病和胎衣不下。犊牛主要疾病是犊牛腹泻和感冒。

第三,奶牛"三大病"。所谓奶牛"三大病",即指乳房炎、蹄病和不孕症。

舍饲奶牛,长年在牛棚内饲养,其全部生活过程都是在人为条件下进行的。因此,饲养管理正常与否,会直接影响奶牛发病的规律。

犊牛阶段,由于其胃肠消化功能不全,机体抵抗力较差,极易受外界环境因素的影响,致使犊牛发生腹泻与感冒。

成年牛阶段,其生产功能是泌乳。泌乳则引起奶牛全身系统的变化,包括发情、配种、妊娠、分娩。没有妊娠、分娩,就没有泌乳和再高产。妊娠、分娩与泌乳是相互联系的,也是奶牛正常的生理功能。在完成正常生理活动过程中,奶牛本身、胎儿发育、泌乳都需要消耗能量。从某种意义来讲,母牛是物质转换的机器,而母牛所需的营养物质完全依赖于人。因此,任何饲养管理的失误,均可引起母牛全身的变化,甚至发生疾病。

从奶牛发病规律可以看出,成年牛疾病是前胃弛缓多、蹄病多、乳房炎多、胎衣不下多、子宫内膜炎多。前胃疾病易治,而蹄病和乳房炎不易治疗与预防,胎衣不下及子宫内膜炎极易引起久配不孕。经对某农场2年内死亡、淘汰的443头奶牛统计,其中不孕症占28.5%,蹄病占22.5%,乳房炎占

5%,年老低产牛占 20%,其他原因占 24%。从发病与死亡及淘汰数字统计分析,影响当前奶牛生产的主要疾病是:不孕症、乳房炎和蹄病,这就是奶牛的"三大病"。

值得说明的是,随着奶牛产奶量的提高,营养代谢病如酮病、妊娠毒血症、瘤胃酸中毒以及真胃移位的发病增多,这些疾病应引起我们的重视。就高产奶牛群而言,危害奶牛的主要疾病应该是"四大病",即乳房炎、蹄病、不孕症和营养代谢病。

二、奶牛的正常生理指标

(一)体 温

牛的正常体温在 37.5℃～39.5℃,小犊牛、兴奋状态的牛或暴露在高温环境的牛体温可达 39.5℃或更高,若超出这个范围均视为异常。发热可分为稽留热、弛张热、间歇热、回归热;稽留热是一旦体温升高即高温维持数天或更长时间,弛张热是温度忽高忽低,昼夜间有较大的升、降变化(变化的幅度在 1℃～2℃),但不会低至正常范围;间歇热是在 1 天之内有时恢复到正常温度范围,第二天会重复前 1 天的温度模式;回归热的特点是发热几天隔 1 天或数天体温正常,以后又重新升温。发热是机体的一种破坏微生物和激发保护性防御功能的手段,不应被抗炎或退热药物所掩盖。

(二)脉 搏

成年牛的正常脉搏为 60～80 次/分,犊牛为 72～100 次/分。多种环境因素和牛的状态(运动,采食等)均可影响脉搏。热性、代谢性、心脏器质性、呼吸系统、疼痛性疾病及毒血症都引起心动过速,饥饿、垂体肿瘤,迷走神经性消化不良等可以引起心动徐缓,脉搏、心音、心动节律及其强度变化也可以提示心脏代谢性疾病。

(三)呼吸频率

成年牛安静时的正常呼吸频率为 18～28 次/分,犊牛为 20～40 次/分。正常呼吸的次数、深度受(气温等)多种环境因素和牛的状态(运动等)影响,呼吸的次数、深度、特性可作为多种疾病的依据。兴奋、运动、缺氧时呼吸的深度增加;代谢性酸中毒会导致呼吸深度和频率增加,胸、膈、前腹疼痛时,呼吸变得浅表。牛的正常呼吸应该是胸腹式,腹膜炎和腹部膨胀、腹部疼痛等妨碍腹部参与呼吸运动,引发胸式呼吸。同样,胸部及肺部疾患则发生腹式呼吸。

(四)消化系统生理指标

健康牛瘤胃蠕动每分钟 1～3 次,瘤胃内容物 pH 值为 5～8.1,一般为 6～6.8。每昼夜反刍 6～8 次,每次约 4～50 分钟,每口咀嚼 20 多次,每分钟嗳气 17～20 次。

三、奶牛的保健措施

奶牛保健是运用预防医学的观点,对奶牛实施各种防病和卫生保健的综合措施,是保证奶牛稳产、高产、健康、延长使用寿命的系统工程。

(一)严格执行卫生防疫制度

1. 树立预防为主,严格消毒,杀灭病原微生物的理念

牛场应建围墙或防疫沟,门口应设消毒池、消毒间。消毒池内常年保持2%～4%氢氧化钠溶液等消毒药。员工的工作服、胶鞋要保持清洁,不能穿出场外;车辆、行人不可随意进入场内;生产区不准解剖尸体,不准养狗、猪及其他畜禽,定期消灭蚊蝇。全场每年最少大消毒2次,于春、秋季进行;兽医器械、输精器械应按规定彻底消毒;尸体、胎衣应深埋;粪便集中堆放,经生物热消毒。总之,要抓住严格消毒这一环节,确保牛场安全。

2. 坚持定期检疫 结核病检疫每年2次,于每年的4月份和10月份进行;布氏杆菌病的血液试管凝集试验,每年进行1～2次。如发生流产,对流产胎儿的胃液及肝、脾组织应做细菌学培养,查清病原。

3. 严格执行预防接种制度 炭疽芽胞苗,每年接种1次,于12月份至翌年2月间进行。有的牛场为了预防布氏杆菌病,对5～6月龄犊牛,进行布氏杆菌19号菌苗(或猪型2号菌苗、羊型5号菌苗)口服或皮下注射。注射应坚持"三严、二准、一不漏"。即:严格执行预防接种制度、严格消毒、严格登记;接种疫苗量要准、注射部位要准;不漏掉1头牛。

4. 定期驱虫 每年春、秋各进行1次疥癣等体表寄生虫的检查,6～9月份,焦虫病流行区要定期检查并做好灭蜱工作,10月份对牛群进行1次肝片吸虫等的预防驱虫工作,春季对犊牛群进行球虫的普查和驱虫工作。

5. 加强牛场管理工作 严格控制牛只出入,已外售牛,一律不再回场;凡外购牛,必须进行结核病、布氏杆菌病的检疫和隔离观察。确定为阴性者,方可入场。猪、羊、鸡等,严禁进入牛场。

(二)发生疫情后迅速采取综合扑灭措施

1. 严格监测，尽量检出病牛　奶牛由于个体的差异，发病有早有晚，症状有轻有重，外部表现有的明显有的不明显。为尽早检出病牛，应对每头牛测温，班班检查，并对食欲、产奶、精神、粪便等仔细观察，综合判定，凡可疑者，应及时从牛群中隔离出来。

2. 及时隔离，集中治疗，防止疫病扩散　在生产中，应根据每个牛场的实际情况，选择适当的地点，建立临时病牛隔离站。在隔离站内，对病牛进行治疗，并随时观察其变化；同时，要加强护理，促使病牛尽早恢复。

3. 严格封锁　①控制牛只流动，严禁外来车辆、人员进入。②对污染的饲草、垫草、粪便、用具、圈舍等进行彻底消毒，病死尸体深埋、化制。③每7～15天全场用2%火碱液大消毒1次，夏季应做好灭蚊蝇工作。④必要时牛群可做预防接种。⑤在最后1头病牛痊愈、急宰或死亡后，经过一定的封锁期，再无疫病发生，经全面的终末消毒，报有关单位批准后，才可解除封锁。

关于奶牛疾病的防治，限于篇幅，本书从略。读者如果想了解相关知识，可购买金盾出版社出版《奶牛疾病防治》一书。

第八章　奶牛场(户)的经营管理

　　农村奶牛养殖绝大多数是个体养殖,奶牛的经营管理对于农村养殖户来说至关重要。如果奶牛生产的各个环节计划周密,运行井然有序,人力、物力、财力调配得当,发挥出应有的作用,就必然能创造好的经济效益。相反,如果奶牛场的管理混乱,生产无序,就不可能创造好的经济效益。因此,农村养奶牛户不仅要懂得奶牛的饲养,还需要学会奶牛养殖的经营与管理,制定一套科学的运营程序和管理措施,使奶牛场处于正常的运行之中,才能实现提高经济效益的目的。

　　农村奶牛养殖的经营管理相对简单。奶牛场的经营管理环节很多,主要包括奶牛养殖形式和规模、人员管理、生产管理、财务管理和技术、档案管理等。

一、养殖奶牛的形式和规模

　　养殖奶牛的形式和规模主要由市场需求、资金、饲料、机械化程度、技术水平等条件所决定。农村奶牛养殖的规模不要太大,要根据当地的自然资源、市场状况、人员素质、技术力量、设备条件和机械化程度等情况,决定合适的形式和规模。散养户规模不宜过大,以20头以内为宜,小型规模养殖场以50~100头为宜,中型规模化养殖场以100~200头为宜。有资金和能力的可以适当扩大规模,以不超过500头为宜,一般不要建特大型奶牛场。

二、人力资源管理

对于农村养奶牛户来说,员工的来源有 3 个方面:一是家庭成员;二是亲属;三是社会招聘。家庭成员是最方便的劳动力,是经营管理的主角,但要熟悉养殖技术,并需要掌握一定的经营管理能力。其他类型的人员为员工。员工和场主之间的关系为雇佣关系,员工需听从场主的安排,可以向场主提出建议。无论哪种类型的员工,雇佣前必须进行面谈,雇主要对员工的身体状况、工作态度、专业背景、实践经验、工作能力等有一个详细的了解,根据情况决定分配合适的工作。员工数量依奶牛场的规模和机械化程度而定。在现有农村以手工为主的劳动条件下,奶牛头数与人员数量见表 8-1。

表 8-1   奶牛养殖规模与人员的数量

奶牛头数	员工人数	奶牛头数	员工人数
10 头以下	1～2	100～200	8～10
20～30	3～4	200～300	11～12
50	4～5	300～500	13～15
50～100	6～7		

无论何种形式的员工,场主应对员工进行管理,需要制定规章制度,明确各自的责任和义务,还需要制定奖惩制度,以调动员工的积极性,称为人力资源管理。人力资源管理主要包括员工岗位分配和各项规章制度。

(一)岗位的设定与培训

奶牛场的员工种类依牛场规模而定,规模化的奶牛场员工,一般包括管理人员(场长、生产主管、文秘)、技术员(畜牧、

兽医、人工授精、统计等)、财务人员(会计、出纳)、生产人员
(饲养员、挤奶员、饲料加工调制人员等)以及后勤人员(总务、
采购、保安、清洁工)等(图 8-1)。每个工种的人员数量根据
奶牛场的大小而定。农村养奶牛户可视饲养规模大小设定不
同的岗位,有的岗位可以简略或合并,小型奶牛场没有明确的
岗位,一人可身兼数职。

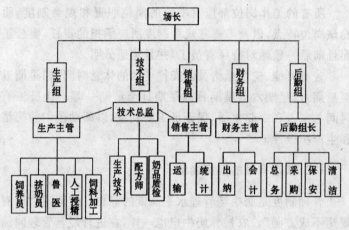

图 8-1　奶牛场岗位设置

奶牛场生产技术性强,新员工上岗必须经过岗位培训。
饲养员和挤奶员上岗前要由指定的人员进行培训,要求理论
学习不少于 1 周,实际操作以老带新,实习期不少于 2 个月,
通过考核合格后,方可上岗工作。在岗人员(包括技术人员)
也要进行定期培训,以便更新知识,适应不断发展的科学要
求。

(二)建立和谐的人际关系,调动员工积极性

员工一旦与场主确定劳动关系,就需要签订劳动合同,明

确双方的责任和义务,同时也可避免不必要的劳动纠纷。

员工进场以后,主管领导要言传身教,培养他们养成工作认真,友好协作的习惯。管理者和员工、员工和员工之间建立良好的关系有助于提高奶牛场的经济效益。

奶牛场首先应该尽可能给员工提供舒适、安全的工作条件与生活条件。

所有的工作岗位都应有书面的岗位职责和规章制度,明确该岗位特点,以及不遵守规章制度所应承担的责任,要公正而且前后一致地对待所有员工,并且奖惩分明。

若有可能,应尽量给员工安排连续的休息时间,如星期五至星期六,星期六至星期日或星期日至星期一等。让员工有时间与家人在一起生活,保证员工的利益,以调动他们的热情和生产积极性。

(三)制定有效的规章制度

管理制度是奶牛场管理水平高低的标志。俗话说:"没有规矩不成方圆"。农村养奶牛户也一样,在进行经营管理时需制定并不断完善规章制度,使工作达到规范化、程序化,以充分调动员工的积极性。制定制度要以公平、合理、合法为原则,提倡以人为本,兼顾雇主和雇员双方的利益。可以是雇主先起草方案后争取员工的意见,也可由雇主与员工共同制定。

1. 考勤制度 由班组负责逐日登记员工出勤情况,如迟到、早退、旷工、休假等,并作为发放工资、奖金、评选先进工作者的重要依据。

2. 劳动纪律 劳动纪律应根据各种劳动特点加以制定。凡影响安全生产和产品质量的一切行为,都应制定出详细的奖惩办法。

3. 员工防疫及医疗保健制度 员工在上岗前需进行身体检查,以确定是否存在不适合本场工作的疾病。建立健全奶牛场防疫消毒制度,保证员工的身体健康,定期对全场职工进行职业病检查,对患病者进行及时治疗,并按规定发给保健费。

4. 饲养管理制度 对奶牛生产的各个环节,提出基本要求,制定操作规程。要求员工遵守执行。

5. 培训制度 为了提高员工的技术水平,奶牛场需定期对员工进行技术培训和技术交流,更新知识,增加经验。

(四)合理的劳动报酬

员工的报酬应随着岗位和工作的业绩而异。一个好的员工应得到与其专业技能和责任相称的薪水。奖金一般可作为整个报酬的一个组成部分,根据工作岗位及对工作的胜任程度,按月、按季度或年度发放。奖金是员工努力工作的一个反映,既可与规定的工作业绩挂钩,也可由管理者直接决定,后一种类型的奖金通常在年底或在春节前发放,作为对全年工作一直出色的员工的认可。设定奖金的基本原则如下。

第一,具有可操作性,奖励的项目应有量化指标。如牛奶中体细胞降低 1%,细菌数减少 1%,受胎率提高 1%,空怀期缩短 1 天,产奶量提高 1%,发现 1 头发情母牛,犊牛成活率提高 1%等。

第二,对一些容易产生误导的项目不宜设奖励,如快速完成挤奶操作等。

第三,不要经常变动奖励计划和奖励标准,否则将失去奖励作用。

第四,避免全场员工平均发放奖金,否则将失去激励作用。

第五,合理的奖金比例。奖金不能高于饲养收益,但是利益分配要兼顾,对员工具有激励效果。例如,产奶量提高 100千克,发放 2 元奖金,而牛场从中得到的实际收益可能超过100 元。由于利益分配不合理,这种奖励规定对员工起不到激励作用。

三、确定岗位职责,实行岗位责任制

定岗、定责、定员,从场长到每个员工都要有明确的年度岗位任务和责任,建立岗位竞争、报酬与劳动量挂钩的机制。实行岗位责任制可以把责、权、利三者有机地结合起来。以下几种岗位责任制仅供参考。

(一)场长(经理)的职责

第一,决定牛场的经营计划和投资方案,努力实现经营目标。

第二,决定牛场的机构设置,聘任和解聘牛场的员工。

第三,决定牛场的基本管理制度。

第四,决定牛场的工资制度和利润分配形式。

第五,订立合同,注册商标,对外签订经济合同。

第六,遵守国家法律、法规和政策,依法纳税,服从国家有关机关的监督管理。

(二)畜牧主管的职责

第一,按照本场的自然资源、生产条件以及市场需求,组织畜牧技术人员制定全场年度计划和长远计划建议,掌握生产进度,提出增产措施和育种方案。

第二,制定各项畜牧技术操作规程,并检查其执行情况,对于违反技术操作规程和不符合技术要求的事项有权制止和纠正。

第三,负责拟定全场各类饲料采购、贮备和调拨计划,并检查其使用情况。

第四,负责畜牧技术经验交流、技术培训和科学实验工作。

第五,对于畜牧技术中重大事故,要负责做出结论,并承担应负的责任。

第六,对全场畜牧技术人员的任免、调动、升级、奖惩、提出意见和建议。

(三)兽医主管的职责

第一,制定本场消毒、防疫、检疫制度和制定免疫程序,并行使总监督。

第二,负责拟定全场兽医药械的分配调拨计划,并检查其使用情况。

第三,组织兽医技术经验交流、技术培训和科学实验工作。

第四,及时组织会诊疑难病例。

第五,对于兽医技术中重大事故,要负责做出结论,并承担应负的责任。

第六,对全场兽医技术人员的任免、调动、升级、奖惩,提出意见和建议。

(四)畜牧技术人员的职责

第一,根据奶牛场生产任务和饲料条件,参加拟定奶牛生产计划。

第二,制定各类牛只更新淘汰、产犊和出售以及牛群周转计划。

第三,按照各项畜牧技术规程,拟定奶牛的饲料配方和饲喂定额。

第四,制定育种和选种选配方案。

第五,负责牛场的日常畜牧技术操作和牛群生产管理。

第六,组织力量进行牛只体况评分和体型线性评定。

第七,参加制定与督促、检查各项生产操作规程贯彻执行情况。

第八,总结本场的畜牧技术经验,传授科技知识,填写牛群档案和各项技术记录,并进行统计整理。

第九,对于本单位技术中的事故,要及时报告,并承担应负的责任。

(五)人工授精员的职责

第一,每年末制定翌年的逐月配种繁殖计划,每月制定下月的逐日计划,参与制定选配计划。

第二,负责牛只的发情鉴定、人工授精(胚胎移植)、妊娠诊断、生殖道疾病和不孕症的防治,以及奶牛进出产房的管理等。

第三,及时填写发情记录、配种记录、妊娠检查记录、流产记录、产犊记录、生殖道疾病治疗记录、繁殖卡片等。

第四,按时整理、分析各种繁殖技术资料,并及时、如实上报。

第五,普及奶牛繁殖知识,掌握科技信息,积极采用先进技术和经验。

第六,经常注意液氮保存量,做好奶牛精液(胚胎)的保管和采购工作。

(六)兽医的职责

第一,负责牛群卫生保健,疫病监控和治疗。参加制定与认真贯彻防疫制度,制订药械购置计划和有关报表。

第二,认真细致地进行疫病诊治,填写病历,充分利用化验室提供的科学数据。遇到疑难病例及时汇报。

第三,每天巡视牛群,发现问题及时处理。

第四,定期组织力量检修牛蹄。

第五,普及奶牛卫生保健知识,提高员工素质。

第六,兽医应配合畜牧技术人员,共同搞好牛群饲养管理,减少发病率。

第七,掌握科技信息,开展科研工作,积极采用先进技术。

(七)饲养员的职责

第一,按照各类牛饲料定额,定时、定量、顺序饲喂,少喂勤添,让牛吃饱吃好。

第二,熟悉牛只情况,做到高产牛、头胎牛、体况瘦的牛多喂,低产牛、体况偏肥的牛少喂,围产期牛及病牛细心饲喂,不同情况区别对待。

第三,细心观察牛只食欲、精神和排出的粪便情况,发现异常及时汇报。

第四,节约饲料,减少浪费。并根据实际情况,对饲料的配方、定额及饲料质量等有权向技术员提出意见和建议。

第五,每次饲喂前应清理饲槽,以保证饲料新鲜,提高牛只采食量。

第六,妥善保管、使用喂料车和工具,节约水电,并做好交接班工作。

(八)挤奶员的职责

第一,挤奶员应熟悉所管的牛只,遵守操作规程,定时按顺序进行挤奶。不得擅自提前、滞后挤奶或提早结束挤奶。

第二,挤奶前应检查挤奶器、挤奶桶、纱布等有关用具是否清洁、齐全,真空泵压力和脉动频率是否符合要求,脉动器声音是否正常等。

第三,做好挤奶卫生工作,并按挤奶操作要求,温水清洗按摩乳房,检查乳房并挤掉头3把奶。

第四,发现乳房异常及时报告兽医。

第五,含有抗生素的奶以及乳腺炎的奶应单独存放,另作处理,不得混入正常奶中。

第六,挤奶机器用后及时清洗和维护。

(九)清洁工的职责

第一,负责牛体、牛舍内外清洁工作。

第二,牛粪以及被沾污的垫草要及时清除,以保持牛体和牛床清洁。

第三,牛床以及粪尿沟内不准堆积牛粪和污水。

第四,及时清除运动场粪尿,以保持清洁、干燥。

第五,注意观察牛只的排泄及内分泌物,发现异常及时汇报,并协助配种员做好牛只发情鉴定。

(十)实行岗位责任制

1. 大包干制 由部门主管出面承包,承包的指标一为总产奶量,二为年上交利润。完成承包指标拿基本工资。在此基础上,超产部分提取奖金。奖金分成比例一般为 5:3:2,即 50% 用于奶牛场扩大再生产,30% 用于奖励职工,20% 用于职工福利。

2. 奶牛设班组承包制 奶牛场内各工种用合同的形式实行包干,超产奖励,减产扣奖。此种方式灵活多样,可根据各单位的实际情况制定承包办法和指标。

3. 计件承包制 奶牛场内部各班、组实行联产计酬责任制。如成母牛舍即可按挤奶的多少领取报酬。依次计算每天的工作量,可极大地提高员工的积极性。

不同的奶牛场,根据各自的实际情况,制定出适合自己场的责任制。

四、生产定额管理

(一)定额种类

1. 劳动定额 即生产者在单位时间内应完成符合质量标准的工作量,或完成单位产品或工作量所需要的工时消耗。又可称工时定额。

2. 人员配备定额 即完成一定任务应配备的生产人员、技术人员和服务人员标准。

3. 饲料贮备定额 按奶牛的维持需要、生产需要和生长需要来确定饲料供给量。包括各种精饲料、青贮玉米、青干草、秸秆饲料、多汁饲料、矿物质饲料以及预混合饲料贮备和供给量。

4. 机械设备定额 即完成一定生产任务所必需的机械、设备标准或固定资产利用程度的标准。

5. 物资储备定额 按正常生产需要的零配件、燃料、原材料和工具等物资的必需库存量。

6. 产品定额 奶、肉产品的数量和质量标准。

7. 财务定额 即生产单位的各项资金限额和生产经营活动中的各项费用标准。包括资金占用定额、成本定额和费用定额等。

(二)制定生产定额

制定科学、合理的生产定额至关重要。如果生产定额不能正确反映牛奶场的技术和管理水平，就会失去意义。定额偏低，用以制定的计划，不仅是保守的，而且会造成人力、物力及财力的浪费；定额偏高，制定的计划脱离实际，既不能实现，又影响员工的生产积极性。以下几项主要生产定额供参考。

1. 配种 定额 250 头，人工授精。按配种计划适时配种，保证受胎率在 96% 以上，受胎母牛平均使用冻精不超过3.5 粒(支)。

2. 兽医 定额 200～250 头，手工操作。检疫、治疗、接产，医药和器械的购买、保管，修蹄、牛舍消毒等。

3. 挤奶员 负责挤奶、挤奶厅卫生、护理奶牛乳房以及协助观察母牛发情等工作，每天 3 次挤奶。手工挤奶每人可管理 12 头泌乳牛；管道式机械挤奶时，每人可管理 35～45头；挤奶厅机械挤奶时，每人可管理 60～80 头。

4. 饲养员 负责饲喂、饲槽的清洁卫生以及观察牛只的食欲。成母牛每人可管理 100～120 头；犊牛 2 月龄断奶，哺乳量 300 千克，成活率不低于 95%，日增重 700～750 克，每人可管理 45～50 头；育成牛，日增重 700～800 克，14～16 月龄体重达 360～380 千克，每人可管理 100～120 头；围产期奶牛，负责饲养、清洁卫生、接产以及挤奶工作，每人定额 18～

20头。

5.清洁工 负责牛体、牛床、牛舍、运动场以及周围环境的卫生。每人可管理各类牛120头。

6.饲料加工 定额120～150头,手工和机械操作相结合。饲料称重入库,加工粉碎,清除异物,配制混合,按需要供应各牛舍等。

(三)定额的修订

定额是在一定条件下制定的,反映一定时期的技术水平和管理水平。由于生产的客观条件是在不断发展变化,所以在每年编制计划前,必须对定额进行一次全面的调查、收集、整理、分析,对不符合新情况、新条件的定额进行修订,使定额标准更为完善。

五、年度生产计划管理

(一)配种产犊计划

制定本计划时,需要具备以下资料:①上年度母牛分娩、配种记录;②前年和上年度所生育成母牛的育成头数和时间;③计划年度内预计淘汰的成母牛和育成牛头数和时间;④奶牛场配种产犊类型、饲养管理及牛群的繁殖性能、产奶性能等条件。

例如:某奶牛场2004年1～12月受胎的成母牛和育成牛头数分别为25,29,24,30,26,29,23,22,23,25,24,29和5,3,2,0,3,1,5,6,0,2,3,2;2003年11月～12月份分娩的成母牛头数为29,24;2003年10～12月份分娩的头胎牛数分别为5,3,2;2003年8月份至2004年7月份各月所育成母牛的头数分别为 4，7，9，8，10，13，6，5，3，2，0，1；2004 年底配种未孕母牛 20 头。该牛场为常年配种产犊，规定经产母牛分娩 2 个月后配种（如 1 月份分娩，3 月份配种），头胎牛分娩 3 个月后配种，育成牛满 16 月龄配种；2005 年 1～12 月份估计情期受胎率分别为 62％，60％，59％，56％，55％，62％，40％，38％，50％，52％，57％和 55％。试为该奶牛场编制 2005 年度配种产犊计划。

为了便于编制，假设该牛场各类牛的情期发情率为 100％。其编制方法及步骤如下。

第一步，将 2004 年各月份受胎的成年母牛和育成母牛头数分别填入"上年度受胎母牛头数"栏相应项目中。

第二步，根据受胎月份减 3 为分娩月份，则 2004 年 4～12 月份受胎的成年母牛和育成母牛将分别在本年度 1～9 月份产犊，则分别填入"本年度产犊母牛头数"栏相应项目中。

第三步，2004 年 11 月、12 月份分娩的成年母牛及 2004 年 10～12 月份分娩的头胎牛，应分别在本年度 1 月、2 月份及 1～3 月份配种，则分别填入"本年度配种母牛栏"相应项目中。

第四步，2003 年 8 月份至 2004 年 7 月份各月所生的育成牛，到 2005 年 1～12 月份年龄陆续达到 16 月龄，需进行配种，分别填入"本年度配种母牛"栏相应项目中。

第五步，2004 年底未受胎的 20 头母牛，安排在本年度 1 月份配种，填入"本年度配种母牛头数"栏"复配牛"项目内。

第六步，将本年度各月预计情期受胎率分别填入"本年度配种母牛头数"栏相应项目中。

第七步，累加本年度 1 月份配种母牛总头数，填入该月"合计"中，则 1 月份的估计情期受胎率乘以该月"成母牛＋头胎牛＋复配牛"之和,得数 33,即为该月这 3 类牛配种受胎头数。同法,计算出该月育成牛的配种受胎头数为 2,分别填入"本年度产犊母牛头数"栏相应项目中。

第八步,本年度 1～10 月份产犊的成母牛和本年度 1～9 月份产犊的育成母牛,将分别在年度 3～12 月、4～12 月份配种,则分别填入"本年度配种母牛头数"栏相应项目中。

第九步,本年度 1 月份配种总头数减去该月受胎总头数得数 23,填入 2 月份"复配牛"栏内。

第十步,按上述第八步、第九步步骤,计算出本年度 11 月份、12 月份产犊的母牛头数及本年度 2～12 月份应配母牛头数,分别填入相应栏内,即完成 2005 年全群配种产犊计划编制(表 8-2)。

表 8-2 某奶牛场 2005 年度牛群配种产犊计划表

项 目		1月	2月	3月	4月	5月	6月	7月	8月	9月	10月	11月	12月
上年度受胎母牛数	成母牛	25	29	24	30	26	29	23	22	23	25	24	29
	育成牛	5	3	2	0	3	1	5	6	0	2	3	2
	合 计	30	32	26	30	29	30	28	28	23	27	27	31
本年度产犊母牛数	成母牛	30	26	29	23	22	23	25	24	29	33	30	32
	育成牛	0	3	1	5	6	0	2	3	2	2	4	5
	合 计	30	29	30	28	28	23	27	27	31	35	34	37
本年度配种母牛数	成母牛	29	24	30	26	29	23	22	23	25	24	29	33
	头胎牛	5	3	2	0	3	1	5	6	0	2	3	2
	育成牛	4	9	8		10	3	6	5	3	2	0	1
	复配牛	20	23	23	26	26	31	26	24	26	29		26
	合 计	58	57	64	60	68	68	59	58	54	60	61	62
本年度情期受胎率(%)		62	60	59	56	55	62	40	38	50	52	57	55

(二)牛群周转计划

牛群在一年中,由于犊牛的出生、后备牛的生长发育和转群、各类牛的淘汰和死亡,以及牛只的买进、卖出等,致使牛群结构不断发生变化。在一定时期内,牛群结构的这种增减变化称为牛群周转。牛群周转计划是牛场的再生产计划,是指导全场生产、编制饲料计划、产品计划、劳动力需要计划和各项基本建设计划的依据。

制定牛群周转计划时,应该确定发展的规模,安排各类牛的比例,并确定更新补充各类牛的数量。不同生产目的的牛场,牛群组成结构亦不相同。以鲜奶生产为主的牛场,其牛群组成比例一般为:成母牛 65%～67%,16～25 月龄育成牛 10%,6～15 月龄育成牛 10%～12%,3～6 月龄犊牛 8%,0～3 月龄犊牛 5%。

编制牛群周转计划,必须具备下列资料:①计划年初各类牛的存栏数;②计划年末各类牛按计划任务要求达到的头数和生产水平;③上年度 7～12 月各月出生的母犊头数及本年度配种产犊计划;④计划年度淘汰、出售或购进的牛只数量。

举例:某奶牛场计划存栏奶牛 1 000 头,其牛群结构比例为:成母牛占 63%,育成牛 24%,犊牛 13%。已知计划年初有牛犊 130 头,育成牛 310 头,成母牛 500 头。另知上年度 7～12 月份各月所生犊牛头数分别为 20,20,15,15,10,10,本年度 1～12 月份计划产母犊头数分别为 20,20,20,20,15,15,20,20,20,20,15,15。试编制本年度牛群周转计划。

编制方法及步骤。

第一,将年初各类牛的头数分别填入表 8-3"期初"栏中。

计算各类牛年末应达到的比例头数,分别填入12月份"期末"栏内。

第二,按本年度配种计划,把各月将要出生的母犊头数(计划产犊头数×50%×成活率%)相应填入犊牛栏的繁殖项目中。

第三,年满6月龄的母犊应转入育成牛群中,则将上年7~12月份各月所生母犊头数,分别填入母犊"转出"栏的1~6月项目中。而本年度1~6月份所生母犊,分别填入"转出"栏7~12月份项目中。

第四,将各自转出的母犊头数对应地填入育成牛"转入"栏中。

第五,根据本年度配种产犊计划,查出各月份分娩的育成牛头数,对应地填入育成牛"转出"及成母牛"转入"栏中。

第六,合计母犊"繁殖"与"转出"总数。要想使年末牛只总数达到128头,期初头数与"增加"头数之和应等于"减少"头数与期末头数之和。则通过计算:(130+220)-(200+128)=22,表明本年度母犊可出售或淘汰(死亡)22头。为此,可根据母犊生长发育情况及该牛场饲养管理条件等,适当安排出售和淘汰时间。最后汇总各月份期初与期末头数,"母犊"一栏的周转计划即编制完成。

第七,同上法,合计育成牛和成年母牛"转入"与"转出"栏总头数。根据年末要求达到的头数,确定全年应出售和淘汰的头数。在确定出售、淘汰月份分布时,应根据市场对鲜奶和种牛的需要及本场饲养管理条件等情况确定。汇总各月份期初期末头数,即完成该场本年度牛群周转计划(表8-3)。

(三)饲料生产贮备计划

饲料是奶牛场一项最大的支出,占生产总成本的60%～70%,直接影响奶牛场的经济效益。奶牛场必须按饲养标准制定切实可行的年度饲料计划,这是经营奶牛场的关键。

饲料计划应在牛群周转计划(明确每个时期各类牛的饲养头数)、各类牛群饲料定额等资料基础上进行编制。按全年各类牛群的年饲养头日数(即全年平均饲养头数×全年饲养日数)分别乘以各种饲料的日消耗量,即为各类牛群的饲料年需要量。然后把各类牛群需要该种饲料总数相加,再增加5%～10%的损耗量。

1. 各类生理阶段牛的日采食量 奶牛采食饲料干物质一般为其体重的3%～3.5%。

例如,1头体重为600千克的奶牛,每天采食饲料干物质为18千克。在计划时,实际采食量应按19.8千克计算(增加10%)。如果每天以20千克计算,1年则需要干物质7 300(365×20)千克。

如粗饲料干物质平均含量为80%,精、粗比例为40∶60,则1年的粗饲料需要量为:7 300÷0.8×60%＝5 475千克,即每天需粗饲料15千克。

表 8-3 某奶牛场牛群周转计划表

月份	犊牛 期初	犊牛 增加 转入	犊牛 增加 购入	犊牛 减少 转出	犊牛 减少 出售	犊牛 减少 淘汰	犊牛 减少 死亡	犊牛 期末	育成牛 期初	育成牛 增加 转入	育成牛 增加 购入	育成牛 减少 转出	育成牛 减少 出售	育成牛 减少 淘汰	育成牛 减少 死亡	育成牛 期末	成母牛 期初	成母牛 增加 转入	成母牛 增加 购入	成母牛 减少 转出	成母牛 减少 出售	成母牛 减少 淘汰	成母牛 减少 死亡	成母牛 期末
1	130	20		20				130	310	20		15				315	500	15					5	510
2	130	20		20				130	315	20		15	2			318	510	15						525
3	130	20		15				135	318	15		10	10	5		308	525	10						535
4	135	20		15	2			138	308	15		10	15	5	2	293	535	10			10			535
5	138	15		10				143	293	10		20	5			286	535	20			10			545
6	143	15		10			3	145	286	10		20	5	3	2	271	545	20						565
7	145	20		20		2	2	141	271	20		10		2		278	565	10						575
8	141	20		20		5	2	134	278	20		10		2	2	284	575	10						585
9	134	20		20		3	2	129	284	20		15	5	5		287	585	15						600
10	129	20		20			1	128	287	20		15	5	5	1	281	600	15						615
11	128	15		15				128	281	15		15	15	3		261	615	15				5		625
12	128	15		15				128	261	15		15	15		1	242	625	15			5	5		630
合计	220	200		200	2	10	10		200	200		200	72	30	6			170			25	10	5	

各龄牛日采食量除参考饲养标准外,还应结合牛群营养状况、饲料资源、饲料价格等进行计划。此外,还应考虑食盐、钙、磷等矿物质饲料以及维生素的供应。

一般情况下,成年奶牛每头每天平均需 6 千克优质干草,玉米青贮 25 千克;育成牛每头每天平均需干草 4 千克,玉米青贮 15 千克。成年母牛精饲料每头每天需维持精料 1.5～2千克,每产 1 千克奶再加精料 0.25～0.4 千克;干奶牛平均每头每天需精料 3 千克;妊娠青年母牛平均每头每天精料2.5～3 千克;育成牛为 2 千克;犊牛 1.5 千克。

2. 奶牛主要饲料年需要量估算　奶牛主要饲料的年需要量,可按下式进行估算。

(1)混合精饲料

产奶牛

基础精料量=年平均饲养头数×(1.5～2)千克×365 天

产奶加料量=(0.25～0.4 千克)×预计产奶量(按 6000千克计)

干奶牛

需要量=年平均饲养头数×3 千克×365 天

育成牛

需要量=年平均饲养头数×2 千克×365 天

初孕牛

需要量=年平均饲养头数×(2.5～3)千克×365 天

犊牛

需要量=年平均饲养头数×1.5 千克×365 天

（2）玉米青贮

成母牛

需要量＝年平均饲养头数×25 千克×365 天

育成牛

需要量＝年平均饲养头数×15 千克×365 天

（3）干草

成母牛

需要量＝年平均饲养头数×6 千克×365 天

育成牛

需要量＝年平均饲养头数×4 千克×365 天

犊牛

需要量＝年平均饲养头数×1.5 千克×365 天

通过上述步骤即可制定出全年饲料计划统计（表 8-4）。

表 8-4　全年饲料计划统计

牛群种类	饲养头数	日采食量				月采食量				年采食量			
		干草	青贮料	精料	补加料	干草	青贮料	精料	补加料	干草	青贮料	精料	补加料
成母牛													
初孕牛													
育成母牛													
犊母牛													
犊公牛													
合　计													
计划量（加 10%）													

知道了各种饲料的需要量,就可以根据季节统筹安排。计划种植青贮玉米时,提前预留好土地,春季及时备播和耕种,并在青贮收割之前建好青贮池。在干草收购季节到来之前,留足贮备干草的场地,并搭建好草棚。在计划粗饲料数量的同时,还应考虑其质量和适口性,有种植条件的奶牛场(户)可种植一定数量的青饲牧草,以调节粗饲料的适口性。不同品种的精饲料也要在不同的季节购买,贮备足够的原料,各种原料要有适当的比例。不同阶段的预混料也要根据需要量做一定量的贮备。在资金预算时也要做好计划,留足饲料款。

3. 粗饲料的来源

(1)本场生产 凡有饲料基地的奶牛场,应充分利用土地,使其发挥最大效益。在一般情况下,应种植高产饲料作物,如青贮玉米、苜蓿、黑麦草等。如果种植全株青贮玉米,每667平方米产量可达到9 000～10 000千克,每头奶牛需要667平方米的青贮玉米即可满足全年的青贮需要量;如果种植苜蓿草,每667平方米的干草产量为600～700千克,可以满足1头奶牛1年的需要量,但要注意适时收割,否则有效营养物质含量会降低。因此,1头奶牛1年起码要有1 333平方米的粗饲料用地。如果考虑精料的需要,1头奶牛的总饲料用地平均为3 000～4 000平方米。农村养奶牛户大多以种植粮饲兼用玉米为主,每667平方米可产玉米粒600千克,青玉米秸3 500～4 000千克;如果晒干则干玉米秸就只有1 000～1 200千克,1头奶牛每年则需要4 333～5 000平方米(6.5～7.5亩)的饲料用地。

(2)购买粗饲料 首先要考虑牛场附近是否有饲料资源,价格是否合算。近年来,出现了不少以种植青贮玉米、牧草为主的专业户和商品化生产制作粗饲料的公司,可以联系购买。

但购买前需对粗饲料质量、营养物质含量有所了解,以质论价,也可提出供货要求,签订合同,建立长期的业务联系。

(3)生产饲料与购草相结合　即本场生产一些,同时到外地购买一些,以调剂淡季饲草的短缺状况。

(四)产奶计划

产奶计划是制定牛奶供应计划、饲料计划、联产计酬以及进行财务管理的主要依据。奶牛场(户)每年都要根据市场需求和本场情况,制定每头牛和全群牛的产奶计划,以便进行统筹安排。

编制牛群产奶计划,必须具备下列资料:①计划年初泌乳母牛的头数和去年母牛产犊时间;②计划本年度成母牛和育成牛分娩的头数和时间;③每头母牛的泌乳曲线;④奶牛胎次产奶规律。

由于影响奶牛产奶量的因素较多,牛群产奶量的高低,不仅取决于泌乳母牛的头数,而且决定于各个体的遗传基础、年龄和饲养管理条件,同时与母牛的产犊时间、泌乳月份也有关系。因此,制定产奶计划时,应考虑以下情况。

第一,泌乳月。母牛现处于第几泌乳月,前几个月及本月的平均日产奶量。在正常饲养管理条件下,大多数母牛分娩后的奶量迅速上升,到产后 2～3 个月达最高,以后逐渐下降,每月约降 5％～7％;到泌乳末期逐月下降 10％～20％。但有的母牛在分娩后 2 个月内泌乳量迅速上升,以后便迅速下降;而有的母牛在整个泌乳期内能保持均衡的泌乳。因此,编制产奶计划时,必须考虑每头牛的个体特性。

第二,年龄和胎次。荷斯坦牛通常第二胎次产奶量比第一胎高 10％～12％;第三胎又比第二胎高 8％～10％;第四胎比第三胎高 5%~8%；第五胎比第四胎高 3%~5%；第六胎以后奶量逐渐下降。即荷斯坦牛 1~6 胎的产奶系数分别为：0.77,0.87,0.94,0.98,1,1。

第三，干奶期饲养管理情况以及预产期。

第四，母牛体重、体况以及健康状况。

第五，产犊季节，尤其南方夏季高温高湿对奶牛产奶量的影响。

第六，考虑本年度饲料情况和饲养管理上有哪些改进措施。

例如，9503 号母牛上胎（3 胎）产奶量为 7 000 千克，其 1~10 泌乳月的产奶比率分别为：14.4%,14.8%,13.8%,12.6%,11.4%,10.1%,8.3%,6.2%,5.1% 及 3.3%。则该牛在计划年度产奶量估计为：7 000 千克×0.98（第四胎产奶系数）÷0.94（第三胎产奶系数）=7 298 千克，第一泌乳月产奶量为 7 298 千克×14.4%=1 051 千克，第二泌乳月产奶量为 7 298 千克×14.8%=1 080 千克，其余各月依次为 1 007 千克、920 千克、832 千克、737 千克、606 千克、452 千克、372 千克、241 千克。若该牛在计划年的 3 月份以前产犊，泌乳期产奶量在计划年度内完成；若其于上年度 11 月份初产犊，则在计划年度 1 月份为第三泌乳月的产奶量，其余类推。若母牛不在月初或月末产犊，则需计算月平均日产奶量，然后乘以当月天数。将全场计划年度所有泌乳牛的产奶量汇总，即为年产奶计划。

若本奶牛场无统计数字或泌乳牛曲线资料，在拟定个体牛各月计划时，可参考表 8-5 和母牛的健康状况、产奶性能、产奶季节、计划年度饲料供应等情况拟定计划日产奶量，据此拟定各月、全年、全群产奶计划。

表 8-5　奶牛各泌乳月平均日产奶量分布表　（单位：千克）

计划产奶量	1月	2月	3月	4月	5月	6月	7月	8月	9月	10月
4500	18	20	19	17	16	15	14	12	10	9
4800	19	21	20	19	17	16	14	13	11	9
5100	20	23	21	20	18	17	15	14	12	10
5400	21	24	22	21	19	18	16	15	13	11
5700	22	25	24	22	20	19	17	15	14	12
6000	24	27	25	23	21	20	18	16	14	12
6600	27	29	27	25	23	22	20	18	16	14
6900	28	30	28	26	24	23	21	19	17	16
7200	29	31	29	27	25	24	22	20	18	16
7500	30	32	30	28	26	25	23	21	19	17
7800	31	33	31	29	27	26	24	22	20	18
8100	32	34	32	30	28	27	25	23	21	19
8400	33	35	33	31	29	28	26	24	22	20
8700	34	36	34	32	30	29	27	25	23	21
9000	35	37	35	33	31	30	28	26	24	22

根据产奶量，就可以制定相应的销售计划和人员安排。

六、奶牛场全年工作安排

奶牛场的工作千头万绪，为了有计划地开展工作，对全年的工作必须统筹兼顾，全面安排。现以某奶牛场的全年工作安排为例，供参考。

1月份

第一,落实年度生产计划,总结上年度生产、育种、繁殖情况。做好春节期间草、料的贮备,防止节日供应脱节。防止多汁料、副料和饮水结冰。

第二,调查牛群的年龄、妊娠月份、胎次分布、体况及健康状况等,摸清底细,以便安排和指导全年生产。

第三,1月份是全年的最冷时期,要做好防寒保暖工作,以防犊牛呼吸道疾病。牛舍要勤换垫草、勤清除粪便,保持清洁干燥,防止寒风和贼风侵袭。尽可能饮温水、喂粥料等,特别是对围产期牛、高产牛和犊牛的护理要精心、细致。

2月份

第一,安排好春节期间的生产,避免劳力、饲料脱节及人为灾害。

第二,积极开展春季防疫、检疫工作。

第三,检查繁殖配种工作中存在的问题,制定相应对策。要加强犊牛的补饲和饮水工作。

3月份

第一,进行上半年布氏杆菌病和结核病的防疫、检疫工作。

第二,进行春季牛群修蹄工作。

第三,落实青贮玉米播种工作。

第四,维修运动场地,更换新土。

第五,牛舍、运动场进行春季大消毒,并抓住时机,开展绿化工作。

4月份

第一,做好牛群炭疽芽胞疫苗、气肿疽疫苗的注射。

第二,全面检查牛群体质状况,对日产奶量低和经济价值低的牛及时更新淘汰。

第三,预防过量饲喂青草而导致牛只腹泻。

第四,检查青贮玉米播种的数量与质量。

5月份

第一,对不孕牛进行复查,并采取相应技术措施。

第二,露天干草要垛好,维修防雨篷,以防雨淋及霉烂变质。

第三,地沟、低湿处喷洒杀虫剂,以消灭蚊蝇的孳生。

第四,加强牛奶的初步处理,以防酸败。

6月份

第一,检查电路设施和牛舍,防止雨季漏电。

第二,天气逐渐炎热,做好防暑降温准备,准备一定数量的切碎干草和青苜蓿、青黑麦草混合青贮,逐步变换饲料,增加青绿饲料。

第三,检查、维修青贮机械及青贮窖(塔),做好夏季青贮的准备工作。

第四,加强监督挤奶器械、管道系统的清洗消毒工作,严把产品质量关。

7月份

第一,检查上半年生产任务完成情况及存在问题,制定下半年对策。

第二,开启夏季青贮窖,饲喂夏季青贮料,同时做好玉米青贮工作。

第三,安装好淋浴设备和电风扇等,进行防暑降温,以缓解奶牛热应激。

第四,检查饲料品质,注意奶量变化,防止产奶量大幅度下降和乳房炎暴发,继续加强督促挤奶和贮奶系统的清洗消毒,严把产品质量关。

8 月份

第一,继续防暑降温,整理全部青贮窖准备秋季青贮,组织青贮所需的各种车辆、机具等。

第二,对全场进行卫生消毒。

第三,进行不孕牛的普查及治疗工作。

9 月份

第一,集中力量青贮。1 头成年奶牛年需青贮料 9 000～10 000 千克。检查玉米青贮窖的防漏水、漏气情况。

第二,整理产房,做好产犊高峰季节的准备工作。

第三,做好秋季牛群修蹄工作。

10 月份

第一,进行牛群普查鉴定工作,对初选的核心牛进行必要的等级评定,确定选留。

第二,收贮青干草。

第三,进行下半年布氏杆菌病和结核病的防疫、检疫工作。

第四,对牛群进行驱虫,成年母牛在干奶期进行。

11 月份

第一,做好块根、块茎类饲料以及其他饲料的冬贮工作。

第二,牛群普查,检查年度配种、繁殖工作,编制好下一阶段的育种方案。

第三,做好冬季防寒保暖的准备工作。用塑料薄膜封住窗户,减少换气量,运动场内铺垫干燥褥草。

12 月份

第一,填报年度生产统计报表,总结全年工作,研究布置下年度生产计划。

第二，做好防寒保温安全越冬工作，开始用热汤喂牛，检查接产、护理工作，迎接产犊高潮。

第三，调整牛群结构，淘汰老弱病残牛，后备牛进行第二次筛选。

七、奶牛系谱和生产记录

奶牛系谱和生产记录是奶牛生产管理、育种不可缺少的组成部分，是牛场制定计划、发展生产等各项经济技术活动的重要依据。

系谱是奶牛场最基本的育种资料，记载要及时、准确，由资料员负责记录并妥善保管（表8-6）。牛只出生后，当日务必填写，所在单位编号、花片特征（牛图或摄影）、来源、出生日期、出生重、近交系数。血统记录，务必有三代亲本牛号和父亲育种值，母系至少有第一胎和最高胎次产奶量和乳脂率。按照牛只不同发育阶段的要求，填写体尺、体重、外貌鉴定结果。奶牛生产记录是反映奶牛生产情况和生产性能的依据，（产奶量和乳脂率），要按泌乳月填写，不按自然月份填写（表8-7）。牛只调出、出售时，由资料员抄写副本系谱随牛带走，原本留下。牛只死亡、淘汰时，应记录终生产奶量，系谱存档，不得丢失。填写系谱和生产记录时，字迹要清楚，不得涂改。

八、奶牛场生产情况分析

（一）饲养情况分析

第一，每天饲喂4次或更多次，如若采用全混合日粮，每天至少饲喂2次。

第二,每头次混合精料最大饲喂量为 2.3～3.2 千克。

第三,每头成母牛的饲槽长度(采食空间)至少为 61 厘米,4～8 月龄后备牛为 15 厘米,17～21 月龄后备牛为 46 厘米。在散栏式牛舍内应有 4.3 米以上的饲喂通道,以免影响牛尤其是体弱牛的采食。

第四,奶牛每天至少应有 18～20 小时可采食到饲料。

第五,饲槽表面应光滑,没有粗糙的棱角,以及过高的饲槽。

第六,应有 15％或更多的青贮饲料长度超过 5 厘米。

第七,饮水池应设在饲喂区 15 米范围内,每个饮水池供应的奶牛头数不得超过 25 头,且每头牛的饮水池长度(空间)不低于 5 厘米。

第八,奶牛产后干物质采食量,每周应提高 1.36～1.82 千克(初产母牛)和 2.27～2.72 千克(2 胎以上母牛)。

第九,低产奶牛干物质的采食量为其体重的 2.5％～3％,高产奶牛为 3.5％～4％。

第十,奶牛每天应采食其体重 1.8％～2.5％的牧草或其他粗饲料。

第十一,成母牛每千克精料可转化为 2.5～3.5 千克牛奶。

第十二,高产牛群各类代谢病的发病率:乳热症小于 6％,酮病小于 2％,真胃移位小于 5％,低乳脂症小于 5％,胎衣滞留小于 8％,乳房水肿 5％～10％。没有厌食症。

第十三,各期体况分别为:干奶时 3.4～3.7 分;分娩时 3.5 分;配种时 2.4～2.8 分;确认其妊娠时 2.7～3 分。

第十四,当牛群在散栏式牛舍休息时,至少应有 50％的奶牛在反刍。

第十五，每月检测牛奶中的尿氮（MUN），其值应在1.4～1.8毫克/毫升。

（二）繁殖情况分析

第一，产犊间隔超过 365 天，每推迟 1 天，损失 8 元；若超过 395 天，则每延长 1 天，损失将达 24 元。

第二，干奶期超过 60 天或不足 45 天时，每天损失 20 元。

第三，成母牛每次妊娠平均输精 1.7 次。若超过 1.7 次，每增加 0.1 次费用增加 20 元（不包括精液费用）。

第四，初次产犊年龄为 24 月龄。超过 24 月龄，每推迟 1 个月，每头损失 300 元。如若 1 个场每年有 30 头牛初次产犊年龄超过 24 月龄，仅此一项即损失 9 000 元。

九、计算机技术在奶牛业中的应用

随着奶牛养殖技术的提高和计算机技术的普及与推广，计算机管理已深入到牛场管理的方方面面，成了奶牛场管理的不可缺少的工具。我国许多地区的农村养奶牛户也使用计算机对奶牛场进行管理，效率得到极大提高。据报道，美国 500 头以上的高产奶牛场有 92.1％使用了计算机。计算机技术除了用于饲料配方外，还可用于育种繁殖、犊牛档案、牛群分类摘要、牛群综合信息查询、生长发育及体况评分、成母牛胎次结构分析、牛场生产图表分析等方面，为育种提供记录；贮存每头母牛的预产期、产奶量、体重、饲料消耗量、发情期等数据；计划每天的日常工作；对有关数据和生产情况进行分析判断等。同时，奶牛场还可以通过局域网或英特网，获取外界信息资源，提高奶牛场管理和决策水平。

计算机应用的效果取决于运行的系统软件。近年来，各种各样的奶牛场管理系统软件相继开发应用,显示了计算机技术的优越性。中国农业科学院北京畜牧兽医研究所信息中心已研究开发出《奶牛场精细养殖综合技术平台(C/S)》管理系统软件,感兴趣的读者可咨询。

第九章 奶牛养殖与环境保护

一、我国奶牛养殖的环境现状

(一)农村奶牛养殖对环境的影响

根据饲养规模大小分类,我国的奶牛养殖者大体可分为兼养农户(饲养 10 头以下)、专业农户(饲养 11～20 头)、专业大户(饲养 21～100 头)和规模化饲养场(饲养 100 头以上),四种类型奶牛存栏数分别占全国存栏数的 46.7%,26%,14.9%和 12.4%。可见,我国奶牛养殖模式仍是以农户散养为主,其奶牛存栏量占全国总存栏数的 70%～80%。在这种小而散为主要特征的传统饲养模式条件下,奶牛多数饲养在房前屋后,牛舍简陋,饲养粗放,卫生条件差,环境保护意识淡薄。一般没有专门粪污处理设施,粪便垫料堆放在庭院的一角,蚊蝇乱飞,成为污染环境的主要污染源(图 9-1)。虽然养奶牛家庭的收入增加了,但生活质量却下降了。

除此之外,大多数小型规模奶牛养殖户缺乏科学的饲料贮备、配制和饲养管理技术,饲料配制不合理或饲喂方法不当,营养成分得不到有效利用,随粪尿排出体外,增加了粪尿中有机物的排放量,既浪费了资源,又污染了环境。据测定,1头体重 500～600 千克的成年奶牛,每天排粪量为 30～50 千克,尿量 15～25 千克。如果饲养 100 头高产奶牛,1 年内排粪量将达 1 095～1 825 吨,排尿量将达 547.5～912.5 吨。奶牛粪污中含有大量的污染物质(表 9-1),这些污染物质会对

图 9-1　农村散养户的环境污染

环境造成不同程度的污染。

表 9-1　奶牛粪尿成分表　（％）

污染物	水分	总氮	五氧化二磷	氧化钾	二氧化碳	氧化镁	总碳	pH值
牛　粪	80.1	0.42	0.34	0.34	0.33	0.16	9.1	7.8
牛　尿	99.3	0.56	0.01	0.87	0.02	0.02	0.25	9.4

　　奶牛粪污对环境的污染主要表现在以下几个方面。

　　第一,污染水源。未经净化处理的污水中的大量有机物和无机盐为细菌和藻类的繁殖提供了条件,致使水体发黑、发臭,水生环境和饮用水资源受到严重破坏。据对农村奶牛养殖户的环境污染调查显示,某村 8 户共饲养奶牛 186 头,有农田 43 公顷（650 亩）。每天排粪 5.58 吨,排污水 13.02 立方米。其中有 3 户 144 头牛的粪尿治理采用了固液分离,粪尿资源转化率为 40％～60％,其他没有采取措施。上海市浦东新区曹路镇有散养奶牛 2 810 头,经采集牛场附近 5 处水样检测,结果表明,5 水样的平均值分别为 pH 值 7.85、化学需氧量 56.02 毫克/升、生物需氧量 14.14 毫克/升、溶解氧 8.71 毫克/升、悬浮物 47.4 毫克/升。除 pH 值外,其他指标均超出 V 类水标准(pH 值 6～9,生物需氧量 25 毫克/升,化学需氧量 10 毫克/升,溶解氧 2 毫克/升)。

存积的液态粪便(或泥浆)是污染水资源的又一来源。当这些物质在水中分解时,会消耗大量的氧,以致鱼和植物会因窒息而死亡,河里所有的生物也都会被毁灭。同样,大量的粪便积水渗入地下又会污染地下水(图 9-2)。

图 9-2 奶牛粪尿对水质的污染

第二,污染空气。奶牛呼吸产生的二氧化碳和消化道产气甲烷、氨等。据测定,1 000 头规模的奶牛场每天氨排放量达 8 千克以上,体重 600 千克日产奶 15 千克的泌乳奶牛每小时产生二氧化碳 171.5 克,水气 549 克,总热量 4 800 千焦。1 头奶牛每天甲烷的排放量约 200 升(143 克),1 年的排放量约 73 000 升(52.14 千克)。1990 年,农业部环境保护科研监测所测定我国每年反刍动物甲烷排放量为 567 万吨,占全球动物甲烷排放量的 7.2%。全球仅养牛一项每年排放的甲烷量约 1 亿吨,占甲烷排放总量的 20%。

粪便是有害气体的又一排放源。全球动物粪便甲烷排放总量为 2 000 万~3 000 万吨/年,占已知人为甲烷排放量的 5.5%~8%。动物粪便在处理和存放过程中还排放大量的氧化亚氮。全球动物粪便氧化亚氮排放量大约为 200 万吨,占已知认为排放源的 14%。中国是动物饲养量最大的国家之一,据初步估算,1990 年中国畜禽粪便的甲烷排放量约为 723.6 万~1 066 万吨,动物粪便氧化亚氮排放量约为 24.6 万吨。随着人民生活水平的提高和膳食结构的改变,集约化饲养的动物数量及粪便排泄量会继续增加,畜禽粪便的甲烷排放量必然增加。

牛粪在堆放过程中分解产生的恶臭是污染的另一个来源,这些产物包括甲烷、硫化氢、氨、酚、吲哚类、有机酸类等 100 多种恶臭物质。日本在《恶臭法》中确定了 16 种恶臭物质,其中有 11 种与奶牛养殖业密切相关,它们是氨、氧化亚氮、甲基硫醇、硫化氢、丙酸、丁酸、戊酸、异戊酸等。这些物质以气体形式排放到大气中,加剧了空气污染。其中,氨气进入大气层后,可造成酸雨和增加自然生态中氮的负荷。此外,甲烷气体还是重要的温室气体,过量甲烷的排放会导致全球温室效应的加剧。

第三,污染土壤。高浓度污水可导致土壤孔隙阻塞,造成土壤透气性、透水性下降及板结,严重影响土壤质量。

此外,严重的环境污染不仅威胁人们的生存环境,也是影响牛奶品质的重要因素。由于牛奶对空气中的异味有很强的吸附性,手工挤奶很容易吸附周围空气中的有害气体,影响牛奶的质量(图9-3)。受污染的奶牛是影响牛奶质量的主要因素。据调查,散养户手工挤奶奶中的细菌数为5万~10万个/毫升,是管道式挤奶的5~10倍,大量微生物的存在使牛奶的品质降低,存放时间缩短,30℃条件下,2~3小时即可引起腐败变质。

(二)城郊奶牛养殖对城市周边环境的影响

为方便运输和牛奶销售,我国规模养殖奶牛场多数集中分布在大中城市郊区和城郊结合部。由于缺乏有效的粪污防治措施,对城市周边空气、水体污染构成威胁。据环保部门对大型奶牛养殖场排出粪水的检测结果,化学需氧量(COD)超标50~70倍,生物需氧量(BOD)超标70~80倍,固体悬浮物(SS)超标12~20倍。奶牛粪便污染物不仅污染地表水,其

图9-3　牛体污染影响牛奶的质量

有毒有害成分还易渗入地下水中,严重污染地下水,造成地下水溶解氧含量减少,水质有毒成分增多,使水体发黑变臭,失去使用价值。有资料报道,奶牛粪便已成为上海市郊区影响水体质量的第二农业污染源。

(三)不适环境对奶牛产生的应激

奶牛在给人类环境带来危害的同时,其自身也是最大的受害者。和其他动物一样,奶牛对牛舍小气候环境也有特定的要求,包括温度、光照、湿度、风速等温热环境因素和有害气体、灰尘、空气中的微生物等空气质量环境因素,以及牛舍布局、隔热性能、牛群大小等。达不到奶牛正常生理要求,即会产生应激。荷斯坦牛对温热环境尤为敏感,属于耐寒不耐热的动物,成年母牛舍最适温度为9℃~17℃。环境温度偏高将造成热应激。奶牛在我国长江以南地区1年有长达4个月的热应激情况,对奶牛饲养十分不利。据了解,在湖南省每年夏季奶牛会因热应激而导致产奶量下降约30%,严重时高产奶牛还会因热应激而出现死亡。2002~2003年两个夏季,长沙市望城县某牛场因热应激而死亡奶牛40多头,造成较大的经济损失。

(四)我国奶牛养殖对资源的压力

第一,是对土地资源的争夺。包括牛场用地、饲料用地(包括人工草地和天然草场)及办公管理用地等。通常,1个规模为600头的牛场需总建筑面积6 724平方米(含青贮窖580平方米)。我国人均耕地面积只有940平方米(1.41亩),有的地方还不足667平方米。发展奶牛养殖必然与人类争夺宝贵的土地资源。

第二,是对水资源的争夺。目前,我国淡水资源总量为2.8

万亿立方米,居世界第六位,但人均占有量仅为 2 200 立方米,只有世界平均值的 1/4,居世界第 109 位,而且淡水资源分布不均衡。我国有 200 多个城市缺水,大连、天津、青岛、连云港、上海等沿海工业城市人均淡水资源拥有量不足 500 立方米。北京每年缺水 10 多亿立方米,地下水位有的地方已降到 30 米;深圳市每天至少缺水 10 万立方米,曾经出现过"水荒"。

平均 1 头奶牛 1 天需要饮 25 升的水,加上冲洗清洁等用水,平均每头牛每天的耗水量在 30 升,1 年的水消耗量是 10 950升。100 头牛的奶牛场,每年要消耗掉 1 095 立方米水,对于一个缺水的地方来说是一个很大的资源消耗。

第三,是对饲料资源的争夺。1 头奶牛全年应贮备、供应的饲料、饲草量为:青干草、农作物秸秆 1 100～1 850 千克(有一定的豆科牧草);青贮饲料 5 500～6 000 千克,块根、块茎及瓜果类 1 000～1 100 千克;精饲料 2 000～3 500 千克(其中高能量饲料占 65%～70%,蛋白质饲料占 25%～30%,矿物质饲料占 2%～3%)。2003 年我国奶牛存栏 893 万头,2004 年已突破 1 000 万头,而且仍有增加的趋势。如果按 1 000 万头计算,每年我国奶牛将消耗秸秆(包括青干草)1 100～1 850万吨,青贮玉米 5 500 万～6 000 万吨,精饲料 2 000 万～3 500万吨(其中玉米 1 000 万～1 750 万吨,饼粕类饲料 600 万～1 050万吨)。据统计,2004 年我国玉米的总产量为 11 986 万吨,总消耗量为 11 800 万吨,占总产量的 98.45%。其中,奶牛饲料消耗玉米占总消耗量的 14.8%。鉴于我国土地面积的减少,以后我国玉米的年产量徘徊在 1 亿吨,我国玉米将面临缺口的危险;豆粕类饲料目前每年缺口量 1 500 万～2 000万吨。据预测,未来几年我国实现年产量 3 222 万吨,人均占有鲜奶 25 千克时,饲料缺口情况见表 9-2。因此,我国的奶牛发展与粮食资源的矛盾将日益加剧。

表9-2   2015年我国奶业发展所需饲料原料和缺口情况

（单位：万吨）

项　目	玉　米	豆粕(饼)	杂粕(饼)	玉米青贮	青干草	作物秸秆	苜　蓿
目标1*	1389.9	463.3	289.6	1853	694.9	696	694.9
目标2**	1721.5	573.8	358.7	2295	860.6	573.8	860.6
缺口***	3000-4000	＞2000					

注：＊目标1：实现奶产量3 222万吨

＊＊目标2：实现奶类产量年平均增长10％的目标

＊＊＊为饲料用总需求缺口，计算需求量时假定科技进步使饲料利用率
提高10％，奶牛单产提高使饲料消耗减少10％

二、治理环境污染采取的措施

奶牛养殖生态化是实现奶业可持续发展的必由之路，应
该以降低废品率、减少废弃物、保证无污染、零排放为目标组
织生产。为此，根据我国奶牛养殖现状、国内环境气候和资源
特点，借鉴国外先进环保技术，采取如下措施。

(一)合理规划，发展奶牛养殖小区

目前我国奶牛污染环境的问题，已引起有关部门的重视，
并已采取措施进行治理。如2001年，北京市出台规定，在3年
内把五环以内的养殖场搬迁至距市区30千米以外的郊外，全
国其他城市也采取了相应的措施。1998年，石家庄市三鹿集团
提出"奶牛下乡、牛奶进城"战略，发展养殖规范化、管理科学化
的规模奶牛小区，培育建设"奶业生态园"等。上海市经过近几
年的努力，大部分养殖场已迁离了市区。杭州市已对市区划定
了禁养区、限养区和非禁养区，并规定禁养区内的养殖场在
2002年年底前完成搬迁工作，等等。2003年1月1日由国家

环保局颁发实施的《畜禽养殖污染防治管理办法》是我国治理畜禽养殖污染的重要法规,标志着国家对畜禽养殖污染治理力度在逐步加大。因此,发展奶牛养殖业必须加大科技投入,在设计、施工、生产等各个环节都要充分考虑环境保护问题。

减少农村奶牛对环境污染的根本措施是"限制散养,进入小区"。奶牛养殖小区是我国农民发明的在低投入条件下解决"小、散、低"的饲养模式的有效方法,是加速农村奶牛发展的现实选择。小区饲养可以将分散的养牛户集中起来,统一管理,分散饲养。小区规模一般为300~500头,每户10~20头。奶牛从农户的房前屋后进入"小区",实现"统一规划,统一饲料,统一防疫,统一管理,集中挤奶",不仅解决了养殖技术和挤奶问题,提高了技术水平和牛奶质量,而且小区可以进行统一管理,适当投资,建造粪肥处理设施,把小区的粪尿集中发酵处理,或建立沼气池供加热和生活使用,或用来发电,沼渣、沼液又可用来作为粪肥种植粮食作物和饲料,实现良性循环。这样既避免了粪尿对养牛户和周围环境的污染,改善了奶牛的饲养环境,又可节约能源,降低成本,提高农民生活环境质量。目前我国的小区管理模式尚处于发展阶段,在以后的发展中,将会创造出更多更好的处理方法。

(二)贯彻科学发展观,走农牧结合的道路

我国的奶牛养殖虽然起步晚,基础薄弱,但可以借鉴国外奶业发展的成功经验,加大科技投入的比重,采取综合措施,走农牧结合的道路,利用我国有限的自然资源,从提高奶牛的生产效率入手,使我国奶业进入良性发展。目前,我国奶牛饲养正由小农户饲养向规模化饲养转变,对规模奶牛的环境保护从思想意识上引起高度重视,建立健全法律措施,增强法制观念,

把规模奶牛场的环境保护作为一项长期任务,采取强有力措施搞好规模奶牛场规划、配套设施建设和管理。对以后新上的奶牛养殖场(包括奶牛小区)要经过环保部门审批,根据当地资源、气候特点确定适宜规模,合理布局,统一规划,既要考虑饲料和水的来源与供给,又要考虑粪污的处理和净化,特别要考虑是否有足够的农田吸纳和转化粪肥,实现良性循环。其次,在养殖户的选点布局上应避开环境敏感点,并在地域上适当分散,在一些区域应严格控制新增养殖户。如饮用水水源保护区、风景名胜区、自然保护区的核心区及缓冲区,公路沿线及河流两侧纵深 1 000 米范围内,城市和城镇中心人口集中地区。

走农牧结合的道路是发展奶业的有效途径,是发展可持续农业的好方法。农业发展和奶业发展是相辅相成,互为利用的。一方面养殖奶牛可以为农作物秸秆转化提供一个高效的途径,另一方面种植业不仅为养殖奶牛提供可靠的饲料来源,还可以吸纳和转化奶牛场的粪肥,是一举两得的好事情。这方面已有许多成功的例子可以借鉴,不同的国家有不同的做法,关键的问题是要找出一个平衡点。从营养需要的角度考虑,1 头产奶母牛每年应有 1 000 平方米的苜蓿干草(1 100千克),1 000 平方米左右的青贮玉米地(9 125~10 950 千克),1667 平方米的玉米秸秆(3 000 千克)和精饲料用地(1 080千克)。因此,1 头奶牛共需饲料用地 3333~3667 平方米。从粪肥吸纳转化的角度考虑,1 头奶牛粪尿中的氮和磷起码需要 3 333 平方米左右的耕地进行吸收和转化。不同地区的土壤肥力状况不同,消纳转化的粪肥量也不一样。在欧盟,奶牛的养殖规模主要取决于耕地消纳粪尿废弃物的能力。瑞典肥料研究部门研究结果表明,当地的耕地每公顷可吸纳纯氮肥(N)170 千克,纯磷肥(P_2O_5)25 千克,而每头产奶牛的粪便每年产生的氮为 106 千克,磷为 15 千克。因此,每头奶牛至少占有 0.625 公顷(9.4 亩)耕地。同在北欧的丹麦每头牛需要的土地面积为 0.71 公顷(10.1 亩),南欧的西班牙为 0.33 公顷(5 亩)。

我国目前的状况是全国规模奶牛场(存栏奶牛 40～1 000 头)平均每头奶牛仅占有耕地 987 平方米,其中南方地区 107 平方米,北方地区 1 840 平方米。这样的土地占有面积距上述推荐的 2 667～3 333 平方米的面积还有相当差距,以后规划的奶牛场一定要注意这个问题,保证有一定的土地吸收消纳产生的粪肥。

(三)充分发挥营养调控技术的作用

与奶牛环境保护有关的营养调控措施主要包括减少氮、磷排泄和减少甲烷产量的技术手段。减少粪尿中氮、磷排泄量最好的方法是提高营养物质的利用率,做到奶牛营养物质的摄入量与其需要量一致。可通过如下途径实现。

第一,根据不同阶段奶牛的营养需要量,供给奶牛维持和生产必需的可利用养分。目前一般参考 NY/T34-2004《奶牛饲养标准》列出的氮、磷需要量。但不同地方、不同的奶牛品种需要量有所不同,应灵活掌握。

第二,根据实测饲料原料营养物质的含量,以可利用营养成分需要量为基础设计日粮配方。

第三,根据生长速度和产奶水平,以可代谢蛋白需要量(瘤胃降解＋非降解可吸收蛋白质)为基础设计奶牛日粮,使奶牛日粮蛋白质含量接近满足必需氨基酸的需要,较传统饲养可减少氮排泄 15％以上。研究表明,通过添加合成必需氨基酸,降低粗蛋白质水平,可减少氮排泄 40％～50％。

第四,以玉米青贮、豆粕、苜蓿和玉米组成的典型奶牛日粮含磷 0.4%～0.45%(泌乳奶牛磷需要量为 0.32%～0.38%),则不必另外补充磷,经此途径可较传统补充磷的饲养体系减少磷排泄 25%～50%。使用植酸酶可减少磷排泄,对玉米—豆粕型日粮添加植酸酶可减少磷排泄 25%～35%,在很多日粮中添加植酸酶 300～600 单位,日粮磷可降低 0.1%,且植酸酶还可提高其他微量元素和氨基酸的利用率。

三、奶牛粪污处理与利用技术

(一)高温堆肥还田

奶牛粪便用作肥料还田是最经济、最根本的出路,是世界各国最为常用的处理与利用方法,也是我国处理畜粪的传统方法,既可以有效地处理动物废弃物,又可将其中有用的营养成分循环利用于土壤—植物生态系统。在改良土壤和搞好绿色食品生产方面有广泛用途。但是不合理的使用方式或连续过量使用会导致硝酸盐、磷及重金属的沉积,从而对地表水和地下水构成污染。此外,在降解过程中会产生有害气体,如氨、硫化氢等,对大气构成威胁。所以,奶牛粪便废水需经过无害化处理之后再适度地应用于农田。

无害化处理最常用的方法是高温堆肥,即将粪便堆积,控制相对湿度为 70%左右,形成好气发酵的环境,微生物大量繁殖,有机物分解为能被植物吸收利用的无机物和腐殖质,抑制臭气产生,同时发酵的高温(50℃～70℃)可杀灭病原微生物、寄生虫卵、杂草种子等,达到无害化处理的目的(图 9-4)。采用该法需要有足够的农田消纳粪肥,如欧洲提出的一般 1 头奶牛需要 4 000 平方米(6 亩)农田来利用其粪便。

图 9-4　牛粪堆肥发酵

(二)人工湿地处理方法

"氧化塘＋人工湿地"处理模式在国外也不少。湿地是经过精心设计和建造的,湿地上种有多种水生植物(如水葫芦、细绿萍等),水生植物、微生物和基质(土壤或沙砾)是其3个关键组成部分。

水生植物根系发达,为微生物提供了良好的生存场所。微生物以有机物质为食物而生存,它们排泄的物质又成为水生植物的养料,收获的水生植物可再作为沼气原料、肥料或草鱼等的饵料,水生动物及菌藻,随水流入鱼塘作为鱼的饵料。通过微生物与水生植物的共生互利作用,使污水得以净化(图 9-5)。

据报道,经人工湿地处理后的粪尿污物净化效果显著,化学需氧量、悬浮固体物、氨、总氮、总磷出水时较进水时去除效率分别为 73%,69%,44%,64%,55%。该处理模式与其他粪污处理设施比较,具有投资少,维护保养简单的优点。

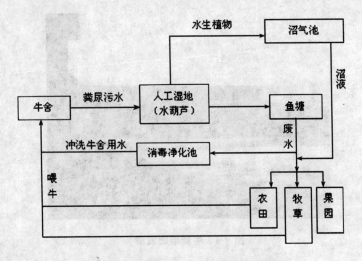

图 9-5 奶牛粪污人工湿地处理示意图

(三)综合利用技术

该技术是用液固分离技术把粪渣和污水分开,粪液经过进一步净化处理达标排放或用于发酵沼气,沼气供生活使用或发电,沼液供农业灌溉或养鱼;粪渣经过发酵、加工制成有机肥。此技术不仅使粪污得到净化处理,而且可以获得沼气,排放的废渣和废液还可用于农业生产,减少化肥的使用量,粪液、粪渣、沼液得到充分利用。处理过程中粪污采用中温两步厌氧消化工艺,产气率达到每天 1.2～1.5 立方米,资源利用率高(图 9-6)。

如上海星火农场是一个具有 4 000 农户的综合性大型农场,3 个养牛场共养殖 2 900 头奶牛,每年排放 45 000 吨牛粪,兴建了 6 座 450 立方米发酵池的沼气工程,年产沼气 147 万立方米,可供 3 000 户居民的生活用气,每年可替代 3 140 吨直接燃烧的煤。目前,我国现有沼气动力站 115 座,总功率

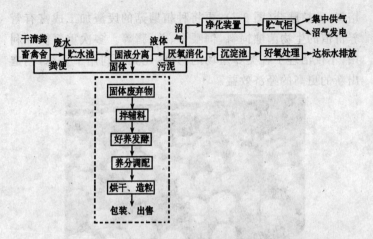

图 9-6　奶牛粪污综合利用示意图

3 458.8 千瓦;沼气发电站 186 座,装机容量 2 342 千瓦,年发电量 301 万千瓦·时。

(四)生态处理技术

利用低等动物处理畜禽粪有机废弃物是一种发展方向,采用北京家蝇、太平 2 号蚯蚓和褐云玛瑙蜗牛等低等动物,分别喂食畜禽粪等有机废弃物,通过封闭式培育蝇蛆,立体套养蚯蚓、玛瑙蜗牛,达到处理畜禽粪的目的。该方法经济、生态效益显著。但由于前期畜禽粪便灭菌、脱水处理和后期收蝇蛆、饲喂蚯蚓、蜗牛的技术难度大,加之所需温度较高而难以全年生产,故尚未得到大范围的推广应用。随着有关技术的解决,预计该项技术具有良好的发展前景。

(五)粪肥的多重利用法

该方法是将牛粪与猪、鸡粪按一定比例制成优质蘑菇栽培料,种植蘑菇(图 9-7),再将种植蘑菇的废渣加工成富有营养价值的生物菌糠饲料,饲喂牛、羊、猪等。多次重复循环利用,不仅治理了各类养殖场的污染,还充分利用了资源,创造出新的更高的经济效益。

图 9-7　利用粪肥作培料种植蘑菇

上述技术可根据实际情况,因地制宜,综合运用。

从利用粗饲料能力方面看,奶牛是变废为宝的生物转化器,把大量的农业副产品"过腹增值",提高农业经济效益,发展奶牛养殖是转化农村劳动力,发展农村经济,实现农民增收的好门路,是畜牧业结构优化的必然选择,也是改善人们膳食结构和提高全民身体素质的要求。只要我们提高环保意识,充分利用现代科学技术,科学规划、合理布局,把保护环境作为发展养殖业不可缺少的环节,进行生态养殖,就能够改善我们的环境,使奶牛养殖同农业生产形成良性生态循环,实现经济发展和生态环境保护的共同进步,使我国奶牛养殖业步入与环境和谐发展的轨道。

附录 奶牛饲养标准(摘要)
(NY/T 34—2004)

附录一 奶牛营养需要

附表 1-1 成年母牛维持的营养需要

体重 (千克)	日粮干 物质 (千克)	奶牛能 量单位 (NND)	产奶 净能 (兆卡)	产奶 净能 (兆焦)	可消化粗 蛋白质 (克)	小肠可消 化粗蛋白 质(克)	钙 (克)	磷 (克)	胡萝卜 (毫克)	维生素 A (单位)
350	5.02	9.17	6.88	28.79	243	202	21	16	63	25 000
400	5.55	10.13	7.60	31.80	268	224	24	18	75	30 000
450	6.06	11.07	8.30	34.73	293	244	27	20	85	34 000
500	6.56	11.97	8.98	37.57	317	264	30	22	95	38 000
550	7.04	12.88	9.65	40.38	341	284	33	25	105	42 000
600	7.52	13.73	10.30	43.10	364	303	36	27	115	46 000
650	7.98	14.59	10.94	45.77	386	322	39	30	123	49 000
700	8.44	15.43	11.57	48.41	408	340	42	32	133	53 000
750	8.89	16.24	12.18	50.96	430	358	45	34	143	57 000

注:①对第一个泌乳期的维持需要按上表基础增加 20%,第二个泌乳期增加
10%

②如第一个泌乳期的年龄和体重过小,应按生长牛的需要计算实际增重
的营养需要

③放牧运动时,需在上表基础上增加能量需要量,按正文中的说明计算

④在环境温度低的情况下,维持能量消耗增加,须在上表基础上增加需
要量,按正文说明计算

⑤泌乳期间,每增重 1 千克体重需增加 8NND 和 325 克可消化粗蛋白
质;每减重 1 千克需扣除 6.56NND 和 250 克可消化蛋白质

附表 1-2　每产 1 千克奶的营养需要

乳脂率（%）	日粮干物质（千克）	奶牛能量单位（NND）	产奶净能（兆卡）	产奶净能（兆焦）	可消化粗蛋白质（克）	小肠可消化粗蛋白质（克）	钙（克）	磷（克）	胡萝卜素（毫克）	维生素 A（单位）
2.5	0.31～0.35	0.80	0.60	2.51	49	42	3.6	2.4	1.05	420
3.0	0.34～0.38	0.87	0.65	2.72	51	44	3.9	2.6	1.13	452
3.5	0.37～0.41	0.93	0.70	2.93	53	46	4.2	2.8	1.22	486
4.0	0.40～0.45	1.00	0.75	3.14	55	47	4.5	3.0	1.26	502
4.5	0.43～0.49	1.06	0.80	3.35	57	49	4.8	3.2	1.39	556
5.0	0.46～0.52	1.13	0.84	3.52	59	51	5.1	3.4	1.46	584
5.5	0.49～0.55	1.19	0.89	3.72	61	53	5.4	3.6	1.55	619

附表 1-3　母牛妊娠最后 4 个月的营养需要

体重（千克）	怀孕月份	日粮干物质（千克）	奶牛能量单位（NND）	产奶净能（兆卡）	产奶净能（兆焦）	可消化粗蛋白质（克）	小肠可消化粗蛋白质（克）	钙（克）	磷（克）	胡萝卜素（毫克）	维生素 A（单位）
350	6	5.78	10.51	7.88	32.97	293	245	27	18		
	7	6.28	11.44	8.58	35.90	327	275	31	20	67	27000
	8	7.23	13.17	9.88	41.34	375	317	37	22		
	9	8.70	15.84	11.86	49.54	437	370	45	25		
400	6	6.30	11.47	8.60	35.99	318	267	30	20		
	7	6.81	12.40	9.30	38.92	352	297	34	22	76	30000
	8	7.76	14.13	10.60	44.36	400	339	40	24		
	9	9.22	16.80	12.60	52.72	462	392	48	27		
450	6	6.81	12.40	9.30	38.92	343	287	33	22		
	7	7.32	13.33	10.00	41.84	377	317	37	24	86	34000
	8	8.27	15.07	11.30	47.28	425	359	41	26		
	9	9.73	17.73	13.30	55.65	487	412	51	29		

续附表 1-3

体重（千克）	怀孕月份	日粮干物质（千克）	奶牛能量单位（NND）	产奶净能（兆卡）	产奶净能（兆焦）	可消化粗蛋白质（克）	小肠可消化粗蛋白质（克）	钙（克）	磷（克）	胡萝卜素（毫克）	维生素A（单位）
	6	7.31	13.32	9.99	41.80	367	307	36	25		
500	7	7.82	14.25	10.69	44.73	401	337	40	27	95	38000
	8	8.78	15.99	11.99	50.17	449	379	46	29		
	9	10.24	18.65	13.99	58.54	511	432	54	32		
	6	7.80	14.20	10.65	44.56	391	327	39	27		
550	7	8.31	15.13	11.35	47.49	425	357	43	29	105	42000
	8	9.26	16.87	12.65	52.93	473	399	49	31		
	9	10.72	19.53	14.65	61.30	535	452	57	34		
	6	8.27	15.07	11.30	47.28	414	346	42	29		
600	7	8.78	16.00	12.00	50.21	448	376	46	31	114	46000
	8	9.73	17.73	13.30	55.65	496	418	52	33		
	9	11.20	20.40	15.30	64.02	558	471	60	36		
	6	8.74	15.92	11.94	49.96	436	365	45	31		
650	7	9.25	16.85	12.64	52.89	470	395	49	33	124	50000
	8	10.21	18.59	13.94	58.33	518	437	55	35		
	9	11.67	21.25	15.94	66.70	580	490	63	38		
	6	9.22	16.76	12.57	52.60	458	383	48	34		
700	7	9.71	17.69	13.27	55.53	492	413	52	36	133	53000
	8	10.67	19.43	14.57	60.97	540	455	58	38		
	9	12.13	22.09	16.57	69.33	602	508	66	41		
	6	9.65	17.57	13.13	55.15	480	401	51	36		
750	7	10.16	18.51	13.88	58.08	514	431	55	38	143	57000
	8	11.11	20.24	15.18	63.52	562	473	61	40		
	9	12.58	22.91	17.18	71.89	624	526	69	43		

注：①怀孕牛干奶期按上表计算营养需要

②怀孕期间如未干奶，除按上表计算营养需要外，还应加产奶的营养需要

表 1-4 生长母牛的营养需要

体重 (千克)	日增重 (克)	日粮干物质 (千克)	奶牛能量单位 (NND)	产奶净能 (兆卡)	产奶净能 (兆焦)	可消化粗蛋白质 (克)	小肠可消化粗蛋白质(克)	钙 (克)	磷 (克)	胡萝卜素 (毫克)	维生素A (单位)
	0	—	2.20	1.65	6.90	41	—	2	2	4.0	1.6
	200	—	2.67	2.00	8.37	92	—	6	4	4.1	1.6
	300	—	2.93	2.20	9.21	117	—	8	5	4.2	1.7
40	400	—	2.23	2.42	10.13	141	—	11	6	4.3	1.7
	500	—	3.52	2.64	11.05	164	—	12	7	4.4	1.8
	600	—	3.84	2.86	12.05	188	—	14	8	4.5	1.8
	700	—	4.19	3.14	13.14	210	—	16	10	4.6	1.8
	800	—	4.56	3.42	14.31	231	—	18	11	4.7	1.9
	0	—	2.56	1.92	8.04	49	—	3	3	5.0	2.0
	300	—	3.32	2.49	10.42	124	—	9	5	5.3	2.1
	400	—	3.60	2.70	11.30	148	—	11	6	5.4	2.2
50	500	—	3.92	2.94	12.31	172	—	13	8	5.5	2.2
	600	—	4.24	3.18	13.31	194	—	15	9	5.6	2.2
	700	—	4.60	3.45	14.44	216	—	17	10	5.7	2.3
	800	—	4.99	3.74	15.65	238	—	19	11	5.8	2.3
	0	—	2.89	2.17	9.08	56	—	4	3	6.0	2.4
	300	—	3.67	2.75	11.51	131	—	10	5	6.3	2.5
	400	—	3.96	2.97	12.43	154	—	12	6	6.4	2.6
60	500	—	4.28	3.21	13.44	178	—	14	8	6.5	2.6
	600	—	4.63	3.47	14.52	199	—	16	9	6.6	2.6
	700	—	4.99	3.74	15.65	221	—	18	10	6.7	2.7
	800	—	5.37	4.03	16.87	243	—	20	11	6.8	2.7
	0	1.22	3.21	2.41	10.09	63	—	4	4	7.0	2.8
	300	1.67	4.01	3.01	12.60	142	—	10	6	7.9	3.2
	400	1.85	4.32	3.24	13.56	168	—	12	7	8.1	3.2
70	500	2.03	4.64	3.48	14.56	193	—	14	8	8.3	3.3
	600	2.21	4.99	3.74	15.65	215	—	16	10	8.4	3.4
	700	2.39	5.36	4.02	16.82	239	—	18	11	8.5	3.4
	800	3.61	5.76	4.32	18.08	262	—	20	12	8.6	3.4

体重 (千克)	日增 重 (克)	日粮干 物质 (千克)	奶牛能 量单位 (NND)	产奶 净能 (兆卡)	产奶 净能 (兆焦)	可消化粗 蛋白质 (克)	小肠可消 化粗蛋白 质(克)	钙 (克)	磷 (克)	胡萝 卜素 (毫克)	维生素 A (单位)
	0	1.35	3.51	2.63	11.01	70	—	5	4	8.0	3.2
	300	1.80	1.80	3.24	13.56	149	—	11	6	9.0	3.6
	400	1.98	4.64	3.48	14.57	174	—	13	7	9.1	3.6
80	500	2.16	4.96	3.72	15.57	198	—	15	8	9.2	3.7
	600	2.34	5.32	3.99	16.70	222	—	17	10	9.3	3.7
	700	2.57	5.71	4.28	17.91	245	—	19	11	9.4	3.8
	800	2.79	6.12	4.59	19.21	268	—	21	12	9.5	3.8
	0	1.45	3.80	2.85	11.93	76	—	6	5	9.0	3.6
	300	1.84	4.64	3.48	14.57	154	—	12	7	9.5	3.8
	400	2.12	4.96	3.72	15.57	179	—	14	8	9.7	3.9
90	500	2.30	5.29	3.97	16.62	203	—	16	9	9.9	4.0
	600	2.48	5.65	4.24	17.75	226	—	18	11	10.1	4.0
	700	2.70	6.06	4.54	19.00	249	—	20	12	10.3	4.1
	800	2.93	6.48	4.86	20.34	272	—	22	13	10.5	4.2
	0	1.62	4.08	3.06	12.81	82	—	6	5	10.0	4.0
	300	2.07	4.93	3.70	15.49	173	—	13	7	10.5	4.2
	400	2.25	5.27	3.95	16.53	202	—	14	8	10.7	4.3
100	500	2.43	5.61	4.21	17.62	231	—	16	9	11.0	4.4
	600	2.66	5.99	4.49	18.79	258	—	18	11	11.2	4.4
	700	2.84	6.39	4.79	20.05	285	—	20	12	11.4	4.5
	800	3.11	6.81	5.11	21.39	311	—	22	13	11.6	4.6
	0	1.89	4.73	3.55	14.86	97	82	8	6	12.5	5.0
	300	2.39	5.64	4.23	17.70	186	164	14	7	13.0	5.2
	400	2.57	5.96	4.47	18.71	215	190	16	8	13.2	5.3
	500	2.79	6.35	4.76	19.92	243	215	18	10	13.4	5.4
125	600	3.02	6.75	5.06	21.18	268	239	20	11	13.6	5.4
	700	3.24	7.17	5.38	22.51	295	264	22	12	13.8	5.5
	800	3.51	7.63	5.72	23.94	322	288	24	13	14.0	5.6
	900	3.74	8.12	6.09	25.48	347	311	26	14	14.2	5.7
	1000	4.05	8.67	6.50	27.20	370	332	28	16	14.4	5.8

体重 （千克）	日增 重 （克）	日粮干 物质 （千克）	奶牛能 量单位 （NND）	产奶 净能 （兆卡）	产奶 净能 （兆焦）	可消化粗 蛋白质 （克）	小肠可消 化粗蛋白 质（克）	钙 （克）	磷 （克）	胡萝 卜素 （毫克）	维生素 A （单位）
	0	2.21	5.35	4.01	16.78	111	94	9	8	15.0	6.0
	300	2.70	6.31	4.73	19.80	202	175	15	9	15.7	6.3
	400	2.88	6.67	5.00	20.92	226	200	17	10	16.0	6.4
	500	3.11	7.05	5.29	22.14	254	225	19	11	16.3	6.5
150	600	3.33	7.47	5.60	23.44	279	248	21	12	16.6	6.6
	700	3.60	7.92	5.94	24.86	305	272	23	13	17.0	6.8
	800	3.83	8.40	6.30	26.36	331	296	25	14	17.3	6.9
	900	4.10	8.92	6.69	28.00	356	319	27	16	17.6	7.0
	1000	4.41	9.49	7.12	29.80	378	339	29	17	18.0	7.2
	0	2.48	5.93	4.45	18.62	125	106	11	9	17.5	7.0
	300	3.02	7.05	5.29	22.14	210	184	17	10	18.2	7.3
	400	3.20	7.48	5.61	23.48	238	210	19	10	18.5	7.4
	500	3.42	7.95	5.96	24.94	266	235	22	12	18.8	7.5
175	600	3.65	8.43	6.32	26.45	290	257	23	13	19.1	7.6
	700	3.92	8.96	6.72	28.12	316	281	25	14	19.4	7.8
	800	4.19	9.53	7.05	29.92	341	304	27	15	19.7	7.9
	900	4.50	10.15	7.61	31.85	365	326	29	16	20.0	8.0
	1000	4.82	10.81	8.11	33.94	387	346	31	17	20.3	8.1
	0	2.70	6.48	4.86	20.34	160	133	12	10	20.0	8.0
	300	3.29	7.65	5.74	24.02	244	210	18	11	21.0	8.4
	400	3.51	8.11	6.08	25.44	271	235	20	12	21.5	8.6
	500	3.74	8.59	6.44	26.95	297	259	22	13	22.0	8.8
200	600	3.96	9.11	6.83	28.58	322	282	24	14	22.5	9.0
	700	4.23	9.67	7.25	30.34	347	305	26	15	23.0	9.2
	800	4.55	10.25	7.69	32.18	372	327	28	16	23.5	9.4
	900	4.86	10.91	8.18	34.23	396	349	30	17	24.0	9.6
	1000	5.18	11.60	8.70	36.41	417	368	32	18	24.5	9.8

体重 (千克)	日增 重 (克)	日粮干 物质 (千克)	奶牛能 量单位 (NND)	产奶 净能 (兆卡)	产奶 净能 (兆焦)	可消化粗 蛋白质 (克)	小肠可消 化粗蛋白 质(克)	钙 (克)	磷 (克)	胡萝 卜素 (毫克)	维生素 A (单位)
	0	3.20	7.53	5.65	23.64	189	157	15	13	25.0	10.0
	300	3.83	8.83	6.62	27.70	270	231	21	14	26.5	10.6
	400	4.05	9.31	6.98	29.21	296	255	23	15	27.0	10.8
	500	4.32	9.83	7.37	30.84	323	279	25	16	27.5	11.0
250	600	4.59	10.40	7.80	32.64	345	300	27	17	28.0	11.2
	700	4.86	11.01	8.26	34.56	370	323	29	18	28.5	11.4
	800	5.18	11.65	8.74	36.57	394	345	31	19	29.0	11.6
	900	5.54	12.37	9.28	38.83	417	365	33	20	29.5	11.8
	1000	5.90	13.13	9.83	41.13	437	385	35	21	30.0	12.0
	0	3.69	8.51	6.38	26.70	216	180	18	15	30.0	12.0
	300	4.37	10.08	7.56	31.64	295	253	24	16	31.5	12.6
	400	4.59	10.68	8.01	33.52	321	276	26	17	32.0	12.8
	500	4.91	11.31	8.48	35.49	346	299	28	18	32.5	13.0
300	600	5.18	11.99	8.99	37.62	368	320	30	19	33.0	13.2
	700	5.49	12.72	9.54	39.92	392	342	32	20	33.5	13.4
	800	5.85	13.51	10.13	42.39	415	362	34	21	34.0	13.6
	900	6.21	14.36	10.77	45.07	438	383	36	22	34.5	13.8
	1000	6.62	15.29	11.47	48.00	458	402	38	23	35.0	14.0
	0	4.14	9.43	7.07	29.59	243	202	21	18	35.0	14.0
	300	4.86	11.11	8.33	34.86	321	273	27	19	36.8	14.7
	400	5.13	11.76	8.82	36.91	345	296	29	20	37.4	15.0
	500	5.45	12.44	9.33	39.04	369	318	31	21	38.0	15.2
350	600	5.76	13.17	9.88	41.34	392	338	33	22	38.6	15.4
	700	6.08	13.96	10.47	43.81	415	360	35	23	39.2	15.7
	800	6.39	14.83	11.12	46.53	442	381	37	24	39.8	15.9
	900	6.84	15.75	11.81	49.42	460	401	39	25	40.4	6.1
	1000	7.29	16.75	12.56	52.56	480	419	41	26	41.0	16.4

体重（千克）	日增重（克）	日粮干物质（千克）	奶牛能量单位（NND）	产奶净能（兆卡）	产奶净能（兆焦）	可消化粗蛋白质（克）	小肠可消化粗蛋白质（克）	钙（克）	磷（克）	胡萝卜素（毫克）	维生素A（单位）
	0	4.55	10.32	7.74	32.39	268	224	24	20	40.0	16.0
	300	5.36	12.28	9.21	38.54	344	294	30	21	42.0	16.8
	400	5.63	13.03	9.77	40.88	368	316	32	22	43.0	17.2
	500	5.94	13.81	10.36	43.35	393	338	34	23	44.0	17.6
400	600	6.30	14.65	10.99	45.99	415	359	36	24	45.0	18.0
	700	6.66	15.57	11.68	48.87	438	380	38	25	46.0	18.4
	800	7.07	16.56	12.42	51.97	460	400	40	26	47.0	18.8
	900	7.47	17.64	13.24	55.40	482	420	42	27	48.0	19.2
	1000	7.97	18.80	14.10	59.00	501	437	44	28	49.0	19.6
	0	5.00	11.16	8.37	35.03	293	244	27	23	45.0	18.0
	300	5.80	13.25	9.94	41.59	368	313	33	24	48.0	19.2
	400	6.10	14.04	10.53	44.06	393	335	35	26	49.0	19.6
	500	6.50	14.88	11.16	46.70	417	355	37	26	50.0	20.0
450	600	6.80	15.80	11.85	49.59	439	377	39	27	51.0	20.4
	700	7.20	16.79	12.58	52.64	461	398	41	28	52.0	20.8
	800	7.70	17.84	13.38	55.99	484	419	43	29	53.0	21.2
	900	8.10	18.99	14.24	59.59	505	439	45	30	54.0	21.6
	1000	8.60	20.23	15.17	63.48	524	456	47	31	55.0	22.0
	0	5.40	11.97	8.98	37.58	317	264	30	25	50.0	20.0
	300	6.30	14.37	10.78	45.11	392	333	36	26	53.0	21.2
	400	6.60	15.27	11.45	47.91	417	355	38	27	54.0	21.6
	500	7.00	16.24	12.18	50.97	441	377	40	28	55.0	22.0
500	600	7.30	17.27	12.95	54.19	463	397	42	29	56.0	22.4
	700	7.80	18.39	13.79	57.70	485	418	44	30	57.0	22.8
	800	8.20	19.61	14.71	61.55	507	438	46	31	58.0	23.2
	900	8.70	20.91	15.68	65.61	529	458	48	32	59.0	23.6
	1000	9.30	22.33	16.75	70.09	548	476	50	33	60.0	24.0

体重(千克)	日增重(克)	日粮干物质(千克)	奶牛能量单位(NND)	产奶净能(兆卡)	产奶净能(兆焦)	可消化粗蛋白质(克)	小肠可消化粗蛋白质(克)	钙(克)	磷(克)	胡萝卜素(毫克)	维生素A(单位)
	0	5.80	12.77	9.58	40.09	341	284	33	28	55.0	22.0
	300	6.80	15.31	11.48	48.04	417	354	39	29	58.0	23.0
	400	7.10	16.27	12.20	51.05	441	376	30	30	59.0	23.6
	500	7.50	17.29	12.97	54.27	465	397	31	31	60.0	24.0
550	600	7.90	18.40	13.80	57.74	487	418	45	32	61.0	24.4
	700	8.30	19.57	14.68	61.43	510	439	47	33	62.0	24.8
	800	8.80	20.85	15.64	65.44	533	460	49	34	63.0	25.2
	900	9.30	22.25	16.69	69.84	554	480	51	35	64.0	25.6
	1000	9.90	23.76	17.82	74.56	573	496	53	36	65.0	26.0
	0	6.20	13.53	10.15	42.47	364	303	36	30	60.0	24.0
	300	7.20	16.39	12.29	51.43	441	374	42	31	66.0	26.4
	400	7.60	17.48	13.11	54.86	465	396	44	32	67.0	26.8
	500	8.00	18.64	13.98	58.50	489	418	46	33	68.0	27.2
600	600	8.40	19.88	14.91	62.39	512	439	48	34	69.0	27.6
	700	8.90	21.23	15.92	66.61	535	459	50	35	70.0	28.0
	800	9.40	22.67	17.00	71.13	557	480	52	36	71.0	28.4
	900	9.90	24.24	18.18	76.07	580	501	54	37	72.0	28.8
	1000	10.50	25.93	19.45	81.38	599	518	56	38	73.0	29.2

编　号	饲料名称	样品说明	原样中						
			干物质(%)	粗蛋白质(%)	钙(%)	磷(%)	总能量(MJ/kg)	奶牛能量单位(NND/kg)	可消化粗蛋白质(g/kg)
2—01—610	大麦青割	北京,5月上旬	15.7	2.0	—	—	2.78	0.29	12
2—01—614	大豆青割	北京,全株	35.2	3.4	0.36	0.29	5.76	0.59	20
2—01—072	甘薯蔓	11省市15样平均值	13.0	2.1	0.20	0.05	2.25	0.22	13
2—01—623	甘蔗尾	广　州	24.6	1.5	0.07	0.01	4.32	0.37	9
2—01—631	黑麦草	北京,阿文士意大利黑麦草	16.3	3.5	0.10	0.04	2.86	0.34	21
2—01—099	胡萝卜秧	4省市4样平均值	12.0	2.0	0.38	0.05	2.07	0.23	13
2—01—638	花生藤	浙　江	29.3	4.5	—	—	5.30	0.47	27
2—01—131	聚合草	河北沧州,始花期	11.8	2.1	0.28	0.01	1.87	0.20	13
2—01—643	萝卜叶	北　京	10.6	1.9	0.04	0.01	1.52	0.19	11
2—01—177	马铃薯秧	贵　州	11.6	2.3	—	—	2.15	0.15	14
2—01—644	芒　草	湖南,拔节期	34.5	1.6	0.16	0.02	6.26	0.52	10
2—01—645	苜　蓿	北京,盛花期	26.2	3.8	0.34	0.01	4.73	0.40	23
2—01—652	雀麦草	北京,坦波无芒雀麦草	25.3	4.1	0.64	0.07	4.45	0.48	25
2—01—246	三叶草	北京,俄罗斯三叶草	19.7	3.3	0.26	0.06	3.65	0.39	20
2—01—655	沙打旺	北　京	14.9	3.5	0.20	0.05	2.61	0.30	21
2—01—343	苕　子	浙江,初花期	15.0	3.2	—	—	2.86	0.29	19
2—01—658	苏丹草	广西,拔节期	18.5	1.9	—	—	3.34	0.33	11
2—01—671	燕麦青割	北京,刚抽穗	19.7	2.9	0.11	0.07	3.65	0.40	17
2—01—677	野青草	北京,狗尾草为主	25.3	1.7	—	0.12	4.36	0.40	10
2—01—682	拟高粱	北　京	18.4	2.2	0.13	0.03	3.22	0.34	13
2—01—243	玉米青割	哈尔滨,乳熟期,玉米叶	17.9	1.1	0.06	0.04	3.37	0.32	7
2—01—690	玉米全株	北京,晚熟种	27.1	0.8	0.09	0.10	4.72	0.49	5
2—01—429	紫云英	8省市8样平均值	13.0	2.9	0.18	0.07	2.42	0.28	17

的成分与营养价值表

料类

					干物质中								
总能量能 (MJ/kg)	消化能 (MJ/kg)	产奶净能 (MJ/kg)	产奶净能 (Mcal/kg)	奶牛能量单位 (NND/kg)	粗蛋白质 (%)	可消化粗蛋白质 (g/kg)	粗脂肪 (%)	粗纤维 (%)	无氮浸出物 (%)	粗灰分 (%)	钙 (%)	磷 (%)	胡萝卜素 (mg/kg)
17.72	11.76	5.92	1.39	1.85	12.7	76	3.2	29.9	43.9	10.2	—	—	—
16.37	10.73	5.26	1.26	1.68	9.7	58	6.0	28.7	35.2	20.5	10.2	0.82	290.43
17.29	10.82	5.54	1.27	1.69	16.2	97	3.8	19.2	47.7	13.1	1.54	0.38	—
17.59	9.69	4.80	1.13	1.50	6.1	37	2.0	31.3	53.7	6.9	0.28	0.04	—
17.54	12.83	6.44	1.56	2.09	21.5	129	4.3	20.9	38.7	14.7	0.61	0.25	—
17.21	12.18	6.00	1.44	1.92	18.3	110	5.0	18.3	42.5	15.8	3.17	0.42	171.52
18.09	10.29	5.02	1.20	1.60	15.4	92	2.7	21.2	53.9	6.8	—	—	—
15.88	10.84	5.34	1.27	1.69	17.8	107	1.7	11.9	50.8	17.8	2.37	0.08	—
14.07	11.43	5.57	1.34	1.79	17.9	108	3.8	8.5	40.6	29.2	0.38	0.09	300.0
18.50	8.42	4.05	0.97	1.29	19.8	119	6.0	23.3	39.7	11.2	—	—	—
18.15	9.71	4.75	1.13	1.51	4.6	28	2.9	33.9	53.9	4.6	0.46	0.06	—
18.06	9.83	4.81	1.15	1.53	14.5	87	1.1	35.9	41.2	7.3	1.30	0.04	—
17.60	12.06	5.97	1.42	1.90	16.2	97	2.8	30.0	39.1	11.9	2.53	0.28	—
18.52	12.56	6.19	1.48	1.98	16.8	101	2.5	28.9	45.7	6.1	1.32	0.30	—
17.52	12.76	6.24	1.51	2.01	23.5	141	3.4	15.4	44.3	13.4	1.34	0.34	—
19.09	12.28	6.20	1.45	1.93	21.3	128	4.0	32.7	34.7	7.3	—	—	—
18.05	11.38	5.68	1.34	1.78	10.3	62	4.3	29.2	47.6	8.8	—	—	—
18.54	12.86	6.40	1.52	2.03	14.7	88	4.6	27.4	45.5	7.6	0.56	0.36	—
17.20	10.15	4.98	1.19	1.58	6.7	40	2.8	28.1	52.6	9.9		0.47	—
17.49	11.76	5.71	1.39	1.85	12.0	72	2.7	28.3	46.7	10.3	0.71	0.16	—
18.84	11.40	5.64	1.34	1.79	6.1	37	2.8	29.1	55.3	6.7	0.34	0.22	—
17.40	11.52	5.72	1.36	1.81	3.0	18	1.5	29.2	60.9	5.5	0.33	0.37	—
18.60	13.61	6.77	1.62	2.15	22.3	134	5.4	19.2	43.4	10.0	1.38	0.54	—

编 号	饲料名称	样品说明	原 样 中						
			干物质(%)	粗蛋白质(%)	钙(%)	磷(%)	总能量(MJ/kg)	奶牛能量单位(NND/kg)	可消化粗蛋白质(g/kg)
3-03-602	甘薯藤青贮	北京,秋甘薯藤	33.1	2.0	0.46	0.15	5.14	0.47	12
3-03-605	玉米青贮	4省市5样平均值	22.7	1.6	0.10	0.06	3.96	0.36	10

编 号	饲料名称	样品说明	原 样 中						
			干物质(%)	粗蛋白质(%)	钙(%)	磷(%)	总能量,(MJ/kg)	奶牛能量单位(NND/kg)	可消化粗蛋白质(g/kg)
4-04-207	甘 薯	8省市甘薯干40样平均值	90.0	3.9	0.15	0.12	1.52	2.14	25
4-04-208	胡萝卜	12省市13样平均值	12.0	1.1	0.15	0.09	2.04	0.29	7
4-04-210	萝 卜	11省市11样平均值	7.0	0.9	0.05	0.03	1.15	0.17	6
4-04-211	马铃薯	10省市10样平均值	22.0	1.6	0.02	0.03	3.72	0.52	10
4-04-212	南 瓜	9省市9样平均值	10.0	1.0	0.04	0.02	1.71	0.24	7
4-04-213	甜 菜	8省市9样平均值	15.0	2.0	0.06	0.04	2.59	0.31	13
4-04-215	芜菁甘蓝	3省5样平均值	10.0	1.0	0.06	0.02	1.71	0.25	7

编 号	饲料名称	样品说明	原 样 中						
			干物质(%)	粗蛋白质(%)	钙(%)	磷(%)	总能量(MJ/kg)	奶牛能量单位(NND/kg)	可消化粗蛋白质(g/kg)
1-05-626	苜蓿干草	黑龙江,紫花苜蓿	93.9	17.9	—	—	1.68	1.86	107
1-05-644	羊 草	东北三级草	88.3	3.2	0.25	0.18	1.56	1.15	19
1-05-054	野干草	内蒙古,海金山	91.4	6.2	—	—	1.64	1.32	37

饲料

总能量 (MJ/kg)	消化能 (MJ/kg)	产奶净能 (MJ/kg)	产奶净能 (Mcal/kg)	奶牛能量单位 (NND/kg)	粗蛋白质 (%)	可消化粗蛋白质 (g/kg)	粗脂肪 (%)	粗纤维 (%)	无氮浸出物 (%)	粗灰分 (%)	钙 (%)	磷 (%)	胡萝卜素 (mg/kg)
15.54	9.28	4.56	1.06	1.42	6.0	36	2.7	18.4	55.3	17.5	1.39	0.45	—
17.45	10.29	4.98	1.19	1.59	7.0	42	2.6	30.4	51.1	8.8	0.44	0.26	—

瓜果类饲料

总能量 (MJ/kg)	消化能 (MJ/kg)	产奶净能 (MJ/kg)	产奶净能 (Mcal/kg)	奶牛能量单位 (NND/kg)	粗蛋白质 (%)	可消化粗蛋白质 (g/kg)	粗脂肪 (%)	粗纤维 (%)	无氮浸出物 (%)	粗灰分 (%)	钙 (%)	磷 (%)	胡萝卜素 (mg/kg)
16.92	15.06	7.44	1.78	2.38	4.3	28	1.4	2.6	88.8	2.9	0.17	0.13	—
16.99	15.30	7.75	1.81	2.42	9.2	60	2.5	10.0	70.0	8.3	1.25	0.75	—
16.49	15.37	7.29	1.82	2.43	12.9	84	1.4	10.0	64.3	11.4	0.71	0.43	—
16.89	14.98	7.45	1.77	2.36	7.3	47	0.5	3.2	39.5	4.1	0.09	0.14	—
17.06	15.20	7.60	1.80	2.40	10.0	65	3.0	12.0	68.0	7.0	0.20	0.40	64.29
17.28	13.18	6.47	1.55	2.07	13.3	87	2.7	11.3	60.7	12.0	0.40	0.27	—
17.09	15.80	8.00	1.88	2.50	10.0	65	2.0	13.0	67.0	8.0	0.60	0.20	—

饲料

总能量 (MJ/kg)	消化能 (MJ/kg)	产奶净能 (MJ/kg)	产奶净能 (Mcal/kg)	奶牛能量单位 (NND/kg)	粗蛋白质 (%)	可消化粗蛋白质 (g/kg)	粗脂肪 (%)	粗纤维 (%)	无氮浸出物 (%)	粗灰分 (%)	钙 (%)	磷 (%)	胡萝卜素 (mg/kg)
17.88	12.67	6.28	1.49	1.98	19.1	114	2.7	26.4	41.3	10.5	—	—	190.23
17.65	8.57	4.08	0.98	1.30	3.6	22	1.5	36.8	52.3	5.8	0.28	0.20	—
17.94	9.43	4.54	1.08	1.44	6.8	41	2.7	33.4	50.7	6.5	—	—	—

编 号	饲料名称	样品说明	原 样 中						
			干物质(%)	粗蛋白质(%)	钙(%)	磷(%)	总能量(MJ/kg)	奶牛能量单位(NND/kg)	可消化粗蛋白质(g/kg)
1-06-632	大麦秸	北京	90.0	4.9	0.12	0.11	15.81	1.17	14
1-06-604	大豆秸	吉林公主岭	89.7	3.2	0.61	0.03	16.32	1.10	8
1-06-630	稻 草	北京	90.0	2.7	0.11	0.05	13.41	1.04	7
1-06-100	甘薯蔓	7省市13样平均值	88.0	8.1	1.55	0.11	15.29	1.34	26
1-06-615	谷 草	黑龙江,谷子(粟)秆,2样平均值	90.7	4.5	0.34	0.03	15.54	1.33	10
1-06-617	花生藤	山东,伏花生	91.3	11.0	2.46	0.04	16.11	1.54	28
1-06-620	小麦秸	北京,冬小麦	90.0	3.9	0.25	0.03	7.49	0.99	10
1-06-623	燕麦秸	河北张家口,甜燕麦秸,青海种	93.0	7.0	0.17	0.01	16.92	1.33	15
1-06-624	莜麦秸	河北张家口	95.2	8.8	0.29	0.10	17.39	1.27	19
1-06-631	黑麦秸	北京	90.0	3.5	—	—	16.25	1.11	9
1-06-629	玉米秸	北京	90.0	5.8	—	—	15.22	1.21	18

类饲料

			干 物 质 中										
总能量 (MJ/kg)	消化能 (MJ/kg)	产奶净能 (MJ/kg)	产奶净能 (Mcal/kg)	奶牛能量单位 (NND/kg)	粗蛋白质 (%)	可消化粗蛋白质 (g/kg)	粗脂肪 (%)	粗纤维 (%)	无氮浸出物 (%)	粗灰分 (%)	钙 (%)	磷 (%)	胡萝卜素 (mg/kg)
17.44	8.51	4.08	0.98	1.30	5.5	16	1.8	71.8	10.4	10.6	0.13	0.12	—
18.20	8.12	3.84	0.92	1.23	3.6	9	0.6	52.1	39.7	4.1	0.68	0.03	—
16.10	8.61	3.65	0.87	1.16	3.1	8	1.2	66.3	13.9	15.6	0.12	0.05	—
17.39	9.90	4.81	1.14	1.52	9.2	30	3.1	32.4	44.3	11.0	1.76	0.13	—
17.13	9.56	4.62	1.10	1.47	5.0	11	1.3	35.9	48.7	9.0	0.37	0.03	—
17.64	10.89	5.28	1.27	1.69	12.0	31	1.6	32.4	45.2	8.7	2.69	0.04	—
17.22	8.35	3.45	0.83	1.10	4.4	11	0.6	78.2	6.1	10.8	0.28	0.03	—
18.20	9.35	4.51	1.07	1.43	7.5	16	2.4	28.4	58.0	3.9	0.18	0.01	—
18.27	8.77	4.22	1.00	1.33	9.2	20	1.4	46.2	37.1	6.0	0.30	0.11	—
17.07	9.72	3.86	0.92	1.23	3.9	10	1.2	75.3	9.1	10.5	—	—	—
16.92	10.71	4.22	1.01	1.34	6.5	20	0.9	68.9	17.0	6.8	—	—	—

编　号	饲料名称	样品说明	原　样　中						
			干物质(%)	粗蛋白质(%)	钙(%)	磷(%)	总能量(MJ/kg)	奶牛能量单位(NND/kg)	可消化粗蛋白质(g/kg)
4—07—038	大　米	9省市16样籼稻米平均值	87.5	8.5	0.06	0.21	15.54	2.29	55
4—07—022	大　麦	20省市,49样平均值	88.8	10.8	0.12	0.29	15.80	2.13	70
4—07—074	稻　谷	9省市34样籼稻平均值	90.6	8.3	0.13	0.28	15.68	2.04	54
4—07—104	高　粱	17省市38样平均值	89.3	8.7	0.09	0.28	16.12	2.09	57
4—07—123	荞　麦	11省市14样平均值	87.1	9.9	0.09	0.30	15.82	1.94	64
4—07—164	小　麦	15省市,28样平均值	91.8	12.1	0.11	0.36	16.43	2.39	79
4—07—173	小　米	8省9样平均值	86.8	8.9	0.05	0.32	15.69	2.24	58
4—07—188	燕　麦	11省市17样平均值	90.3	11.6	0.15	0.33	16.86	2.13	75
4—07—263	玉　米	23省市120样平均值	88.4	8.6	0.08	0.21	16.14	2.28	56

编　号	饲料名称	样品说明	原　样　中						
			干物质(%)	粗蛋白质(%)	钙(%)	磷(%)	总能量(MJ/kg)	奶牛能量单位(NND/kg)	可消化粗蛋白质(g/kg)
5—09—201	蚕　豆	全国14样平均值	88.0	24.9	0.15	0.40	16.45	2.25	162
5—09—217	大　豆	全国16省市40样平均值	88.0	37.0	0.27	0.48	20.55	2.76	241
5—09—031	黑　豆	内蒙古	92.3	34.7	—	0.69	21.04	2.83	226

饲料

总能量 (MJ/kg)	消化能 (MJ/kg)	产奶净能 (MJ/kg)	(Mcal/kg)	奶牛能量单位 (NND/kg)	干物质中								
					粗蛋白质(%)	可消化粗蛋白质(g/kg)	粗脂肪(%)	粗纤维(%)	无氮浸出物(%)	粗灰分(%)	钙(%)	磷(%)	胡萝卜素(mg/kg)
20.73	16.51	8.18	1.96	2.62	9.7	63	1.8	0.9	86.2	1.4	0.07	0.24	—
17.80	15.19	7.55	1.80	2.40	12.2	79	2.3	5.3	76.7	9.1	0.14	0.33	—
17.31	14.30	7.08	1.69	2.25	9.2	60	1.7	9.4	74.5	5.3	0.14	0.31	—
18.06	14.84	7.31	1.76	2.34	9.7	63	3.7	2.5	81.6	2.5	0.10	0.31	—
18.17	14.15	7.01	1.67	2.23	11.4	74	2.6	13.2	69.7	3.1	0.10	0.34	—
17.90	16.42	8.21	1.95	2.60	13.2	86	2.0	2.6	79.7	2.5	0.12	0.39	—
18.07	16.29	8.10	1.94	2.58	10.3	67	3.1	1.5	83.5	1.6	0.06	0.37	—
18.67	14.95	7.38	1.77	2.36	12.8	83	5.8	9.9	67.2	4.3	0.17	0.37	—
18.26	16.28	8.10	1.93	2.58	9.7	63	4.0	2.3	82.5	1.6	0.09	0.24	—

饲料

总能量 (MJ/kg)	消化能 (MJ/kg)	产奶净能 (MJ/kg)	(Mcal/kg)	奶牛能量单位 (NND/kg)	干物质中								
					粗蛋白质(%)	可消化粗蛋白质(g/kg)	粗脂肪(%)	粗纤维(%)	无氮浸出物(%)	粗灰分(%)	钙(%)	磷(%)	胡萝卜素(mg/kg)
18.69	16.14	8.05	1.92	2.56	28.3	184	1.6	8.5	57.8	3.8	0.17	0.45	—
23.35	19.64	9.85	2.35	3.14	42.0	273	18.4	5.8	28.5	5.2	0.31	0.55	—
22.80	19.21	9.62	2.30	3.07	37.6	244	16.4	10.0	31.4	4.7	—	0.75	—

编　号	饲料名称	样品说明	原 样 中						
			干物质（%）	粗蛋白质（%）	钙（%）	磷（%）	总能量（MJ/kg）	奶牛能量单位（NND/kg）	可消化粗蛋白质（g/kg）
1—08—001	大豆皮	北京	91.0	18.8	—	0.35	17.16	1.85	113
4—08—002	大麦麸	北京	87.0	15.4	0.33	0.48	16.00	2.07	92
4—08—016	高粱糠	2省8个样品平均值	91.1	9.6	0.07	0.81	17.42	2.17	58
4—08—030	米　糠	4省市13样平均值	90.2	12.1	0.14	1.04	18.20	2.16	73
4—08—078	小麦麸	全国115样平均值	88.6	14.4	0.18	0.78	16.24	1.91	86
4—08—094	玉米皮	6省市6样品平均值	88.2	9.7	0.28	0.35	16.17	1.84	58

编　号	饲料名称	样品说明	原 样 中						
			干物质（%）	粗蛋白质（%）	钙（%）	磷（%）	总能量（MJ/kg）	奶牛能量单位（NND/kg）	可消化粗蛋白质（g/kg）
5—10—022	菜籽饼	13省市,机榨,21样平均值	92.2	36.4	0.73	0.95	18.90	2.43	237
5—10—043	豆　饼	13省,机榨,42样平均值	90.6	43.0	0.32	0.50	18.74	2.64	280
5—10—062	胡麻饼	8省市,机榨,11样平均值	92.0	33.1	0.58	0.77	18.60	2.44	215
5—10—075	花生饼	9省市,机榨,34样平均值	89.9	46.4	0.24	0.52	19.22	2.71	302

饲料

总能量 (MJ/kg)	消化能 (MJ/kg)	产奶净能 (MJ/kg)	(Mcal/kg)	奶牛能量单位 (NND/kg)	粗蛋白质 (%)	可消化粗蛋白质 (g/kg)	粗脂肪 (%)	粗纤维 (%)	无氮浸出物 (%)	粗灰分 (%)	钙 (%)	磷 (%)	胡萝卜素 (mg/kg)
					干 物 质 中								
18.85	12.98	6.40	1.52	2.03	20.7	124	2.9	27.6	43.0	5.6	—	0.38	—
18.39	15.07	7.46	1.78	2.38	17.7	106	3.7	6.6	67.5	4.6	0.38	0.55	—
19.12	15.09	7.49	1.79	2.38	10.5	63	10.0	4.4	69.7	5.4	0.08	0.89	—
20.18	15.16	7.52	1.80	2.39	13.4	80	17.2	10.2	48.0	11.2	0.16	1.15	—
18.33	13.72	6.81	1.62	2.16	16.3	98	4.2	10.4	63.4	5.8	0.20	0.88	—
18.34	13.30	6.55	1.56	2.09	11.0	66	4.5	10.3	70.2	4.0	0.32	0.40	—

饲料

总能量 (MJ/kg)	消化能 (MJ/kg)	产奶净能 (MJ/kg)	(Mcal/kg)	奶牛能量单位 (NND/kg)	粗蛋白质 (%)	可消化粗蛋白质 (g/kg)	粗脂肪 (%)	粗纤维 (%)	无氮浸出物 (%)	粗灰分 (%)	钙 (%)	磷 (%)	胡萝卜素 (mg/kg)
					干 物 质 中								
20.50	16.62	8.26	1.98	2.64	39.5	257	8.5	11.6	31.8	8.7	0.79	1.03	—
20.68	18.80	9.15	2.19	2.91	47.5	308	6.0	6.3	33.8	6.5	0.35	0.55	—
20.22	16.72	8.33	1.99	2.65	36.0	234	8.2	10.7	37.0	8.3	0.63	0.84	—
21.38	18.90	9.50	2.26	3.01	51.6	335	7.3	6.5	28.6	6.0	0.27	0.58	—

编号	饲料名称	样品说明	原样中						
			干物质(%)	粗蛋白质(%)	钙(%)	磷(%)	总能量(MJ/kg)	奶牛能量单位(NND/kg)	可消化粗蛋白质(g/kg)
5—10—084	米糠饼	7省市,机榨,13样平均值	90.7	15.2	0.12	0.18	16.64	1.86	99
5—10—612	棉籽饼	4省,去壳,机榨,6样平均值	89.6	32.5	0.27	0.81	18.00	2.34	211
5—10—613	向日葵饼	内蒙古	93.3	17.4	0.40	0.94	18.34	1.50	113
5—10—126	玉米胚芽饼	北京	93.0	17.5	0.05	0.49	18.39	2.33	114
5—10—138	芝麻饼	10省市,机榨,13样平均值	90.7	41.1	2.29	0.79	18.29	2.40	267

附表 2-10 动物性

编号	饲料名称	样品说明	原样中						
			干物质(%)	粗蛋白质(%)	钙(%)	磷(%)	总能量(MJ/kg)	奶牛能量单位(NND/kg)	可消化粗蛋白质(g/kg)
5—13—022	牛乳	北京,全脂鲜奶	13.0	3.3	0.12	0.09	3.22	0.50	21
5—13—024	牛乳粉	北京,全脂乳粉	98.0	26.2	1.03	0.88	24.76	3.78	170
5—13—114	鱼粉	秘鲁鱼粉8省8样平均值	89.0	60.5	3.90	2.90	18.33	2.74	393

		干 物 质 中											
总能量 (MJ/kg)	消化能 (MJ/kg)	产奶净能 (MJ/kg)	产奶净能 (Mcal/kg)	奶牛能量单位 (NND/kg)	粗蛋白质 (%)	可消化粗蛋白质 (g/kg)	粗脂肪 (%)	粗纤维 (%)	无氮浸出物 (%)	粗灰分 (%)	钙 (%)	磷 (%)	胡萝卜素 (mg/kg)
18.34	13.09	6.46	1.54	2.05	16.8	109	8.0	9.8	54.4	11.0	0.13	0.20	—
20.09	16.47	8.18	1.96	2.61	36.3	236	6.4	11.9	38.5	6.9	0.30	0.90	—
19.65	10.42	5.03	1.21	1.61	18.6	121	4.4	42.0	29.8	5.1	0.43	1.01	—
19.77	15.83	7.88	1.88	2.51	18.8	122	6.0	16.0	57.3	1.8	0.05	0.53	—
20.16	16.68	8.31	1.98	2.65	45.3	295	9.9	6.5	24.1	14.1	2.52	0.87	—

饲料类

		干 物 质 中											
总能量 (MJ/kg)	消化能 (MJ/kg)	产奶净能 (MJ/kg)	产奶净能 (Mcal/kg)	奶牛能量单位 (NND/kg)	粗蛋白质 (%)	可消化粗蛋白质 (g/kg)	粗脂肪 (%)	粗纤维 (%)	无氮浸出物 (%)	粗灰分 (%)	钙 (%)	磷 (%)	胡萝卜素 (mg/kg)
24.79		12.23	2.88	3.85	25.4	165	30.8	—	38.5	5.4	0.92	0.69	—
25.26		12.13	2.89	3.86	26.7	174	31.2	—	38.3	5.8	1.05	0.90	—
20.60	19.29	9.69	2.31	3.08	68.0	442	10.9	—	—	16.2	4.38	3.26	—

编　号	饲料名称	样品说明	原 样 中						
			干物质（%）	粗蛋白质（%）	钙（%）	磷（%）	总能量（MJ/kg）	奶牛能量单位（NND/kg）	可消化粗蛋白质（g/kg）
1—11—602	豆腐渣	2省市4样平均值	11.0	3.3	0.05	0.03	2.27	0.31	21
4—11—058	粉　渣	玉米粉渣，6省7样平均值	15.0	1.8	0.02	0.02	2.79	0.39	12
4—11—069	粉　渣	马铃薯粉渣，3省3样平均值	15.0	1.0	0.06	0.04	2.63	0.29	7
5—11—607	啤酒糟	2省市3样平均值	23.4	6.8	0.09	0.18	4.77	0.51	44
1—11—610	甜菜渣	黑龙江	12.2	1.4	0.12	0.01	2.00	0.24	9

饲料

| 总能量（MJ/kg) | 消化能（MJ/kg) | 产奶净能 | | 奶牛能量单位（NND/kg) | 干 物 质 中 | | | | | | | | |
		(MJ/kg)	(Mcal/kg)		粗蛋白质（%)	可消化粗蛋白质（g/kg)	粗脂肪（%)	粗纤维（%)	无氮浸出物（%)	粗灰分（%)	钙（%)	磷（%)	胡萝卜素（mg/kg)
20.64	17.72	8.82	2.11	2.82	30.0	195	7.3	19.1	40.0	0.9	0.45	0.27	—
18.62	16.40	8.13	1.95	2.60	12.0	78	4.7	9.3	71.3	2.7	0.13	0.13	—
17.54	12.38	6.20	1.45	1.93	6.7	43	2.7	8.7	78.0	4.0	0.40	0.27	—
20.37	13.87	6.79	1.63	2.18	29.1	189	8.1	16.7	40.6	5.6	0.38	0.77	—
16.36	12.59	6.23	1.48	1.97	11.5	75	0.8	31.1	41.8	14.8	0.98	0.08	—

附表 2-12　矿物质饲料

编号	饲料名称	样品说明	干物质(%)	钙(%)	磷(%)
6—14—001	白云石	北京		21.16	0
6—14—004	蚌壳粉	安徽	85.7	23.51	—
6—14—006	贝壳粉	吉林榆树	98.9	23.51	0.03
6—14—007	贝壳粉	浙江舟山	98.6	34.76	0.02
6—14—015	蛋壳粉	湖南	91.2	29.33	0.14
6—14—016	蛋壳粉	四川	—	37.00	0.15
6—14—017	蛋壳粉	云南会泽、粗蛋白6.3%	96.0	25.99	0.10
6—14—030	蛎粉	北京	99.6	39.23	0.23
6—14—32	磷酸钙	北京、脱氟	—	27.91	14.38
6—14—35	磷酸氢钙	云南、脱氟	99.8	21.85	8.64
6—14—37	马牙石	云南昆明	风干	38.38	0
6—14—38	石粉	河南南阳、白色	97.1	39.49	—
6—14—39	石粉	河南大理石、灰色	99.1	32.54	—
6—14—42	石粉	云南昆明	92.1	33.98	0
6—14—44	石灰石	吉林	99.7	32.0	—
6—14—45	石灰石	吉林九台	99.9	24.48	—
6—14—46	碳酸钙	浙江湖州,轻质碳酸钙	99.1	35.19	0.14
6—14—048	蟹壳粉	上海	89.9	23.33	1.59

附表三　奶牛日粮
（干物质）中微量元素添加量

微量元素名称	产奶牛	干奶牛
镁(Mg),%	0.2	0.16
钾(K),%	0.9	0.6
钠(Na),%	0.18	0.10
氯(Cl),%	0.25	0.20
硫(S),%	0.2	0.16
铁(Fe),毫克/千克	15	15
钴(Co),毫克/千克	0.1	0.1
铜(Cu),毫克/千克	10	10
锰(Mn),毫克/千克	12	12
锌(Zn),毫克/千克	40	40
碘(I),毫克/千克	0.4	0.25
硒(Se),毫克/千克	0.1	0.1

注：引自《奶牛营养需要》(NRC,2001)和法国(INRA,1989)